Grundlagen der Kommunikation und Kognition
Foundations of Communication and Cognition

Herausgeber/Editors
Roland Posner, Georg Meggle

Roland Wagner-Döbler und Jan Berg

Mathematische Logik von 1847 bis zur Gegenwart

Eine bibliometrische Untersuchung

Walter de Gruyter · Berlin · New York
1993

♾ Gedruckt auf säurefreiem Papier, das die US-ANSI-Norm über Haltbarkeit erfüllt.

Printed on acid-free paper which falls within the guidelines of the ANSI to ensure permanence and durability

Die Deutsche Bibliothek — CIP-Einheitsaufnahme

Wagner-Döbler, Roland:
Mathematische Logik von 1847 bis zur Gegenwart : eine bibliometrische Untersuchung / Roland Wagner-Döbler und Jan Berg. — Berlin ; New York : de Gruyter, 1993
(Grundlagen der Kommunikation und Kognition)
ISBN 3-11-013987-1
NE: Berg, Jan:

Printed in Germany
Druck: Arthur Collignon GmbH, Berlin
Buchbinderische Verarbeitung: Lüderitz & Bauer-GmbH, Berlin

Inhalt

Danksagung

Zu danken haben wir der Deutschen Forschungsgemeinschaft, welche die Arbeiten, auf denen diese Untersuchung beruht, im Rahmen ihres Schwerpunktprogramms Wissenschaftsforschung für zwei Jahre förderte. Dem jüngeren Bruder eines der beiden Verfasser, Simon Wagner, danken wir für die Erstellung eines Matrizenmultiplikationsprogramms (ein Fall mehr, wo der "große" Bruder vom "kleinen" etwas lernen konnte); Herrn G. Landherr vom Leibniz-Rechenzentrum der Bayerischen Akademie der Wissenschaften für seine Einführung in die Welt "richtiger" Computer. Frau G. Puschner sind wir für die ebenso zähe wie präzise Erledigung von Datenerfassungsarbeiten dankbar. Prof. Dr. Michael M. Richter und Dr. Wolfgang Lenski von der "Forschungsstelle Mathematische Logik" in Heidelberg haben uns durch ihre Bereitschaft, Rohdaten der "Omega-Bibliography of mathematical logic" zu Verfügung zu stellen, einen kräftigen Sprung nach vorne gebracht - wofür wir uns auch an dieser Stelle bedanken. Die vorliegende Analyse wäre ohne die Existenz dieser ungewöhnlich reichhaltig ausgestatteten und sorgfältig editierten Bibliographie undenkbar gewesen.

Zur Einführung

Im angelsächsischen Sprachraum gehören quantitative Untersuchungen wissenschaftlicher Prozesse mittlerweile zum festen Inventar der Wissenschaftsforschung. Diese Entwicklung hat viele Wurzeln. Eine dieser Wurzeln besteht sicherlich im Interesse am Beitrag zur Evaluation und zur rationellen Organisation der Wissenschaft, den solche Untersuchungen leisten sollten. Eine weitere Wurzel ist in der Entwicklung immer leistungsfähigerer Computer zu suchen; dies wiederum ermöglichte den Aufbau auch in ihrer Anlage völlig neuartiger Information Retrieval-Systeme: die Rede ist von Eugene Garfields "Science Citation Index". Hierbei zeigte sich, daß die Analyse der informationellen Bezüge von Publikationen ein breites Feld neuer Anwendungen auch außerhalb des Retrieval-Bereichs eröffnete.

Vergleichbare Entwicklungen fanden auch in der ehemaligen UdSSR statt.

Im deutschsprachigen Raum überwog bis in die Gegenwart hinein wohl eine skeptische Einstellung. Man kann sich dabei des Eindrucks nicht erwehren, daß manche Forscher, die über "Wissenschaft" sprechen (und die dabei etwas anderes als eine ausschließlich logische Analyse bezwecken), der Überzeugung sind, daß Erkenntnisse über ihren Gegenstand der "reinen Vernunft" entspringen, die tatsächliche wissenschaftliche Geschehnisse nicht systematisch berücksichtigen muß. An diesen Geschehnissen herrscht offensichtlich kein Mangel: Da ist von fruchtbaren und von degenerierenden Forschungsprogrammen die Rede, von Paradigmenwechsel, von einer "Informationskrise" der Wissenschaft, von Perioden der Stagnation und der Blüte eines wissenschaftlichen Forschungsgebiets, von der Abwanderung von Wissenschaftlern aus degenerierenden Wissenschaftszweigen, von der "Ortega-Hypothese", ja sogar von der Möglichkeit chaotischen Verhaltens wissenschaftlicher Prozesse. Jeder Ökonom, der über ähnliche Phänomene des Wirtschaftsgeschehens nachdenken würde, müßte sich einen quantitativen Überblick des in Frage Stehenden verschaffen. Dies sollte aber auch jemandem ratsam erscheinen, der wissenschaftswissenschaftlichen Fragestellungen nachgeht.

Daß nur sehr unvollkommene Instrumente bereitstehen, die zu diesem Überblick verhelfen, focht ökonomische Analytiker nicht an; sie arbeiteten vielmehr an Verbesserungen. Denn schlechte Instrumente zu benützen, kann immer noch besser sein, als sich beispielsweise allein auf das natürliche Wahrnehmungsvermögen zu verlassen. Mit dem einfachsten Mikroskop läßt sich mehr erkennen als mit bloßem Auge. Die einfachste Landkarte ermöglicht eine bessere Tourenplanung als der Blick vom höchstgelegenen Berg.

Anders Kritiker quantitativer Methoden. Die (statistische) Aussagefähigkeit von Zitationsindikatoren wurde mit dem Hinweis auf "negatives Zitieren" bezweifelt: Grob fehlerhafte Arbeiten könnten eine lebhafte Zitations-Konjunktur erleben, die mit den Korrekturen an solchen Arbeiten zusammenhängt. Es wurde darauf hingewiesen, daß nur ein Bruchteil relevanter Quellen in Literaturverzeichnissen wissenschaftlicher Arbeiten Niederschlag findet. Ebenfalls wurde bemängelt, daß ein beträchtlicher Prozentsatz zitierter Literatur nur von völlig peripherer Bedeutung für die zitierende Arbeit sei[1].

Auf die Kritik an Sozialproduktindikatoren übertragen, hieße dies: Ein wachsender Anteil des Sozialprodukts besteht aus kompensatorischen Ausgaben, also denjenigen Aufwendungen, mit denen man die unerwünschten Folgen des Sozialproduktwachstums bekämpft. Hinsichtlich dieser Ausgaben ist das Sozialprodukt mit Sicherheit kein Wohlfahrtsindikator mehr. Bestimmte Tätigkeiten wie Haushaltsarbeit oder auch Tätigkeiten in der Schattenwirtschaft werden in der Sozialproduktrechnung nicht erfaßt - oft kein unbeträchtlicher Teil. Was man mit dem Begriff Lebensqualität anspricht, kommt in Sozialproduktrechnungen nicht richtig zur Geltung. All diese Kritik führte jedoch zu Verbesserungen und Differenzierungen, nicht etwa zur Abschaffung der Sozialproduktrechnung.

Die erste deutschsprachige Monographie zu quantitativen Analysen der Wissenschaft, "Die Vermessung der Forschung" von Peter Weingart und Matthias Winterhager, erschienen 1984, vermochte dieser Art von Wissenschaftsforschung hierzulande erstmals ein breiteres wissenschaftliches Publikum zu verschaffen[2].

In der hier vorliegenden Arbeit sollen einige weitere aus dem angelsächsischen Raum stammende Bemühungen der mit bibliometrischen Methoden arbeitenden Wissenschaftsforschung vorgestellt, angewandt, kritisiert und erweitert werden. Es zeigte sich dabei, daß einige Pionierarbeiten eine Reihe von Methoden und konzeptionellen Ansätzen enthielten, zu denen hin die - in vereinzelten Teams auch in Deutschland arbeitende - neuere Wissenschaftsforschung konvergiert.

Es wurde dabei Wert gelegt auf eine ausführlichere Schilderung auch von technischen "Quisquilien": Es sollte damit auf die Fülle von Detailfragen hingewiesen werden, die bei jeder bibliometrischen Untersuchung geklärt werden müssen.

---

1 Ein Teil dieser Kritik findet sich bei M. H. MacRoberts/B. R. MacRoberts 1986.

2 Als eine Einführung in bibliometrische Methoden mit stärker informationswissenschaftlicher - Perspektive kann auch W. Stocks Monographie "Wissenschaftliche Informationen - metawissenschaftlich betrachtet" (1980) betrachtet werden.

Es kam uns beim Einsatz bibliometrischer Methoden auf die Ermittlung von Sachverhalten an; Beiträge zur Evaluationsforschung, mit der Bibliometrie gerade in Deutschland häufig verbunden wird[3], sind indirekter Natur.

Daß bei der hier durchgeführten Analyse die mathematische Logik zum Objekt gewählt wurde, hat einerseits mit den Interessen der Autoren sowie der bibliographischen Situation zu tun. Andererseits aber gibt es wenig Disziplinen, um die Wissenschaftsforschung und Wissenschaftssoziologie einen so weiten Bogen gemacht haben, wie um die Mathematik und speziell um die Logik[4]. Grundsätzlich hätte auch ein anderes Gebiet der Mathematik als die Logik zum Untersuchungsgegenstand gemacht werden können, ebenso wie eine naturwissenschaftliche oder sozialwissenschaftliche Disziplin.

Die Mathematik (oder auch eine spezielle Disziplin der Mathematik wie die mathematische Logik) vermag jedoch auf Wissenschaftsforscher einen besonderen Reiz auszuüben: Handelt es sich doch um ein Wissenschaftsgebiet, das wie wenig andere von der Verwendung von Labors, Versuchsanlagen und ähnlichem unabhängig ist. In bezug auf technische Hilfsmittel begann sich diese Situation erst seit den 60er Jahren dieses Jahrhunderts mit dem Einsatz von Rechenmaschinen zu ändern. Einer mathematischen Beweisführung können jedoch bis zum heutigen Tag außermathematische Sachverhalte, beispielsweise naturwissenschaftliche Befunde, nicht dienen. Damit wird selbstverständlich nicht der heuristische Wert technischer Vorlagen oder (natur-)wissenschaftlicher Erkenntnisse in Abrede gestellt. Aber nicht einmal Computer helfen - und hier muß man vielleicht hinzufügen: bisher - dem mathematischen Logiker beim Aufbau von Kalkülen oder beim Entwurf logischer Theorien viel weiter. Anders als bei naturwissenschaftlichen Disziplinen liegt also hier so etwas wie Erkenntnistätigkeit in Reinkultur vor.

Umgekehrt beeinflußte und beeinflußt die Mathematik nicht nur weite Gebiete des wissenschaftlichen Denkens, sondern sie besitzt für zahllose Wissenschaften instrumentellen Wert, was sie von anderen Strukturwissenschaften unterscheidet. Mehr und mehr Disziplinen entdeckten im Laufe ihrer Entwicklung die Anwendbarkeit mathematischer Methoden. Ein ähnlicher Vorgang wiederholte sich auf dem Gebiet der mathematischen Logik, die sich als eine tragende Säule der Entwicklung von Rechenmaschinen entpuppte.

Die Mathematik bildet ein weitverzweigtes disziplinäres System. Wir behandeln durch die Beschränkung auf die mathematische Logik nur einen kleinen

---

3 Ein Überblick über deutsche Forschungen in *Scientometrics*, Vol. 19 (1990), No. 5/6. Einen Überblick über den internationalen Stand mit Betonung der Evaluationsforschung vermittelt van Raan (1988).

4 Eine Ausnahme bildet Baldamus (1980). Einem Teil der von ihm aufgezeigten Desiderata versuchen wir mit dieser Studie abzuhelfen.

Bereich: Weniger als 4 Prozent der neu erscheinenden mathematischen Literatur hat mit Logik zu tun. Aber immerhin handelt es sich um etwa 15 000 Autoren, die bisher zur Logik beigetragen haben. Und bei erneuter Vergrößerung der "Tiefenschärfe" löst sich auch die Logik in ein weitverzweigtes disziplinäres System auf. Es läßt sich vermuten, daß eine Reihe von Feststellungen, die wir zur Entwicklung dieses disziplinären Systems machen werden, auch auf die eine Stufe höher stattfindende Entwicklung des gesamten disziplinären Systems der Mathematik übertragen werden können. Und ein gewisser Teil mag sich auch auf disziplinäre Systeme außerhalb der Mathematik übertragen lassen.

Wir werden uns jedoch nicht mit der wissenschaftlichen Erkenntnistätigkeit der erwähnten 15 000 Forscher als solcher beschäftigen, sondern ausschließlich mit Indikatoren dieser Erkenntnistätigkeit.

Der Verlauf der Darstellung ist dabei folgendermaßen.

Ausgangslage ist die häufig gemachte Beobachtung von Fluktuationen in der Entwicklung verschiedener Wissenschaften.

Diese Fluktuationen können epidemiologisch gedeutet werden. Das mathematische Instrumentarium hierfür wird ausführlicher vorgestellt. Auf die Ergebnisse konkreter Fallstudien, die durchgeführt worden sind, werden wir anschließend eingehen. Die Ergebnisse hinsichtlich der Entwicklung der mathematischen Logik (die sich auf die Churchsche Bibliographie zur Logik stützen) werden von uns noch einmal komplett nachgeprüft. Anschließend werden wir die Entwicklung der Logik bis zur Gegenwart mit Hilfe einer weiteren Datenquelle untersuchen.

Dabei kommen Aspekte wie die Produktivität der Autoren, der zeitliche Verlauf der Aktivitäten in einzelnen Forschungsgebieten und die Häufigkeit des Wechsels des Forschungsgebiets zur Sprache. Es wird eine exakte Erhebung darüber angestellt, in welchem Umfang ein (möglicherweise "aufsteigendes") Forschungsgebiet Forscher aus anderen Gebieten anzieht und in welchem Umfang es von Neulingen lebt.

Die dynamische Betrachtungsweise des disziplinären Systems berührt auch die bekannten Lotka- und Bradford-Gesetzmäßigkeiten. Sie wird ferner zu einer kritischen Analyse der Ortega-Hypothese beitragen. Ortegas - vielleicht als eine Art "Trost" gemeinte - These war, daß auch jenes Heer der Forscher Wichtiges beitrage, die nicht zu den prominenten Wissenschaftlern gehören. Von einigen Wissenschaftsforschern wird dies aufgrund bibliometrischer Daten bezweifelt. Wissenschaftspolitisch verführerisch ist ihre Folgerung, daß man auf viele Wissenschaftler ohne Gefährdung des Erkenntnisfortschritts verzichten könne.

Zum Abschluß werden Ergebnisse von Simulationsexperimenten, denen neuere Erkenntnisse der Nichtgleichgewichtsmechanik und Synergetik zugrunde liegen und in denen wissenschaftliche Entwicklungsprozesse simuliert werden, einigen hier erzielten empirischen Resultaten gegenübergestellt. Es wird sich dabei zeigen, daß die epidemiologische Betrachtung nahtlos in ein allgemeineres Evolutionsmodell wissenschaftlicher Entwicklungen übergeht. Dies ist ein Schritt dahin, qualitative oder Analogien herstellende Darstellungen der "Selbstorganisation der Wissenschaft" mathematisch zu fassen.

Während zu mathematischen Aspekten der eher statischen Lotka- und Bradford-Gesetzmäßigkeiten fast unübersehbar viele Arbeiten existieren, gilt dies nicht für die dynamische Betrachtung wissenschaftlicher Disziplinen. Mathematische Methoden hierzu wurden deshalb etwas ausführlicher dargestellt; Schwerpunkt bei der Analyse von Verteilungsregularitäten hingegen bildete der Versuch, mit Hilfe quasi-experimentellen Aufzeigens bekannter Verteilungsmuster in verschiedenen Zusammenhängen zum inhaltlichen Verständnis dieser Regularitäten beizutragen. Insgesamt gesehen hoffen wir mit dieser Studie zu zeigen, daß quantitative Analysen der Wissenschaftsdynamik Facetten eines wissenschaftstheoretischen Gesamtbildes beisteuern können, das - wie wir meinen - ohne diese Facetten ärmer wäre.

I. Einleitung: Fluktuierende wissenschaftliche Aktivitäten und ihre epidemiologische Deutung

1. Einige Beobachtungen der Fluktuationen wissenschaftlicher Aktivitäten

Beschäftigt man sich mit dem "Output" wissenschaftlicher Aktivitäten einer Disziplin oder eines Arbeitsgebiets, wird man in der Grundlagenforschung Publikationen als groben Indikator wissenschaftlicher Aktivitäten akzeptieren. Untersucht man mit Hilfe dieses Indikators wissenschaftliche Aktivitäten im Zeitablauf, stößt man in den unterschiedlichsten Disziplinen häufig auf mehr oder weniger ausgeprägte Schwankungen der Zahl der jährlichen Publikationen. Diese Schwankungen können von einem generellen Trend überlagert sein. Charakteristisch für die moderne neuzeitliche Wissenschaft ist ein *exponentieller Wachstumstrend*; vor allem Derek de Solla Price hat in einer Vielzahl von Analysen darauf aufmerksam gemacht und Konsequenzen dieses Wachstums eruiert.

In der Wissenschaftsforschung und Szientometrie wendet man in jüngster Zeit dem Phänomen fluktuierender wissenschaftlicher Aktiviäten wieder mehr Aufmerksamkeit zu.

Wirft man seinen Blick jedoch auf andere Disziplinen, zeigt sich, daß das Phänomen der Fluktuation dort nicht unbekannt ist, ja daß Fluktuationen beispielsweise physikalischer, aber auch wirtschaftlicher Phänomene[5] zu den fundamentalen Gegebenheiten dieser Fächer gehören. Diese Fluktuationen können zufälliger Natur sein.

Es stellte sich allerdings heraus, daß ihnen eine entscheidende Rolle für das weitere Verhalten eines Systems an Verzweigungspunkten zukommen kann, ja daß Fluktuationen und die häufig damit in Zusammenhang stehende Nichtlinearität Grundbausteine raumzeitlicher Strukturbildung sind.

Offenkundig aussichtslos ist es, Fluktuationen nur auf rein qualitativer Basis zu analysieren. Man kann dabei zwar ohne weiteres in grober Form die schwankende Dynamik eines sich entwickelnden Systems konstatieren. Genauso gehen Historiker und insbesondere auch Wissenschaftshistoriker üblicherweise ja auch vor. Sobald aber die Verlaufsformen feiner herausgearbeitet, Mikro-

5 Gemeint ist die Debatte um konjunkturelle Fluktuationen, vor allem aber um "long waves" der Wirtschaftsentwicklung. Einen neueren Überblick vermittelt T. Vasko (ed.) 1990.

und Makroebenen aufeinander bezogen und Vergleiche angestellt werden sollen, erweisen sich quantitative Methoden als unabweisbar. Da die Untersuchung von Fluktuationen mit der Anwendung solcher Methoden steht und fällt, ist es nicht überraschend, daß erst das Aufblühen der Szientometrie und Bibliometrie in der Wissenschaftsforschung die Analyse von Fluktuationen ermöglichte.

Ihre Beobachtung kann in der Wissenschaftsforschung freilich schon auf eine längere Geschichte zurückblicken, wenngleich gewiß nicht auf systematische Erfassung, geschweige denn auf eine kontinuierliche Forschungstradition.

Im folgenden sollen einige typische Beispiele der Wissenschaftsforschung für die Feststellung von Fluktuationen dargestellt werden.

Bereits 1912 analysierte der Mathematiker H. S. White die Dynamik der mathematischen Literatur anhand statistischer Auswertung des damals repräsentativen "Jahrbuch(s) über die Fortschritte der Mathematik" von 1870 bis 1910 (White 1915). Es zeigte sich insgesamt eine Verdoppelung des jährlichen Outputs in diesen vier Jahrzehnten. Dieses Wachstum ist begleitet von zum Teil ausgeprägten Schwankungen. Die Fluktuationen der Verteilung der untersuchten Literatur auf "Philosophie", Algebra, Analysis, Geometrie und angewandte Mathematik wurde von White teilweise mit "epidemieauslösenden" Ereignissen gedeutet, ohne daß er dieser Deutung eine mathematische Form gegeben hätte.

Fünfundzwanzig Jahre später sprach der damalige Vorsitzende der amerikanischen Mathematiker-Vereinigung, D. R. Curtiss, von "Moden in der Mathematik" und bedauerte, daß diese, obwohl schon so oft konstatiert, bis damals kaum anhand einschlägiger Literaturstatistiken genauer analysiert wurden[6]. Curtiss selbst beschäftigt sich - wie White auf der Grundlage einer statistischen Auswertung des "Jahrbuchs" - unter anderem mit dem "Aufstieg und Fall" des Arbeitsgebiets Integralgleichungen. Mag man mit dem Begriff der "Mode" auch Pejoratives verbinden, etwa Übermaß oder Oberflächlichkeit, so sollte man auch an einen anderen Zugang zu diesem Phänomen denken: "I think of mathematicians as behind lines that separate them from the territory not yet acquired. Some genius marks out a great salient to be added to the conquered regions. Other mathematicians occupy it and push it out still further. Finally it merges with other salients, which tend to disappear as such... These salients correspond to what I have called fashions. They are the landmarks of progress" (Curtiss 1937: 566).

---

6 "...although historians of mathematics have traced the development of the subject and have noted the succession of great contributions, almost no one has recorded for us how the volume of papers, distinguished and undistinguished, in a special field has increased, reached its peak, and then fallen off" (Curtiss 1937: 561).

T. Rainoff hat Ende der zwanziger Jahre in einem als klassisch geltenden Aufsatz Fluktuationen in der Entwicklung der Physik aufgezeigt (Rainoff 1929). Er zog dafür nicht das Publikationsvolumen als Meßgröße heran, sondern physikalische Entdeckungen und Erfindungen, die er zunächst einem bekannten Quellenwerk der Geschichte der Physik (Auerbach) entnahm. Sodann nahm er Auswertungen weiterer mit hoher Wahrscheinlichkeit von Auerbach unabhängiger Quellenwerke vor, um subjektive Einflüsse nach Möglichkeit zu eliminieren. Es ergaben sich sehr weitgehende Übereinstimmungen der ermittelten Fluktuationen der jährlichen Anzahl physikalischer Entdeckungen.

Robert Merton hat bereits 1938 in einer Untersuchung namens "Changing foci of interests in the sciences and technology", wiederabgedruckt in seinem Sammelband "The sociology of science"[7], einen Wandel der Orientierung der wissenschaftlichen Entwicklung von physikalischen und formalen Wissenschaften hin zu biologischen Wissenschaften in der Zeit von 1665 bis zum Ende des 17. Jahrhunderts nachzuweisen versucht. Er belegte dies anhand einer statistischen Themenanalyse der in diesem Zeitraum in den "Philosophical Transactions" erschienenen Aufsätze. Es zeigen sich hier drei deutliche Wellen in der Gesamtzahl der jährlichen Artikel. Diese Bewegungen werden jedoch von allen untersuchten Disziplinen mitvollzogen; so findet ein deutlicher Rückgang der Gesamtzahl der in den "Philosophical Transactions" veröffentlichten Beiträge beispielsweise um 1678 herum Entsprechung in einem Rückgang der Mathematik ebenso wie der physikalischen Wissenschaften, wozu Merton Astronomie, die eigentliche Physik, Chemie und Technologie zählte. Der Vergleich der prozentualen Anteile zeigt jedoch die Kontinuität der Beschäftigung mit physikalischen und formalen Wissenschaften (hierzu zählt Merton Logik einschließlich Erkenntnistheorie sowie Mathematik) bis zur Trendwende um 1687 herum, mit der der Abstieg dieser Wissenschaften eingeleitet wird - zunächst einmal ein unplausibles Resultat, fällt dieser Zeitpunkt doch mit dem Erscheinen von Newtons epochemachendem Hauptwerk "Philosophiae naturalis principia mathematica" zusammen.

An dieser Stelle können wir nicht auf sicherlich mögliche Kritik an Einzelheiten in Mertons Darstellung eingehen. Es kam uns zunächst nur auf die offenkundig historisch belegbare Tatsache fluktuierender wissenschaftlicher Aktivitäten an.

Bei unserer Rückschau darf das monumentale Werk von P. Sorokin "Social and cultural dynamics" nicht fehlen, dessen mehrbändige Ausgabe Ende der dreißiger Jahre erschien. Seine Analysen umfassen Dutzende von ideengeschichtlichen Themenfeldern. Wir beschränken uns auf den Bereich der

7 Leicht geändert: Chicago 1973. Zuerst erschienen als ein Kapitel in: Merton: Science, technology and society in seventeenth-century England. Bruges 1938.

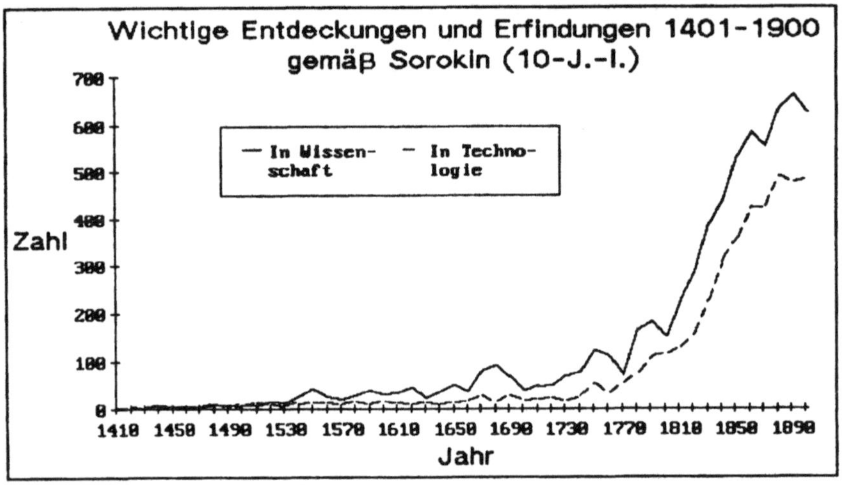

Abb. 1

"Entdeckungen und Erfindungen": Hier belegt sein Zahlenmaterial größere Fluktuationen sowie einen exponentiellen Anstieg der jährlichen Gesamtzahl aller wissenschaftlichen Entdeckungen und technischen Erfindungen, der spätestens um 1500 herum, also Jahrhunderte vor dem "logarithmic century" (Lapp 1973), einsetzt. Wir zeigen in Abbildung 1 die Zahl der wichtigen Entdeckungen und Erfindungen in Wissenschaft und Technologie von 1401 bis 1900 (im Anschluß an die Zahlen bei Sorokin 1962, Vol. 2: 137). Sorokin erörtert in diesem Zusammenhang die Frage der Gewichtung bedeutender und weniger bedeutender Erfindungen und Entdeckungen - eine Gewichtung, die beispielsweise im "Darmstädter" (1908) ebensowenig vorzufinden ist wie in den meisten anderen wissenschaftshistorischen Kompendien. Dabei argumentiert er folgendermaßen: Man könne auf eine explizite Einschätzung der Bedeutung von Entdeckungen deshalb verzichten, weil in den meisten Fällen wichtige Entdeckungen sofort oder nach kurzer Verzögerung zu einer Kette von Folgeerfindungen führten. Diese Folgeerfindungen verbesserten, ergänzten oder erweiterten die "Basisinnovation", wie wir grundlegende Entdeckungen in Anlehnung an einen Begriff der Technikforschung nennen wollen. Da man also generell von der Expansion von Erfindungen auf die Existenz bedeutender Grundlagenerfindungen schließen könne, erübrige sich eine ausdrückliche Bewertung oder Gewichtung (ebd. 126ff.).

Sorokins allgemeine Deutung der Existenz von "Zyklen" - und zwar nicht nur in Technik und Wissenschaft, sondern in der gesellschaftlichen Entwicklung überhaupt - ging von der Begrenztheit der Zahl möglicher Zustände eines Systems aus. Hat ein System diese Zustände durchlaufen, kehrt es in einen früheren Zustand zurück - eine Sichtweise, die Philosophen schon vor langer

Zeit entwickelten. Wir werden später sehen, daß Sorokins Auffassung einer in der Wissenschaftsforschung bzw. Informationswissenschaft entwickelten Theorie über die Abfolge von Zuständen einer Disziplin ähnelt, die dreißig Jahre später formuliert wurde.

Es wären nun noch einige weitere Arbeiten zu nennen, etwa die Arbeit von D. Price "Ups and downs in the pulse of science and technology" (1978) oder die Arbeit des als Biophysiker bekannten G. R. Ivanickij, "Der pulsierende Prozeß der wissenschaftlichen Entwicklung" (1982). Der russische Physiker Rautian spricht sogar von einer "Gesetzmäßigkeit der wellenförmigen Entwicklung" (von Wissenschaften) (Rautian 1978: 55).

Die Zahl der Beispiele ließe sich noch vermehren; doch machen wir stattdessen noch einen Sprung in den Bereich der Technologie.

Der Wirtschaftstheoretiker D. Sahal hat in einer Reihe von Längsschnittanalysen vor allem für das 20. Jahrhundert gezeigt, daß Erfindungen etwa auf dem Gebiet des Landmaschinenbaus, der Technologie der Elektrizitätserzeugung oder des Tankerschiffbaus in Clustern auftreten. Seine Studien basieren auf der Annahme, daß Patentdokumente einen validen Indikator technologischer Aktivitäten bilden - eine Voraussetzung, die man unter Beachtung bestimmter Einschränkungen ohne weiteres machen kann (Grupp 1988; Acs/Audretsch 1989). Vor dem Hintergrund von Zeitreihen technologischer Aktivitäten[8] scheint eher das Fehlen als das Vorhandensein solcher Fluktuationen eine Anomalie darzustellen. Wie G. Mensch sieht Sahal in solchen Fluktuationen die tiefere Ursache mittel- und langfristiger wirtschaftlicher Zyklen; im Gegensatz zu Mensch konnte Sahal jedoch keine zentralen Innovationen innerhalb solcher Cluster oder "peaks" feststellen.

2. Deutungsmöglichkeiten der Fluktuationen wissenschaftlicher Aktivitäten

Zunächst sind Zufallsschwankungen von kausal deutbaren Schwankungen zu unterscheiden. Das wichtigste heuristische Mittel dafür ist die Eliminierung von Kurzzeit-Fluktuationen mit Hilfe der Regressionsanalyse und der Bildung von gleitenden Durchschnitten. Fluktuationen wird nur dann eine Bedeutung zugeschrieben, wenn sie diese Prozeduren "überleben".

Eine typische Ursache von Fluktuationen im soziokulturellen Kontext ist die zeitliche Verzögerung des Handelns auf ein maßgebliches Signal (Fiala 1988) sowie die informationelle Unverbundenheit der Akteure: Ein Signal kann für

8 Eine gute Quelle für Patentstatistiken über einen längeren Zeitraum ist die Datensammlung in Schmookler (1972), S. 87-292.

längere Zeit Reaktionen hervorrufen, die bei laufender Information über die Reaktionen der anderen Akteure anders ausfallen würden; die Akteure ändern ihr Verhalten erst dann, wenn ihnen diese Informationen zur Verfügung stehen. So muß die Lösung eines wissenschaftlichen Problems nicht den sofortigen Rückgang der Beschäftigung damit zur Folge haben. Es kann vielmehr (für einen begrenzten Zeitraum) die Beschäftigung damit noch wachsen. Die Veröffentlichung der Lösung in einem verbreiteten Publikationsorgan kann dann zu einer schnellen Änderung des bisherigen Verhaltens führen. Folgeprobleme können entstehen, die zu einem erneuten-Zurückströmen der Forschung führen usw.

Hinsichtlich des Informationsproblems läßt sich sicher annehmen, daß Wissenschaftler einer *Forschungsfront* in der Regel in engem Kontakt miteinander stehen. Die Aktiviäten der "peers" sind bekannt. Dies gilt jedoch nur für die jeweils zentrale wissenschaftliche Betätigung, nicht für Aktivitäten außerhalb dieses Kerns. Und dies gilt auch nicht beispielsweise für jüngere Wissenschaftler, deren Aktivitäten nicht in Forschungsfronten hineinreichen.

Diese Erscheinung ähnelt den im Wirtschaftsgeschehen bekannten Konjunkturschwankungen.

Betrachtet man über solche kurzzeitigen Schwankungen von einigen Jahren hinausgehende Fluktuationen, hat man es möglicherweise mit säkularen Wellenbewegungen zu tun, die schon wegen ihrer zeitlichen Dimensionierung nicht auf die oben beschriebenen Ursachen zurückführbar sein können - zumindest nicht auf "time lags" in Zusammenhang mit den oben beschriebenen Informationsvorgängen. Wir müssen hier offenlassen, ob man zwischen "Wellen" und noch umgreifenderen, möglicherweise über Jahrhunderte ablaufende Fluktuationen unterscheiden kann (letztere führt Fiala auf "Phasensprünge" zurück).

Grundsätzlich stehen hier bei der Deutung zwei Hauptansätze gegenüber. Zum einen kann es sich bei den beobachteten Fluktuationen um die Einwirkungen externer Faktoren auf den Verlauf wissenschaftlicher oder auch technologischer Aktivitäten handeln. Zum anderen könnten aber auch wissenschaftsinterne Prozesse für die beobachteten Schwankungen verantwortlich sein.

Zieht man das absolute Publikationsvolumen als geeigneten Indikator für die Analyse des Verlaufsmusters wissenschaftlicher Gebiete heran, muß man damit rechnen, daß sich wirtschaftliche Geschehnisse oder gar Kriege nicht unbeträchtlich auswirken. Konstruiert man jedoch beispielsweise einen Indikator, der lediglich den Zeitraum umfaßt, innerhalb dessen sich ein Autor mit einer wissenschaftlichen Arbeitsrichtung beschäftigt, ohne die Publikationsintensität einzubeziehen, kann man wohl eher damit rechnen, daß sich wirtschaftliche Entwicklungen weniger stark auswirken.

Es ist hier noch eine zweite Form der Auswirkungen wirtschaftlicher oder auch gesellschaftlicher Aktivitäten zu bedenken: gemeint ist die Förderung und Bevorzugung ganz bestimmter wissenschaftlicher Arbeitsrichtungen und die Vernachlässigung anderer durch wissenschaftsexterne Akteure.

Bezüglich des Aggregationsniveaus muß man von folgendem ausgehen: Die Entwicklung eines größeren Wissenschaftsgebiets ist als Ergebnis der Entwicklung einzelner Subdisziplinen zu verstehen, die in einem mehr oder weniger losen Zusammenhang stehen werden. Das Verhalten auch dieser Subdisziplinen wiederum ist als das Ergebnis des Verhaltens der beteiligten Forscher zu verstehen. Die Expansion einer ganzen Disziplin zu einem bestimmten Zeitpunkt kann nicht mit wissenschaftlichen Ereignissen erklärt werden, die nur Teilgebiete dieser Disziplin betreffen - es sei denn, man behauptet den bestimmenden Einfluß dieses Teilgebiets auf die ganze Disziplin. Eine - nicht besonders wahrscheinliche - Alternative wäre die Annahme, daß verschiedene einschlägige Ereignisse auf mehreren Teilgebieten gleichzeitig stattfinden.

Verringert man das Aggregationsniveau und beobachtet man an einzelnen, in sich homogenen Teilgebieten etwa von der Größe einer scientific community größerwellige Aktivitätsschwankungen, die sich von Schwankungen anderer Gebiete unterscheiden, müßte man Wissenschaftlern ein großes Maß an Irrationalität unterstellen, wenn man diese Schwankungen *nicht* mit wissenschaftsinternen Prozessen in Verbindung bringen würde - ganz unabhängig von externen stimulierenden oder sedierenden Faktoren. Ein wissenschaftliches Paradigma kann beispielsweise auf eine Krise zusteuern, oder der "Problemvorrat" eines Fachs kann sich erschöpfen. Neue Entdeckungen, neue Methoden und Technologien dieses Gebiets, vielleicht auch die Rezeption von Erkenntnissen oder Methoden anderer Gebiete können einer wissenschaftlichen Arbeitsrichtung Auftrieb geben.

Genau diese Sichtweise lag einer Untersuchung der Entwicklung der mathematischen Logik sowie zweier bio-medizinischer Fachgebiete zugrunde, die wir weiter unten im Kapitel III darstellen werden: Epidemische Aktivitätssteigerungen dieser Gebiete wurden mit herausragenden und besonders einflußreichen Arbeiten in Verbindung gebracht, wobei im Fall der Logik eine Expertenbewertung vorlag, mit deren Hilfe bedeutende Arbeiten identifiziert werden konnten.

3. Die epidemiologische Deutung von Fluktuationen

Betrachtet man eine wissenschaftliche Arbeitsrichtung oder ein Arbeitsgebiet aus (wissenschafts-)historischer Perspektive, bietet sich folgendes Bild: Zwar ist

es oft schwer, einen exakten Entstehungszeitpunkt dieser Arbeitsrichtung anzugeben, weil man den zugrundeliegenden Begriff eher etwas enger oder eher etwas weiter verstehen kann oder weil es häufig Vorläufer gibt, die zumindest den einen oder anderen Aspekt oder die eine oder andere Idee schon vorweggenommen haben. Dies ist jedoch kein Widerspruch zu der Feststellung, daß
1.) wissenschaftliche Arbeitsrichtungen oder (Teil-)Disziplinen historische Gebilde darstellen, die einen Anfang in der Zeit haben
2.) und daß die ersten Aktivitäten von einigen wenigen Forschern ausgehen, deren Ideen im weiteren Verlauf von anderen Wissenschaftlern aufgegriffen werden.

Mit diesem Bild sind keinerlei Bewertungen verbunden - so ist es keineswegs eine Implikation, daß die Beiträge der "Gründungsväter" eines Arbeitsgebiets höher zu bewerten seien als die Beiträge derjenigen, die auf dem Gebiet unter Verwendung dieser neuen Ideen wissenschaftlich zu arbeiten beginnen.

Auch über das Gewicht des Einflusses der "Gründungsväter" ist damit noch keine Aussage gemacht. Es kann so gering sein, daß man vielleicht eher von einer Bezugnahme späterer Wissenschaftler auf Vorläufer sprechen sollte als von überragendem Einfluß.

Treffen die beiden obigen Postulate jedoch zu, sind wesentliche Voraussetzungen für die Anwendung epidemiologischer Methoden bereits erfüllt: Es handelt sich um einen Ausbreitungsprozess, bei dem eine prinzipiell identifizierbare Quelle "infektiöser" Ideen sowie Träger dieser Ideen existieren, die sie aufgreifen, anwenden, bearbeiten oder weiterführen.

Dieser Betrachtungsweise kann man sich sogar bedienen, wenn man auf einen Nachweis tatsächlicher Ansteckung (vorläufig) verzichtet, der beispielsweise in der Befragung betroffener Forscher bestehen könnte. Man kann nämlich grundsätzlich davon ausgehen, daß die Möglichkeit einer intellektuell-klassifikatorischen Zuordnung eines Beitrags eines Forschers zu einer Subdisziplin oder einer Arbeitsrichtung genügend Anhaltspunkte dafür gibt, von einem Verbreitungsprozess zu sprechen. Da es völlig unplausibel ist, daß Subdisziplinen über das statistisch erwartbare Ausmaß hinaus *mehrfach* erfunden werden - möglicherweise sogar über einen längeren Zeitraum hinweg verteilt -, zudem wissenschaftliche Forschung sich üblicherweise am "Stand des Wissens" des Fachs orientiert, kann man bei geeigneter klassifikatorischer Basis von einem Kommunikationsprozeß sprechen, in dem - die Subdisziplin betreffende - Informationen übertragen werden. Selbstverständlich handelt es sich dabei um eine starke Vergröberung und um eine Abstraktion von der tatsächlichen Kommunikationsstruktur. Auch steht ab einer bestimmten Größe die Kohäsion eines Gebiets selbstverständlich in Frage.

Bedient man sich bei der Analyse solcher Ausbreitungsvorgänge der epidemiologischen Methoden, unterstellt man - von der formalen Analogie abgesehen - lediglich folgendes: Es existiert eine identifizierbare Menge von "Infizierbaren", eine identifizierbare Menge von "Infizierten" und ein identifizierbarer "Keim".

Das Hauptanliegen des epidemiologischen Ansatzes liegt in der Beachtung der Zeitdimension in der Analyse eines Verbreitungsprozesses.

Zentrale Regularitäten in Bibliometrie und Szientometrie haben statischen Charakter: Zu einem bestimmten Zeitpunkt stellt sich die Verteilung der Beitragsintensität all derjenigen, die zu einer beliebigen Wissenschaftsdisziplin beigetragen haben, als lognormal dar: Nur sehr wenige Wissenschaftler tragen sehr viel bei, sehr viele Wissenschaftler hingegen wenig - dies ist Kern der Lotka-Gesetzmäßigkeit. Dasselbe gilt, wenn man die Zahl der Beiträge der Informationsorgane (meistens beschränkt man sich auf Zeitschriften) dieser Disziplin untersucht; hier liegt die "Bradford-Verteilung" vor. Es handelt sich um Verteilungsmuster, die beispielsweise bereits die Nationalökonomen Gini und Pareto in sozio-ökonomischen Zusammenhängen untersuchten und die D. Price mit Hilfe des Prinzip des kumulierenden Vorteils zu verallgemeinern versuchte (Price 1976).

Es ist das Verdienst des amerikanischen Informationswissenschaftlers und Mathematikers William Goffman, das dünne theoretische Fundament von Bibliometrie und Szientometrie mit Hilfe epidemiologischer Ideen um die Zeitdimension erweitert zu haben (vgl. Zunde 1984)[9] - eine Erweiterung, die intensiverer Prüfung auch in der Wissenschaftsforschung wert ist, als es bisher geschah. Zudem hat sich Goffman auch speziell mit dem Untersuchungsobjekt der hier vorliegenden Studie, der mathematischen Logik, beschäftigt. Wir werden später noch sehen, daß Goffmans Arbeiten nahtlos in neue Ansätze münden, die beispielsweise die Simulation wissenschaftlicher Entwicklungen oder die synergetische Behandlung "wechselwirkender Multi-Komponenten-Systeme" (G. Haag) zum Inhalt haben[10].

---

9 Goffman begann Anfang der 60er Jahre, zu diesem Thema zu publizieren. Zur selben Zeit erschien die letzte Monographie des umfangreichen Werks des französischen Historikers André Siegfried: "Itinéraires de contagions", in dem dieser sich mit Analogien zwischen der Ausbreitung von Epidemien und von Ideologien beschäftigte (Siegfried 1965). Über einige vereinzelte, weiter zurück liegende sozialwissenschaftliche Bemühungen auf dem Gebiet dieser Analogie berichtet Rapoport (1980).

10 Goffmans Arbeiten wurden besprochen oder verwendet u.a. von: Avramescu 1975. Barnett/Fink/Debus 1989. Bennion 1976. Boyce/Kraft 1985. Braun/Lyon 1984. Braun 1992. Brookes 1973, 1973a. Bruckner/Ebeling/Scharnhorst 1990. Bujdoso/Lyon/Noszlopi 1982. Datta 1987. Garfield 1980. Gilbert/Woolgar 1974. Hawkins 1978. Jones 1976. Kochen 1970. Kochen/Blaivas 1981. LeCoadic 1987. McCreery/Pao 1984. Nowakowska 1973, 1984. Pao/McCreery 1986. Rubin 1978. Umstätter/Rehm 1984. Zuckerman 1978. Zunde 1984.

Mit Hilfe der epidemiologischen Perspektive soll nun genau dieser Prozeß der Kumulation und Konzentration, der zu Lotka- und Bradford-Verteilungen führt, im Zeitablauf verfolgt werden: Am Anfang der Entstehung einer Disziplin stehen einige vereinzelte, von wenigen stammende Beiträge, um die sich nach und nach "Cluster" bilden. Epidemiologisch zeigen diese sich mit Hilfe des einfachsten vorhandenen Indikators als Wachstum der Publikationsaktivitäten oder Wachstum der Zahl der Forscher, die zum neuen Gebiet beitragen. Die Wahl des Zeitpunktes, zu dem man eine Disziplin einer Analyse von Lotka- und Bradford-Verteilungen unterzieht, kann möglicherweise erhebliche Unterschiede zur Folge haben; vielleicht liegt hierin sogar ein Hauptgrund für die Variationen, die gewöhnlich als unerklärbare Abweichungen akzeptiert werden.

Auch ohne explizit auf Bradford- oder Lotka-Verteilungen zu achten, zeigt eine epidemiologische Analyse den Zeitpunkt auf, zu dem man von ausreichenden Kumulationseffekten in bezug auf die Entwicklung der Disziplin ausgehen kann.

In dem Ansatz, den wir im folgenden vorstellen werden, gilt ein Autor dann als von einer wissenschaftlichen Idee oder Thematik infiziert, wenn und solange er auf dem betreffenden Gebiet publiziert. Man könnte aber ohne weiteres davon ausgehen, daß ein Forscher in einer milderen Form auch dann von einer Idee oder Thematik "infiziert" ist, wenn er sie in Publikationen aufgreift bzw. benützt, die anderen Wissenschaftszweigen zugehören. Wir werden uns in dieser Arbeit jedoch auf die Behandlung "starker" Infektionen beschränken.

4. Lassen sich epidemiologische Analysen auf anderen Gebieten von Wissenschafts- oder Technikforschung durchführen?

Wir haben bereits an der einen oder anderen Stelle der einführenden Betrachtungen begriffliche Anleihen aus der Technik- und Innovationsforschung gemacht. Dies ist kein Zufall, sondern beruht auf inhaltlichen Gemeinsamkeiten von epidemiologischen Analysen wissenschaftlicher Entwicklungen und der Analyse des Verhältnisses von Basisinnovationen und Nachfolgeinnovationen in der Technikforschung: In beiden Fällen handelt es sich um die Analyse eines *Verbreitungsprozesses.* Im einen Fall geht es um die Verbreitung einer wissenschaftlichen Neuerung oder Idee, im anderen um die Verbreitung einer technologischen Neuerung. In beiden Fällen existieren identifizierbare Ausgangspunkte und grundsätzlich ebenfalls identifizierbare Gruppen potentiell "Infizierbarer". In beiden Fällen kann man Fluktuationen beobachten, in beiden

Fällen ein Sättigungsniveau unterstellen, und in beiden Fällen sind (zumindest bei Basisinnovationen) langwierige Lernprozesse involviert. Dem entspricht die Ähnlichkeit des Standardverlaufs eines Lernprozesses mit einem Standardmodell der Entwicklung wissenschaftlicher Gebiete - gemeint ist die in diesen Zusammenhängen bekannte S-Kurve: Anfangs wächst der Lernerfolg eines Individuums nur langsam. In der nächsten Phase folgt exponentieller Anstieg, der - in der dritten Phase - schließlich wieder in langsameres Wachstum mündet (Rose 1967).

Es ist daher nicht weiter überraschend, wenn die epidemiologische Analyse der Verbreitung technologischer Neuerungen als ein möglicher Ansatzpunkt einer theoretischen Untermauerung der Innovationsforschung vorgeschlagen, wenn auch unseres Wissens noch kaum praktiziert wurde[11]. Goffman selbst hat die Verbreitung des Elektronenmikroskops in der Mastzellenforschung einer epidemiologischen Analyse zu unterziehen versucht (Goffman 1966).

Man kann hier aber noch einen Schritt weiter gehen. Es gehört sowohl zum wissenschaftspolitischen Credo wie zum allgemein bekannten Wissen, daß Grundlagenforschungen zu technologisch verwertbaren Erkenntnissen führen können. Diese Beziehungen zwischen Grundlagenforschung und angewandter Forschung werden neuerdings auch mit Hilfe bibliometrischer Methoden untersucht[12], so daß es möglich scheint, statistische Indikatoren in einem Bereich zu entwickeln, der sich bisher mit wenigen Ausnahmen jeglicher quantitativer Einschätzung zu entziehen schien. Der bisherige empirische Kenntnisstand muß als ausgesprochen schlecht gekennzeichnet werden (Pinch/Bijker 1984). Charakteristisch für diesen Bereich der Szientometrie ist aber darüber hinaus ein Mangel an tiefergehenden Theorien.

Eine kritische Überprüfung der Leistungsfähigkeit des szientometrisch nutzbaren epidemiologischen Instrumentariums sollte daher auch der Innovations- und Diffusionsforschung zugute kommen.

---

11 Rubin (1978) betont die Wichtigkeit der mathematischen Epidemiologie für die Analyse von Diffusionen. Vgl. ferner Worthen 1973; Avramescu 1975; LeCoadic 1987. Ein wirtschaftswissenschaftliche Anwendung bringt Antonelli 1990 mit weiteren Literaturhinweisen.

12 Siehe z.B. Barnett/Fink/Debus 1989; Grupp/Reiss/Schmoch 1990; van Vianen/Moed/van Raan 1990; Callon/Courtial/Laville 1991.

II. Einige mathematische Methoden der Szientometrie

1. Vorbemerkung: Szientometrische Analyse der Entwicklung von Wissenschaften

Jede Entwicklung stellt eine Folge von Zuständen dar. Will man die Entwicklung einer Wissenschaft untersuchen, muß man daher eine geeignete Bestimmung des Zustandsbegriffs geben. Die Bestimmung eines Zustands kann sich auf interne, inhaltliche Aspekte beziehen wie z.B. Ergebnisse von Experimenten, hergeleitete Theoreme oder subjektive Auffassungen. Die Beschreibung eines Zustands kann sich aber auch externer, beispielsweise bibliometrischer Angaben bedienen. Bibliometrische Angaben können in Form von Publikationsstatistiken, Zitationszählungen, Zitationscluster-Analysen und ähnlichem vorliegen.

Wir nennen im folgenden *"szientometrisch"* alle quantitativen Aspekte der Analyse von Wissenschaften, *"bibliometrisch"* alle quantitativen Aspekte, soweit sie durch bibliographische Daten abgedeckt sind.

2. Anwendung der Theorie der finiten Markov-Ketten auf Zustände einer Wissenschaft

Wenn die Übergänge von einem Zustand zu einem anderen Zustand eines Systems quantifizierbar sind, dann können die relativen Frequenzen der Übergänge in einer quadratischen Matrix angeordnet werden:

$$M = \begin{array}{c|cccc} & Z_1 & Z_2 & \dots & Z_n \\ Z_1 & r_{11} & r_{12} & \dots & r_{1n} \\ Z_2 & r_{21} & r_{22} & \dots & r_{2n} \\ \vdots & \vdots & \vdots & & \vdots \\ Z_n & r_{n1} & r_{n2} & \dots & r_{nn} \end{array}$$

Es seien beispielsweise N_i die Anzahl Jahre, in denen das System im Zustand Z_i war und N_{ij} die Anzahl der Übergänge des Systems vom Zustand Z_i zum Zustand Z_j im darauffolgenden Jahr ($1 \leq i, j \leq n$). Dann ist N_{ij} / N_i die relative

Frequenz r_{ij} des Übergangs von Z_i zu Z_j. Die Berechnung aller r_{ij} ergibt eine Übergangsmatrix der Form von M.

Die Frequenzzahlen dürfen hierbei nicht mit Grenzwerten der relativen Häufigkeiten verwechselt werden, da dieser Wahrscheinlichkeitsbegriff auf dem äußerst komplizierten, stark nichtkonstruktiven Begriff einer unendlichen Zufallsfolge basiert. Auch die Einführung eines klassischen, Laplaceschen Wahrscheinlichkeitsraumes ist nicht möglich, weil das Symmetrieprinzip, das der Laplaceschen Definition des Wahrscheinlichkeitsbegriffs implizit zugrunde liegt, wonach allen Elementarereignissen dieselbe Wahrscheinlichkeitsdichte zugeordnet wird, nicht erfüllt ist. Die Frequenzwerte können höchstens den Ausgangspunkt für eine subjektive Wahrscheinlichkeitsbewertung bilden.

Die Übergangsfrequenz vom Zustand Z_i zum Zustand Z_j hängt nur von Z_i ab. Im folgenden wird vorausgesetzt, daß diese Bedingung für die Anwendung der Theorie der Markov-Ketten auf die zu definierenden Zustände erfüllt ist. Der Übergangsmatrix entspricht dann eine *finite Markov-Kette*, deren Übergangsfrequenzen die Bewegungen des Systems zwischen seinen Zuständen vollständig beschreiben. Ist diese Markov-Kette *regulär* in dem Sinne, daß zumindest eine Potenz ihrer Übergangsmatrix ausschließlich positive Elemente enthält, so existiert der Limes für die n-te Potenz M^n, wenn $n \rightarrow \infty$:

$$\lim_{n \to \infty} r_{ij}^{(n)} = p_j > 0$$

Im Limes besteht die Matrix aus lauter Wiederholungen desselben Fixvektors:

$$(p_1;p_2;\ldots;p_n).$$

Eine Markov-Kette ist genau dann *ergodisch*, wenn jeder Zustand von jedem Zustand erreicht werden kann. Eine reguläre Markov-Kette ist somit ergodisch, denn wenn die k-te Potenz der entsprechenden Übergangsmatrix nur positive Elemente enthält, ist es in diesem Fall möglich, jeden Zustand von jedem Zustand in k Schritten zu erreichen. Umgekehrt gilt jedoch nicht, daß jede ergodische Markov-Kette auch regulär ist. Ein Gegenbeispiel dieser Implikation ergibt sich aus folgender Überlegung: Gesetzt den Fall, daß wir von einem vorgegebenen Zustand nur in einer geraden Anzahl von Schritten gewisse andere Zustände und die übrigen nur in einer ungeraden Anzahl von Schritten erreichen können; dann werden alle Potenzen der entsprechenden Übergangsmatrix zumindest eine Null enthalten; die Markov-Kette wird daher nicht regulär sein.

Weil eine reguläre Markov-Kette ergodisch ist, geben die Kehrwerte der Elemente des Fixvektors - gemessen in Übergangsschritten - die mittleren *Wiederkehrzeiten* der Zustände des Systems an. Dadurch können die erwarteten Wiederholungen eines jeden Zustands des Systems berechnet werden. Beträgt beispielsweise ein Element eines Fixvektors Z_i 0,25, so ist die mittlere Wiederkehrzeit 4: Ein System kehrt im Durchschnitt nach 4 Übergängen zum Zustand Z_i zurück.

3. Die mathematische Theorie der Epidemien

Die szientometrische Analyse einer Wissenschaft mit Hilfe der Theorie der finiten Markov-Ketten kann durch die Einführung anderer Zustandsbegriffe geprüft werden. Wir werden uns dabei elementarer Begriffe der mathematischen Theorie der epidemischen Entwicklung von Krankheiten bedienen.

Ein epidemischer Prozeß kann mit Hilfe von vier Begriffen charakterisiert werden, nämlich der Menge einer Population und den Zuständen der Empfänglichkeit, der Infektion und des Ausscheidens aus dem Prozeß. Es sei
P eine Population,
E die Menge der Empfänglichen in P,
I die Menge der Infizierten in P,
A die Menge der Ausgeschiedenen in P.

Die Anzahl einer Menge M bezeichnen wir mit "$|M|$". Es wird vorausgesetzt, daß die Anzahlen $|P|$, $|E|$, $|I|$, $|A|$ stetige Funktionen der Zeit sind. Die erste Ableitung einer Funktion $|M|$ bezüglich der Zeit wird durch einen Punkt so angegeben: "$|\dot{M}|$". Analog dazu wird die zweite Ableitung von $|M|$ bezüglich der Zeit mit "$|\ddot{M}|$" bezeichnet. Ferner sei
q_P die Ansteckungsquote in P,
q_E die Quote des Ausscheidens der Elemente aus E,
q_I die Quote des Ausscheidens der Elemente aus I,
q_{E+} die Zufuhr neuer Empfänglicher aus dem Komplement $\bar{P}$ von P, wobei sich P auf eine vorausgesetzte Grundmenge bezieht,
q_{I+} die Zufuhr neuer Infizierter aus P.

Wir betrachten zunächst die Entwicklung einer Epidemie in einer offenen Population, die nicht in der Zeit konstant bleibt. In einer solchen Population werden neue Empfängliche und Infizierte allmählich der Population einverleibt. Später werden wir auch abgeschlossene Populationen in Betracht ziehen, wobei wir voraussetzen, daß das Stadium des Ausscheidens in der Population nur über das Stadium der Infektion erreicht werden kann. Ferner wird durchgehend vorausgesetzt, daß Ansteckung durch den direkten Kontakt zwischen Empfänglichen und Infizierten stattfindet und daß die Inkubationszeit praktisch Null ist.

Ein epidemischer Prozeß in der offenen Population P kann mathematisch durch die folgenden nichtlinearen Differentialgleichungen beschrieben werden:

$$|\dot{E}| = - q_P|E \times I| - q_E|E| + q_{E+}$$

$$|\dot{I}| = q_P|E \times I| - q_I|I| + q_{I+}$$

$$|\dot{A}| = q_E|E| + q_I|I|,$$

wobei "x" die Operation des kartesischen Produkts bezeichnet. Die Vorhersage des Verlaufs einer Epidemie erfordert die Lösung dieses Gleichungssystems. Eine analytisch abgeschlossene Lösung ist nicht in allen Fällen möglich. Angemessene Approximationen sind jedoch in der Regel verfügbar.

Das System P mit seinen Teilklassen E, I und A kann nur dann in einen epidemischen Prozeß geraten, wenn $|\dot{I}|(t) > 0$ ist, d.h., wenn

$$|E|(t) > \left(q_I - \frac{q_{I+}}{|I|(t)}\right):q_P \equiv \alpha(t).$$

Hierbei repräsentiert α die kritische Dichte zur Zeit t der Empfänglichen in der Population. Dies bedeutet, daß keine Epidemie zur Zeit t ausbrechen kann, wenn $|E|(t) \leq \alpha(t)$ ist. Wird ein Infizierter zur Zeit t_0 der Population P zugeführt, so entsteht eine Epidemie nur dann, wenn die Anzahl der Empfänglichen in P zu t_0 die kritische Dichte übersteigt:

$$|E|(t_0) > \alpha(t_0).$$

Ferner kann der epidemische Prozeß nur dann während des Zeitintervalls $t_0 + \Delta t$ aufrechterhalten werden, wenn

$$|E|(t) > \alpha(t) \text{ für } t_0 \leq t \leq t_0 + \Delta t.$$

Wenn die Anzahl $|I|$ der Infizierten wächst, dann konvergiert die Quote $q_{I+}/|I|(t)$ gegen Null und die kritische Dichte $\alpha(t)$ gegen q_I / q_P. Die Ausbreitung einer Epidemie ist gleichbedeutend mit der totalen Anzahl der Infizierten während des Prozesses. Die Intensität der Epidemie ist das Verhältnis der Ausbreitung zur Anzahl der Elemente der Population.

Eine Epidemie in einer offenen Population kulminiert, wenn die Funktion $|\dot{E}|+|\dot{I}|$ ein Maximum erreicht, d.h., wenn

$$|E\dot{\cup}I| = - q_E|\dot{E}| - q_I|\dot{I}| = 0$$

ist, wobei "U" die Mengenvereinigung bezeichnet. Daraufhin stabilisiert sich der Prozeß in dem Sinne, daß er nicht mehr wächst, genau dann, wenn die Funktion $|\dot{A}|$ konstant ist. Ein epidemischer Prozeß ist nämlich genau dann in einem Punkt stabil, wenn eine Liapunov-Funktion existiert in einer Umgebung des Punktes. In diesem Fall gibt es eine Funktion, die im Punkt verschwindet und in der Umgebung außerhalb des Punktes positiv ist und deren stetige Zeitableitung ≤ 0 ist. Und in einer offenen Population ist $|\dot{A}|$ eben eine Liapunov-Funktion.

In einer abgeschlossenen Population vereinfachen sich die Differentialgleichungen zu

$$|\dot{E}| = - q_P|E \times I|,$$

$$|\dot{I}| = q_P|ExI| - q_I|I|,$$

$$|\dot{A}| = q_I|I|.$$

Die kritische Dichte der Empfänglichen ist

$$\alpha = \frac{q_I}{q_p}.$$

Der Prozeß geht in ein Stadium des epidemischen Zuwachses über, wenn $|\dot{I}| > 0$ und daher $|E| > \alpha$. Der Prozeß kulminiert, wenn

$$|\ddot{I}| = - q_I|\dot{I}| = 0$$

ist und daher gilt

$$|E| = \alpha.$$

Für eine abgeschlossene Population gilt ein Satz von Kermack und McKendrick, wonach die ursprüngliche Anzahl von Empfänglichen während der Epidemie auf eine Zahl reduziert wird, die genauso weit unter der kritischen Dichte α liegt, wie sie ursprünglich über α lag. Ist also

$$|E|(t_0) = \alpha(t_0) + \varepsilon,$$

so wird der epidemische Prozeß zu demjenigen Zeitpunkt t stabil, wo

$$|E|(t) = \alpha(t) - \varepsilon$$

gilt. Da die Populationszahl $|P|$ konstant bleibt, muß sich der Prozeß nach einem Stadium des Zuwachses immer stabilisieren. Diese Tatsache liegt dem Prinzip der Quarantäne zugrunde.

4. Informationstheoretische Analyse der Mobilität einzelner Forscher innerhalb einer Wissenschaft

In einer abgeschlossenen Population können gewisse statistische Vorhersagen über Auf- und Abschwung von Teildisziplinen mit Hilfe einer Markov-Ketten-Analyse gemacht werden. Es stellt sich nun die Frage, ob Prognosen für die Wanderungen einzelner Forscher in einer solchen Population möglich sind. Können wir mit einem hinreichenden Grad an Sicherheit vorhersagen, ob ein Forscher sein Spezialgebiet verlassen und zu welchem anderen Gebiet er übergehen wird? Um diese Frage zu beantworten, führen wir zunächst einige informationstheoretische Begriffe ein.

Ein Stichprobenraum von Elementarereignissen $A_1,...,A_n$ mit einer entsprechenden diskreten Frequenzverteilung $r_1,...r_n$ kann als diskrete Verteilungsmatrix dargestellt werden:

$A_1\ A_2\ \ldots\ An$
$r_1\ r_2\ \ldots\ r_n$

Im Einklang mit der üblichen physikalischen Begriffsbildung definieren wir die *Entropie H* dieser Matrix folgendermaßen:

$$H(r_1,\ldots,r_n) = -\sum_{i=1}^{n} r_i \ln(r_i),$$

wobei

$$r_i \ln(r_i) = 0, \text{ wenn } r_i = 0.$$

Diese Entropiefunktion ist ein geeignetes Maß der Unsicherheit der Vorhersagen der Verteilungsmatrix. Denn (1) gilt $H(r_1,\ldots,r_n) = 0$ genau dann, wenn für irgendein i ($1 \leq i \leq n$) $r_i = 1$ und für die übrigen $r_j = 0$ ($j \neq i$) gilt. In diesem Fall ist die Vorhersage absolut sicher; in allen anderen Fällen ist die Entropie positiv. Ferner (2) erreicht die Entropie ihr Maximum für $r_i = 1/n$ ($1 \leq i \leq n$). Denn seien f eine stetige konvexe Funktion und $a_1,\ldots,a_n$ beliebige positive Zahlen, dann gilt

$$f\left(\frac{1}{n}\sum_{i=1}^{n} a_i\right) \leqq \frac{1}{n}\sum_{i=1}^{n} f(a_i).$$

Die Substitutionen $a_i = r_i$, $f(x) = x\ln(x)$ ergeben

$$f\left(\frac{1}{n}\right) = \frac{1}{n}\ln\left(\frac{1}{n}\right) \leqq \frac{1}{n}\sum_{i=1}^{n} r_i \ln(r_i) = -\frac{1}{n}H(r_1,\ldots,r_n),$$

weshalb

$$H(r_1,\ldots,r_n) \leqq \ln(n) = H\left(\frac{1}{n},\ldots,\frac{1}{n}\right).$$

Betrachten wir zwei diskrete Verteilungsmatrizen

$$A = \begin{matrix} A_1 & A_2 & \ldots & A_m \\ q_1 & q_2 & \ldots & q_m \end{matrix}, \quad B = \begin{matrix} B_1 & B_2 & \ldots & B_n \\ r_{i1} & r_{i2} & \ldots & r_{in} \end{matrix},$$

wobei "r_{ij}" die relative Häufigkeit bezeichnet, daß B_j ($1 \leq j \leq n$) stattfindet, wenn A_i ($1 \leq i \leq n$) stattfindet. Das Produkt der Verteilungsmatrizen A und B sei mit "AB" bezeichnet. Die erste Zeile der Matrix AB enthält daher die Elemente A_iB_j, während die zweite Zeile aus den entsprechenden Elementen r_{ij} besteht. Es gilt

$$-H(AB) = \sum_i \sum_j q_i\, r_{ij}(\ln(q_i) + \ln(r_{ij})) =$$

$$= \sum_i q_i \ln(q_i) \sum_j r_{ij} + \sum_i q_i \sum_j r_{ij} \ln(r_{ij}),$$

wobei

$$\sum_j r_{ij} = 1 \text{ für alle } i.$$

Die Summe

$$H_i(B) = -\sum_j r_{ij} \ln(r_{ij})$$

ist die *bedingte Entropie* der Verteilungsmatrix B unter derVoraussetzung, daß das Ereignis A_i der Matrix A stattfindet.

Betrachten wir nun den Fall einer Markov-Kette mit den Zuständen $Z_i(1 \le i \le n)$ und der Übergangsmatrix M mit den relativen Frequenzen r_{ij} $(1 \le i,j \le n)$. Ist die Kette im Zustand Z_i, so bilden ihre Übergänge zu den Zuständen Z_j eine Verteilungsmatrix. Die Entropie

$$H_i = -\sum_{j=1}^{n} r_{ij} \ln(r_{ij})$$

ist ein Maß der Unsicherheit der Markov-Kette, wenn sie sich aus dem Zustand Z_i einen Schritt vorwärts bewegt. Die Entropie der direkten Schritte einzelner Individuen zwischen den verschiedenen Gebieten der betreffenden Wissenschaft ist dann

$$H_1, H_2, \ldots, H_n.$$

Nun kann direkt ermittelt werden, wann die größte Unsicherheit vorlag, wenn sich Forscher von einem Gebiet anderen Gebieten zuwandten, und auf welchem Gebiet die relativ geringste Unsicherheit vorlag.

Die Elemente des Fixvektors der Übergangsmatrix im Limes bilden die zweite Reihe einer diskreten Verteilungsmatrix:

$$\begin{matrix} Z_1 & Z_2 & \ldots & Z_n \\ p_1 & p_2 & \ldots & p_n. \end{matrix}$$

Die Entropie dieser Matrix kann dann berechnet werden. Die maximale Entropie einer (2xn)-Matrix ist ln(n). Der Vergleich mit der Entropie der Verteilungsmatrix des Fixvektors zeigt die Unsicherheit der Vorhersagen über den Zustand eines einzelnen Forschers zu einem vorgegebenen Zeitpunkt.

III. W. Goffmans Analyse der mathematischen Logik

1. Goffmans Kategorisierung der Zustände der mathematischen Logik

Goffman hat die Entwicklung eines Teilgebietes der abstrakten modernen Mathematik, und zwar der mathematischen Logik von Boole bis Gödel (1847 bis 1932) unter Heranziehung der mathematischen Theorie der Markov-Ketten bibliometrisch untersucht. Grundlage der Goffmanschen Untersuchung war die annähernd vollständige Bibliographie der symbolischen Logik von dem amerikanischen Logiker Alonzo Church aus dem Jahre 1936.

In Churchs Bibliographie sind besonders wichtige Publikationen mit einem Sternchen und Publikationen, die eine neue Idee von fundamentaler Bedeutung enthalten, mit zwei Sternchen versehen. Goffman hat nun folgende Zustandskategorien eingeführt. Das System der mathematischen Logik von Boole bis Gödel sei bezüglich Churchs Bibliographie im Jahr t im Zustand
Z_1, wenn keine Publikation in t ein Sternchen hat,
Z_2, wenn eine einzige Publikation in t genau ein Sternchen hat,
Z_3, wenn mehr als eine Publikation in t genau ein Sternchen hat,
Z_4, wenn zumindest eine Publikation in t zwei Sternchen hat.

Goffman hat diese Zustände folgendermaßen charakerisiert:
Z_1 ist ein Zustand der unvollständigen und ungeordneten Information im Jahr t,
Z_2 ist ein Zustand der unvollständigen und geordneten Information im Jahr t,
Z_3 ist ein Zustand der vollständigen und ungeordneten Information im Jahr t,
Z_4 ist ein Zustand der vollständigen und geordneten Information im Jahr t.

Weil Goffmans Kategorisierung nur die vorausgehenden Publikationsmengen (< t) berücksichtigt und die Begriffe der Vollständigkeit und Ordnung der Information in diesem speziellen Zusammenhang kaum quantifizierbar und empirisch prüfbar sind, müßte eine andere Charakterisierung gewählt werden, die einer objektiven bibliometrischen Untersuchung angepaßt ist. Hierbei müßten vor allem die Publikationsmengen nach dem jeweiligen Zeitpunkt t berücksichtigt werden.

Nach einer wichtigen Entdeckung im 4. Zustand wird die Publikationsmenge der folgenden Jahre (> t) erwartungsgemäß meistens entsprechende Teilstrukturen hoher Komplexität von expliziten externen Beziehungen aufweisen, die den Einfluß der bahnbrechenden Arbeiten abbilden. Außerdem beinhaltet eine bahnbrechende Arbeit häufig eine intern logisch strukturierte Kodifizierung früherer Beiträge, die allerdings nicht Elemente einer externen, bibliometrisch belegbaren Struktur der Publikationsmenge vor t zu sein braucht.

Eine Publikationsmenge im 3. oder 2. Zustand bewirkt voraussichtlich Teilstrukturen niedrigerer Komplexität, die in den Jahren nach t die mit einem Sternchen ausgezeichneten Publikationen als Elemente der Grundmenge enthalten. Diejenige Publikationsmenge der Jahre nach t, die nach einem Zustand vom 1. Typ folgt, dürfte nur isolierte, sehr einfache Teilstrukturen mit kleiner Grundmenge enthalten.

Diese Umdeutung der ursprünglichen Goffmanschen Kategorisierung würde bibliometrische Überprüfungen durch Häufigkeits-, Verteilungs- und Clusteranalysen erlauben.

2. Goffmans Anwendung der Theorie der finiten Markov-Ketten auf Zustände der mathematischen Logik

Wir wollen nun zeigen, wie Goffman und G. Harmon (1971) die Entwicklung des Systems der mathematischen Logik von Boole bis Gödel unter Heranziehung der Churchschen Bibliographie mathematisch dargestellt haben. Es sei N_i die Anzahl der Jahre, in denen das System im Zustand Z_i war und N_{ij} die Anzahl der Übergänge des Systems vom Zustand Z_i zum Zustand Z_j im darauffolgenden Jahr (i,j = 1,2,3,4,). Dann ist N_{ij} / N_i die relative Frequenz r_{ij} des Übergangs von Z_i zu Z_j. Die Berechnung aller r_{ij} ergab folgende Übergangsmatrix:

M_1 =

	Z_1	Z_2	Z_3	Z_4
Z_1	0,53	0,21	0,21	0,05
Z_2	0,50	0,18	0,23	0,09
Z_3	0,21	0,35	0,26	0,18
Z_4	0,37	0,37	0,26	0,00

Gemäß der Matrix M_1 kann zwar jeder Zustand von einem beliebigen anderen Zustand erreicht werden, nicht aber Z_4 von Z_4. Bereits die zweite Potenz M_1^2 enthält jedoch ausschließlich positive Elemente:

$$M_1^2 = \begin{matrix} 0,45 & 0,24 & 0,23 & 0,08 \\ 0,44 & 0,25 & 0,23 & 0,08 \\ 0,41 & 0,27 & 0,24 & 0,09 \\ 0,44 & 0,24 & 0,23 & 0,10 \end{matrix}$$

Nach dieser Matrix kann jeder Zustand von jedem Zustand erreicht werden. Die Markov-Kette, die der Matrix M_1 entspricht, ist also regulär. Daher existiert der Limes für die n-te Potenz M^n, wenn $n \to \infty$. In der Tat ist die Konvergenz in diesem Fall sehr schnell. Es gilt

$$\lim_{n \to \infty} r_{ij}^{(n)} = p_j > 0,$$

wobei

$$(p_1;p_2;p_3;p_4) = (0,44;0,25;0,23;0,08).$$

Weil dieser Fixvektor, der bereits für n = 6 erreicht wird, nur positive Elemente enthält, ist die Markov-Kette außerdem ergodisch. Die Kehrwerte der Elemente p_j sind daher die mittleren Wiederkehrzeiten der Zustände Z_j, nämlich: 2,3; 4,0; 4,3; 12,5. Dies würde unter anderem bedeuten, daß sich das System alle 12,5 Jahre im Zustand Z_4 befinden wird.

Die Variation der Werte in der Folge der Wiederkehrzeiten beinhaltet nach diesem Zugang konkret, daß der Weg zwischen grundlegenden Entdeckungen in der mathematischen Logik eine Folge von Zyklen durchläuft, die zunächst zwischen den Zuständen Z_1, Z_2 und Z_3 schwankt, bis sich schließlich eine Entdeckung von fundamentaler Bedeutung ergibt. Ferner impliziert die Übergangsmatrix, wie bereits erwähnt, daß der Übergang von Z_4 zu Z_4 nicht vorkommt. Konkret besagt dies Goffman/Harmon zufolge, daß fundamentale Ergebnisse das System in einen Zustand niedrigerer Ordnung versetzen, d.h., neue Ideen sind fruchtbar in dem Sinne, daß sie nicht nur Probleme lösen, sondern stets eine hinreichend große Menge offener Fragen erzeugen.

Die von Goffman und Harmon erstellte Übergangsmatrix ist jedoch nicht vollständig korrekt, da beispielsweise übersehen wurde, daß ein Übergang von Z_4 nach Z_4 existiert, nämlich Zermelo (1904) und Hilbert (1905). Die Übergangsmatrix lautet gemäß G. Kröber (1983: 45):

0,58	0,24	0,14	0,05
0,52	0,10	0,24	0,14
0,11	0,32	0,42	0,16
0,33	0,44	0,11	0,11

Bereits diese Matrix ist regulär, der Fixvektor

$$(p_1;p_2;p_3;p_4) = (0,43;0,24;0,22;0,10)$$

weicht für Z_4 stärker von Goffman/Harmons Werten ab, so daß sich hier als korrigierte Wiederkehrzeit 10,0 ergibt.

Als Belege für die mittlere Wiederkehrzeit des Zustands Z_4 können nach Goffman und Harmon folgende Ereignisse in der Geschichte der mathematischen Logik der letzten hundert Jahre angegeben werden: zuerst die Untersuchungen von Frege (1884, 1893, 1903) und Russell (1903, 1908; mit A. N. Whitehead: 1910, 1912, 1913) über die Grundlagen der Arithmetik und über das Verhältnis zwischen Logik und klassischer Mathematik, dann die Axiomatisierung der Mengenlehre durch Zermelo (1908), daraufhin Hilberts metalogisches Programm für den Beweis der Widerspruchsfreiheit der Arithmetik (1918, 1922, 1926) und schließlich Gödels Unvollständigkeitssatz (1931).

Im Bereich der mathematischen Logik scheinen demnach die fundamentalen Entdeckungen einem vorhersagbaren Muster zu folgen - eine Behauptung, die genauerer Nachprüfung bedarf.

3. Goffmans epidemiologische Analyse der mathematischen Logik

Wir wollen nun das Ergebnis der Analyse der mathematischen Logik mit Hilfe der Theorie der finiten Markov-Ketten durch die Einführung anderer Zustandsbegriffe empirisch prüfen. Dabei werden wir uns elementarer Begriffe der mathematischen Theorie der epidemischen Entwicklung von Krankheiten bedienen, wie sie oben eingeführt wurden. Es geht also in übertragener Bedeutung um den verhängnisvollen Zustand, von Ideen der mathematischen Logik befallen zu sein.

Die Analyse der Entwicklung der mathematischen Logik von einem epidemiologischen Standpunkt aus ergibt eine Möglichkeit, das Ergebnis der vorhergehenden, mit Hilfe finiter Markov-Ketten durchgeführten Analyse bezüglich der festgestellten Periodizitäten zu prüfen. Zu jedem vorgegebenen Zeitintervall T betrachten wir drei Klassen von Personen, nämlich diejenigen,

(1) die während T einen Beitrag zur mathematischen Logik veröffentlicht haben,

(2) die vor T über ein Thema der mathematischen Logik publiziert haben und

(3) die nach T voraussichtlich einen Beitrag auf einem Spezialgebiet der mathematischen Logik leisten könnten.

Diese drei Klassen entsprechen den Teilklassen I, A und E der Infizierten, der Ausgeschiedenen und der Empfänglichen in der Population eines epidemischen Prozesses.

Wir wollen zuerst die gesamte mathematische Logik vom epidemiologischen Gesichtspunkt aus untersuchen. Zu diesem Zweck bestimmen wir zwei neue Begriffe wie folgt. Eine Person x ist auf dem Gebiet der mathematischen Logik im Jahre t

(i) *aktiv beitragend*, wenn es Zeitpunkte t' und t'' gibt derart, daß $t' \leq t \leq t''$ und daß die erste Publikation von x auf diesem Gebiet im Jahre t' und die letzte Publikation von x auf dem Gebiet im Jahre t'' erschienen ist,

(ii) *zurückgetreten*, wenn es t' und t'' gibt derart, daß $t' \leq t'' \leq t$ und daß x zwischen t' und t'' auf diesem Gebiet aktiv beitragend war.

Goffman (1971) hat die Auswertung der Churchschen Bibliographie durch Heranziehung des *Journal of Symbolic Logic* sowie der einschlägigen Teile der *Mathematical Reviews* und des *Zentralblatt für Mathematik und ihre Grenzgebiete* für den Zeitraum 1932-1962 ergänzt. Die gesamte Population umfaßt

1733 Autoren mit 5845 Publikationen. Die erste Zahl ist daher - in der epidemiologischen Terminologie ausgedrückt - die Anzahl der Infizierten in dem Prozeß, der von Boole und De Morgan im Jahre 1847 eingeleitet wurde.

Wenn die Änderung der Anzahl der aktiven Autoren in Fünfjahresintervallen berechnet wird, stellt sich eine Verteilung heraus, die Goffman zufolge ab der Jahrhundertwende typisch epidemische Zustände erkennen läßt. Von 1897 bis 1962 spiegelt die entsprechende Funktionskurve wiederkehrende Epidemien wider mit Maxima in Abständen von genau 25 Jahren, und zwar 1907, 1932 und 1957. Die dazwischenliegenden Minima stellen Ausgangspunkte der epidemischen Teilprozesse dar (siehe Abb. 2).

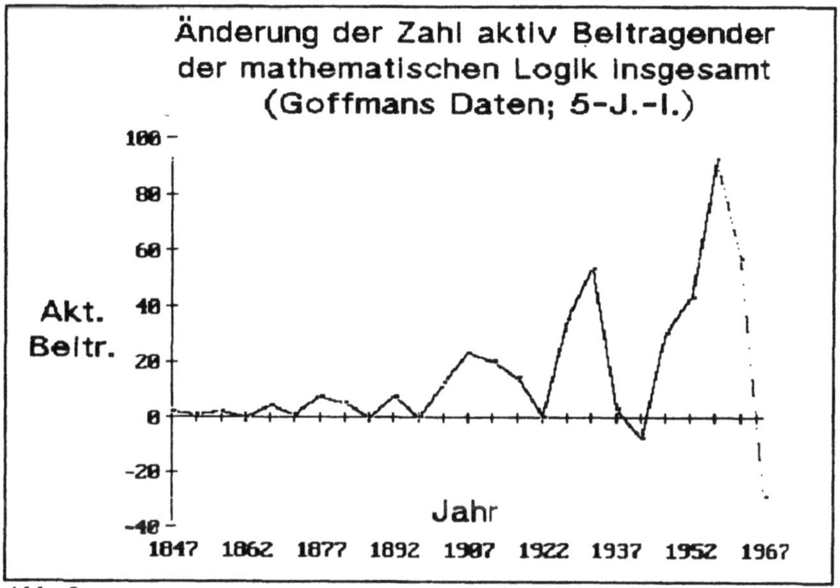

Abb. 2

Dieses Ergebnis würde die Deutung des Zustandes Z_4 der fundamentalen Entdeckungen der mathematischen Logik mit der Wiederkehrzeit von 12,5 Jahren unterstützen, deren genauer Wert allerdings 10,0 beträgt. Demzufolge erreicht das System der mathematischen Logik den Zustand Z_4 sowohl am Anfang als auch am Höhepunkt eines epidemischen Verlaufs. Dies besagt konkret, daß die fundamentalen Beiträge des Systems jeden epidemischen Ausbruch sowohl in Gang setzen als auch beenden.

Die Entwicklung der Wissenschaften in der ersten Hälfte unseres Jahrhunderts ist extrem starken äußeren Einflüssen ausgesetzt worden: zwei verheerende Weltkriege und dazwischen eine weltweite Wirtschaftsdepression. Der

Rückgang der Zahl der aktiv Beitragenden während bzw. unmittelbar nach den Kriegen ist also zu erwarten. Diese Ergebnisse zeichnen sich auch deutlich in der Publikationskurve ab (siehe Diagramm in Goffman 1971: 177). Da die gewählte Definition des Begriffs eines aktiv Beitragenden jedoch große Lücken in der Bibliographie einzelner Forscher zuläßt, ist zu erwarten, daß sich die wissenschaftsimmanente Entwicklung gegenüber äußeren Einflüssen, soweit sie sich als "Störungen" der Literaturproduktion etwa durch vorübergehende Betrauung von Wissenschaftlern mit militärischen Aufgaben niederschlagen, auf die Dauer im großen und ganzen als immun erweist.

Für die Darstellung der epidemischen Kurve der gesamten mathematischen Logik brauchten wir keine Angabe über die Mächtigkeit der Menge der Empfänglichen in der Population. Das Einzugsgebiet *künftiger* Forscher im gesamten Bereich der mathematischen Logik dürfte aus Mathematikern und Vertretern der Analytischen Philosophie bestehen. Die Anzahl der Empfänglichen zu einem vorgegebenen Zeitpunkt ist daher schwer festzustellen. Die epidemiologischen Differentialgleichungen können hier folglich für Prognosen nicht angewandt werden. Betrachten wir jedoch ein System von Teildisziplinen der mathematischen Logik, so kann die jeweilige Menge der potentiell Beitragenden zu einem vorgegebenen Zeitpunkt genau abgegrenzt werden. Die Anwendung der epidemiologischen Differentialgleichungen soll dabei vorerst keine Vorstellung von Kausalität implizieren. Daher wird das kartesische Produkt ExI nur als Stichprobenraum des Frequenzkoeffizienten q_p betrachtet, ohne daß irgendwelche konkrete Annahmen über "Ansteckung" durch Kontakt zwischen Forschern gemacht werden.

Um die Anwendungsmöglichkeiten der Theorie der Epidemien zu zeigen, wollen wir vier besonders wichtige Disziplinen, nämlich die Algebraische Logik, die Grundlagen der Arithmetik, die Metamathematik (d.h. Beweistheorie und Modelltheorie) sowie die formale klassische Satzlogik, in einem Teilsystem von sieben Bereichen innerhalb der mathematischen Logik der Periode 1847 bis 1932 anhand der Churchschen Bibliographie im Anschluß an Goffman untersuchen. Außer den zu untersuchenden Bereichen umfaßt das Goffmansche System die logischen und mengentheoretischen Antinomien, das Verhältnis zwischen formaler Logik und klassischer Mathematik und den Intuitionismus. Die Gesamtzahl der Autoren dieses Systems ist 495. Epidemiologisch ausgedrückt ist dies die Ausbreitung der Epidemie des Systems. Die epidemische Intensität der Algebraischen Logik war 14%, der Grundlagen der Arithmetik 14%, der Metamathematik 5% und der Satzlogik 17%. Zu einem vorgegebenen Zeitpunkt t kann die Population des Systems festgestellt werden. Die potentiell Beitragenden ("Empfänglichen") eines Teilbereiches des Systems sind alle Mitglieder der Population, die zur Zeit t in diesem Teilbereich nicht aktiv sind.

Wir wollen die Situation der Algebraischen Logik, der Grundlagen der Arithmetik, der Metamathematik und der Satzlogik um 1932 betrachten.

Aufgrund bibliometrischer Datenerhebung errechnete Werte der Funktionen |E|, |I| und |A| sowie der Zuwachsrate $\Delta|I|/\Delta t$ werden in die epidemiologischen Differentialgleichungen eingesetzt. Dadurch können die Koeffizienten q_P, q_I und q_{I+} berechnet und die Differentialgleichungen für prognostische Zwecke verwendet werden. Die Berechnung der Koeffizienten und die festgestellten Werte von drei der Funktionen für 1932 sind nach Goffman wie folgt:

	q_P	q_I	q_{I+}	|E|	|I|	$\Delta\|I\|/\Delta t$	α
AL	0,01	2,0	6	172	7	4	114
GA	0,006	3,4	12	172	7	2	281
MA	0,013	1,5	4	170	9	3	81
SL	0,03	3,0	6	155	24	16	92

Die Zuwachsrate fünf Jahre später war gemäß der entsprechenden epidemiologischen Gleichung 4 für die Algebraische Logik, -5 für die Grundlagen der Arithmetik, 10 für die Metamathematik und 46 für die Satzlogik. Die Anzahl |E| der potentiell Beitragenden lag 1932 für Algebraische Logik, Metamathematik und Satzlogik weit über der kritischen Dichte α. Demnach wären hier epidemische Ausbrüche zu erwarten. Der Ausbruch erfolgte tatsächlich in der Metamathematik und in der Satzlogik sofort, während der Aufschwung in der Algebraischen Logik nach einem zögernden Verlauf erst Anfang der 50er Jahre mit den Aktivitäten von Tarski und seinen Schülern in Berkeley beschleunigt wurde.

Goffman verwendet den Grenzwert für $\alpha = q_I / q_P$, wenn $|I| \rightarrow \infty$, und kommt deswegen zu anderen Werten der kritischen Dichte (200, 567, 115 bzw. 100) und daher zu einer entgegengesetzten Prognose bezüglich der Algebraischen Logik. Diese nicht zutreffende Prognose basiert auf der Voraussetzung, daß die Population abgeschlossen ist.

Die graphische Darstellung der drei epidemischen Verläufe aufgrund der Goffmanschen Daten ist den Abbildungen 3 bis 6 zu entnehmen.

Dagegen liegt die kritische Dichte für die Grundlagen der Arithmetik 1932 weit über der Anzahl der potentiell Aktiven. Hier wäre daher ein verhältnismäßig starker Niedergang zu erwarten, der auch in der Tat sogleich eingesetzt hat (Abb. 5).

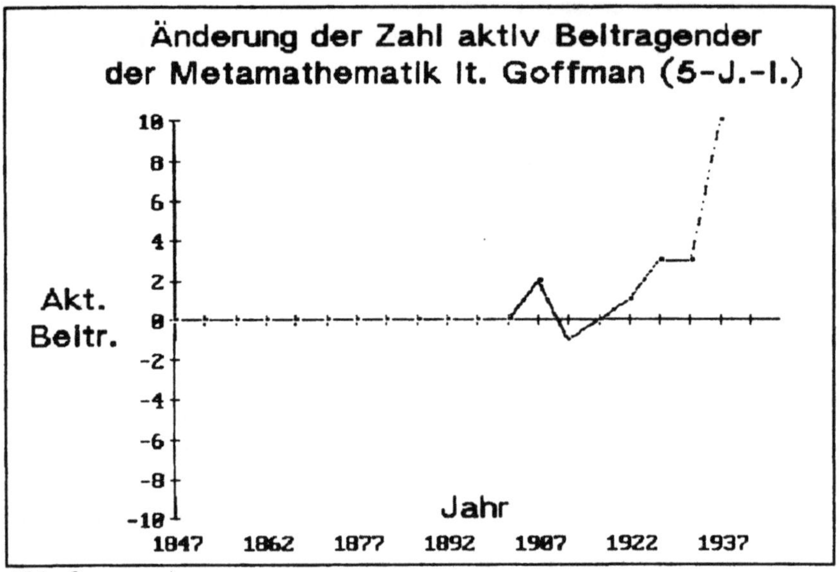
Änderung der Zahl aktiv Beitragender
der Metamathematik lt. Goffman (5-J.-I.)
Akt.
Beitr.
10
8
6
4
2
0
-2
-4
-6
-8
-10
Jahr
1847
1862
1877
1892
1907
1922
1937

Abb. 3

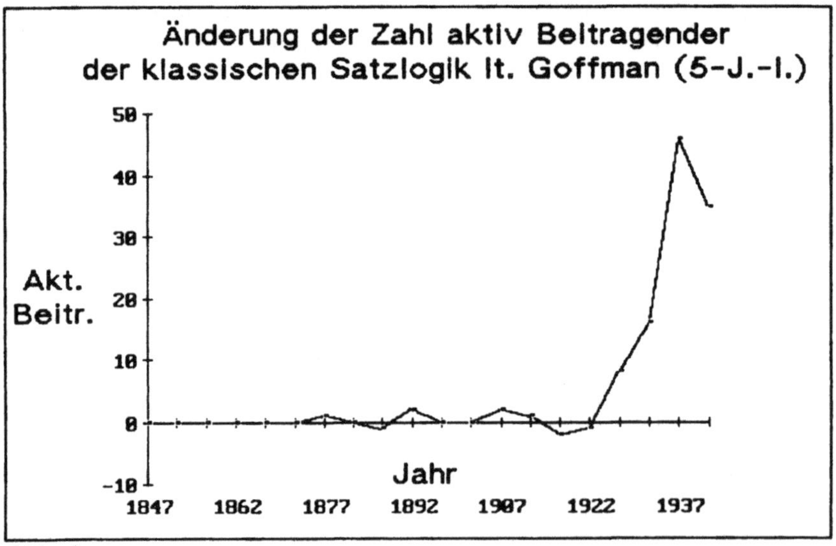
Änderung der Zahl aktiv Beitragender
der klassischen Satzlogik lt. Goffman (5-J.-I.)
Akt.
Beitr.
50
40
30
20
10
0
-10
Jahr
1847
1862
1877
1892
1907
1922
1937

Abb. 4

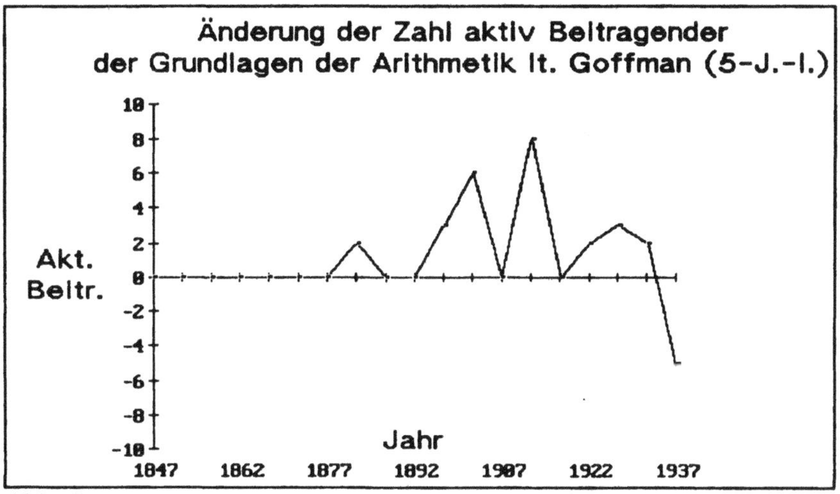
Änderung der Zahl aktiv Beitragender
der Grundlagen der Arithmetik lt. Goffman (5-J.-I.)
Akt.
Beitr.
10
8
6
4
2
0
-2
-4
-6
-8
-10
Jahr
1847
1862
1877
1892
1907
1922
1937

Abb. 5

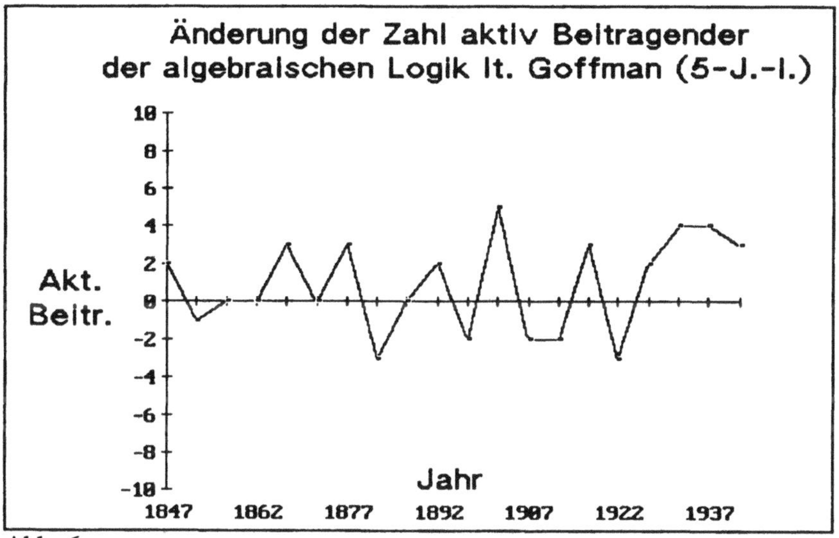
Änderung der Zahl aktiv Beitragender
der algebraischen Logik lt. Goffman (5-J.-I.)
Akt.
Beitr.
10
8
6
4
2
0
-2
-4
-6
-8
-10
Jahr
1847
1862
1877
1892
1907
1922
1937

Abb. 6

4. Goffmans bibliometrische Analyse der Mobilität der Forscher zwischen Teilgebieten der mathematischen Logik unter Anwendung der Theorie der finiten Markov-Ketten

Die Mobilität der Forscher zwischen Teildisziplinen einer Wissenschaft kann mit bibliometrischen Methoden unter Heranziehung der Theorie der finiten Markov-Ketten untersucht werden. Es gilt dabei beispielsweise festzustellen, ob sich die einzelnen Wissenschaftler nach einem vorhersagbaren Muster zwischen diesen Teildisziplinen bewegen, und insbesondere, ob ein Forscher, der eine Teildisziplin verlassen hat, sich später erneut dieser Teildisziplin zuwendet.

Wir wollen die Mobilitätsanalyse für die oben eingeführten sieben Teilgebiete der mathematischen Logik von 1847 bis 1932 aufgrund der Churchschen Bibliographie und Goffmans Daten durchführen. Wir setzen dabei voraus, daß die Themenwahl eines Forschers in einer Teildisziplin zu einem vorgegebenen Zeitpunkt t ausschließlich von der Betätigung zum Zeitpunkt t-1 abhängt, nicht jedoch von weiter zurückliegenden Betätigungen. Man kann dies auch so ausdrücken: Das zukünftige Verhalten eines Forschers wird von seinem gegenwärtigen Zustand bestimmt, der alle bisherigen Erfahrungen und Kenntnisse einschließt. Eine notwendige Bedingung für die Anwendung der Theorie der finiten Markov-Ketten ist damit erfüllt.

Wir führen neue Zustandsbegriffe wie folgt ein. Eine Person sei genau dann im Zustand Z_i ($5 \leq i \leq 11$) zum Zeitpunkt t, wenn sie zu t auf dem Gebiet G_i publiziert hat, wobei

G_5 Algebraische Logik,
G_6 Antinomien,
G_7 Grundlagen der Arithmetik,
G_8 Intuitionismus,
G_9 Logik und Mathematik,
G_{10} Metamathematik,
G_{11} Satzlogik
umfaßt.

Die Markov-Kette, welche die Mobilität zwischen den Gebieten G_5-G_{11} beschreibt, enthält somit die Zustände Z_5-Z_{11}. Ein direkter Übergang vom Zustand Z_i zum Zustand Z_j findet statt, wenn eine Person, die sich im Zustand Z_i befindet, ihre nächste Arbeit auf dem Gebiet G_j publiziert. Es sei N_i die Gesamtzahl der Beitragenden zum Gebiet G_i gemäß dem Index der Churchschen Bibliographie und N_{ij} die Anzahl dieser Beitragenden, die in ihrer dokumentierten Forschung vom Gebiet G_i direkt zum Gebiet G_j gewechselt haben; dann ist die Frequenz der direkten Übergänge vom Zustand Z_i zum Zustand Z_j gleich N_{ij} / N_i. Die Berechnung aller möglichen Übergänge zwischen den Zuständen Z_5-Z_{11} ergab folgende Übergangsmatrix M_2 (Goffman/Warren 1980: 110):

	Z_5	Z_6	Z_7	Z_8	Z_9	Z_{10}	Z_{11}
Z_5	0,58	0,01	0,11	0,00	0,10	0,00	0,20
Z_6	0,04	0,62	0,10	0,05	0,06	0,06	0,07
Z_7	0,03	0,21	0,38	0,04	0,22	0,03	0,09
Z_8	0,00	0,22	0,12	0,40	0,22	0,00	0,04
Z_9	0,04	0,07	0,21	0,04	0,52	0,04	0,08
Z_{10}	0,00	0,18	0,14	0,00	0,18	0,41	0,09
Z_{11}	0,14	0,02	0,12	0,11	0,05	0,02	0,64

Es sei N die Anzahl der einzelnen Beitragenden zu den sieben Gebieten G_5-G_{11} und N_j die Anzahl dieser Beitragenden, die zuerst auf dem Gebiet G_j publiziert haben. Dann ist N_j/N die relative Frequenz der Erstveröffentlichungen auf dem Gebiet G_j. Die Verteilung der Anfangsfrequenzen ist wie folgt:

$$(Z_5;\ Z_6;\ Z_7;\ Z_8;\ Z_9;\ Z_{10};\ Z_{11}) =$$
$$= (0{,}19;\ 0{,}23;\ 0{,}14;\ 0{,}06;\ 0{,}16;\ 0{,}04;\ 0{,}18).$$

Die Markov-Kette, welche die Mobilität zwischen den Gebieten G_5-G_{11} beschreibt, ist durch die Anfangsfrequenzen und die Übergangsmatrix M_2 vollständig bestimmt. Diese Markov-Kette ist regulär, weil bereits die zweite Potenz M_2^2 ausschließlich positive Elemente $r_{ij}^{(2)}$ enthält. Daher existiert der Limes für die n-te Potenz M_2^n, wenn $n \to \infty$.

Es gilt

$$\lim_{n\to\infty} r_{ij}^{(n)} = p_j > 0 \quad (5 \leq j \leq 11),$$

wobei

$$(p_5;\ p_6;\ p_7;\ p_8;\ p_9;\ p_{10};\ p_{11}) =$$
$$= (0{,}12;\ 0{,}20;\ 0{,}18;\ 0{,}04;\ 0{,}20;\ 0{,}05;\ 0{,}21).$$

Da dieser Fixvektor, der für n = 16 erreicht wird, nur positive Elemente enthält, ist die Markov-Kette außerdem ergodisch. Die Kehrwerte der p_j sind daher die mittleren Wiederkehrwerte (gemessen in Publikationen) der Zustände Z_5-Z_{11}, nämlich

8,3; 5,0; 5,6; 25,0; 5,0; 20,0; 4,8.

Daß der mittlere Wiederkehrwert des Zustandes Z_i den Betrag s_i hat, bedeutet konkret, daß ein Forscher, der das Gebiet G_i verläßt, durchschnittlich s_i Publikationen auf anderen Gebieten der mathematischen Logik publizieren würde, bevor er zum Gebiet G_i zurückkehrt. Extrem hohe Wiederkehrwerte könnten beispielsweise dadurch verursacht werden, daß die entsprechende Disziplin nur eine kurze Blütezeit hat oder andere Eigenschaften, die eine

Rückkehr eines Autoren unwahrscheinlich machen.

Die durchschnittliche Produktivität der Forscher der mathematischen Logik im Zeitraum von 1847 bis 1962 ist 5845/1733 ≈ 3,4. Goffman hat den zeitlichen Verlauf der Produktivität in 5-Jahres-Intervallen berechnet, d.h. jeweils für 5 Jahre die Zahl der Publikationen durch die Zahl der Autoren geteilt. Entgegen der Behauptung, daß die Werte nur geringfügig von der Gesamtproduktivität abwichen, zeigt sein Diagramm (z.B. 1971: 178), daß die Produktivität in 5-Jahres-Intervallen ab 1902 tatsächlich etwa zwischen 1,5 und 3,4 schwankte. Von 1947 bis 1967 beispielsweise betrug sie ungefähr 2,0[13].

Da der kleinste Wiederkehrwert der Zustände Z_5-Z_{11} 4,8 beträgt, bedeutet dies konkret, daß im allgemeinen ein Autor in der Population der sieben Teilbereiche G_5-G_{11} nie zu dem Gebiet zurückkehrt, das er einmal verlassen hat.

Bei einer abgeschlossenen Population können Prognosen über die relative Häufigkeit der Bewegungen der Forscher zwischen den Teildisziplinen mit Hilfe der Theorie der finiten Markov-Ketten gemacht werden. Ein Vergleich der Anfangsfrequenzen der Gebiete G_5-G_{11} der mathematischen Logik mit den Elementen des Fixvektors der Übergangsmatrix M_2 im Limes zeigt, daß eine in absoluten Zahlen leichte Abwanderung von den Bereichen der Antinomien und des Intuitionismus innerhalb der Population der sieben Teilgebiete G_5-G_{11} zu erwarten war, während die anderen Bereiche - mit Ausnahme der Algebraischen Logik - leicht zunehmen würden. Diese verhältnismäßig geringe Mobilität impliziert, daß die Markov-Kette, welche die Bewegungen der Forscher in der abgeschlossenen Population beschreibt, stationär ist.

Der Vergleich der Anfangsfrequenz der Algebraischen Logik mit dem entsprechenden Element des Fixvektors läßt vermuten, daß dieser Teilbereich innerhalb der Population von 19% auf 12% abnehmen wird. Der tatsächliche spätere Aufschwung der Algebraischen Logik macht deutlich, daß wir es hier mit einer offenen Population zu tun haben, die eine Zufuhr aus dem großen Einzugsbereich der Mathematiker und Analytischen Philosophen erhält. Der vorhergesagte geringfügige Zuwachs der Metamathematik von 4% auf 5% steht auch nicht im Einklang mit dem tatsächlichen kräftigen Aufschwung dieser Teildisziplin. In einer offenen Population lassen sich epidemische Aufschwünge durch Mobilitätsanalysen allein offenbar nicht prognostizieren.

Aus der verhältnismäßig hohen mittleren Wiederkehrzeit der entsprechenden Zustände Z_5-Z_{11}, der Konstanz der durchschnittlichen Produktivität der beteiligten Forscher, deren geringer Mobilität und der Stabilität der Markov-Kette läßt sich - die Repräsentativität der sieben Teilbereiche und die Korrekt-

10 Auf die Ursachen der Abweichung von der gesamten Durchschnittsproduktivität kommen wir in Kap. V, Abschnitt 3 zurück.

heit der Datenbasis vorausgesetzt - die Folgerung ziehen, daß die epidemischen Aufschwünge von Gebieten der mathematischen Logik auf Zuwanderung von außen beruhen. Es scheint, daß die Impulse, die bahnbrechende Entdeckungen einer wissenschaftlichen Disziplin liefern, im allgemeinen nicht von denjenigen Forschern, die bereits in dieser Disziplin arbeiten, sondern von Neuankömmlingen aufgegriffen werden.

5. Goffmans informationstheoretische Analyse der Mobilität einzelner Forscher innerhalb der mathematischen Logik

Wir wollen nun anhand der Goffmanschen Darstellung untersuchen, ob Prognosen für die Wanderungen *einzelner Forscher* in der abgeschlossenen Population der Gebiete G_5-G_{11} möglich sind. Können wir mit einem hinreichenden Grad an Sicherheit vorhersagen, ob ein Forscher sein Spezialgebiet verlassen und zu welchem anderen Gebiet er übergehen wird?

Wir betrachten den Fall einer Markov-Kette mit den Zuständen Z_5-Z_{11} und der Übergangsmatrix M_2 mit den relativen Frequenzen r_{ij} ($5 \leq i,j \leq 11$). Ist die Kette im Zustand Z_i, so bilden ihre Übergänge zu den Zuständen Z_j eine Verteilungsmatrix. Die Entropie

$$H_i = - \sum_{5}^{11} r_{ij} \ln(r_{ij})$$

ist ein Maß der Unsicherheit der Markov-Kette, wenn sie sich aus dem Zustand Z_i einen Schritt vorwärts bewegt. Die Entropie der direkten Schritte einzelner Individuen zwischen den sieben Gebieten der mathematischen Logik ist dann wie folgt:

H_5	H_6	H_7	H_8	H_9	H_{10}	H_{11}
1,16	1,33	1,58	1,42	1,44	1,47	1,36

Die größte Unsicherheit lag also vor, wenn sich Forscher vom Gebiet der Grundlagen der Arithmetik anderen Gebieten zuwandten, während die relativ geringste Unsicherheit auf dem Gebiet der Algebraischen Logik vorlag.

Die Elemente des Fixvektors der Übergangsmatrix M_2 im Limes bilden die zweite Reihe der folgenden diskreten Verteilungsmatrix:

Z_5	Z_6	Z_7	Z_8	Z_9	Z_{10}	Z_{11}
0,12	0,20	0,18	0,04	0,20	0,05	0,21

Die Entropie dieser Matrix ist

$$H = 1{,}81.$$

Die maximale Entropie einer (2x7)-Verteilungsmatrix ist ln(7) = 1,95. Die Entropie 1,81 der Verteilungsmatrix des Fixvektors zeigt die große Unsicherheit der Vorhersagen über den Zustand eines einzelnen Forschers zu einem vorgegebenen Zeitpunkt. Es gibt daher kein vorhersagbares Muster der Bewegungen einzelner Forscher zwischen den Gebieten G_5-G_{11} der mathematischen Logik im Zeitraum von 1847 bis 1932.

IV. Vertiefte Analyse der Bibliographie von Church

Die Angaben bzw. graphischen Darstellungen Goffmans (1971; mit Harmon 1971; mit Warren 1980) erwiesen sich als unbefriedigend. Die graphische Darstellung des Publikationsvolumens enthält Jahresbeschriftungen, welche die Zuordnung zum Literaturaufkommen des betreffenden Jahres weitgehend unmöglich machen. Die dort genannten Zahlen des Publikationsvolumens weichen darüber hinaus von den tatsächlichen Zahlen ab.

Die epidemische Kurve der aktiv Beitragenden ist von Goffman in 5-Jahres-Intervallen dargestellt worden. Dabei handelt es sich jedoch um eine sehr grobe Verfahrensweise, deren Verfeinerung zu Korrekturen der Ergebnisse führen könnte. Zudem hat bisher keiner der Rezipienten Goffmans sein Zahlenmaterial einer kritischen Sichtung unterzogen.

In der Heraushebung von wichtigen und fundamentalen Arbeiten durch Church liegt ferner das Expertenurteil eines der bedeutendsten und kenntnisreichsten Logiker unseres Jahrhunderts vor. Diese Experteneinschätzung bietet eine der nicht allzu zahlreichen Gelegenheiten, Betrachtungen über das Verhältnis von Qualität und Quantität im Wachstumsprozeß wissenschaftlicher Literatur anzustellen. Weitere Überlegungen, die mit diesem Verhältnis zu tun haben, werden bei der Behandlung der sogenannten Lotka-Gesetzmäßigkeit im Kapitel V weiter unten folgen.

Angesichts dieser Sachlage wurde die Churchsche Bibliographie noch einmal vollständig ausgewertet.

1. Auswertungsprinzipien der Churchschen Bibliographie

Die hauptsächliche Datenquelle ist Alonzo CHURCH: "A Bibliography of Symbolic Logic" *The Journal of Symbolic Logic*, (JSL), Bd. 1 (Menasha 1936), S. 121-216, und "Additions and Corrections to A Bibliography of Symbolic Logic", JSL, Bd. 3 (Baltimore 1938), S. 178-192, sowie *Ergänzungen* dazu in Bd. 4 (1939), S. 38, 136, 174-175, Bd. 5 (1940), S. 132, 170, Bd. 7 (1942), S. 103-104, Bd. 8 (1943), S. 59-60, Bd. 9 (1944), S. 56, Bd. 10 (1945), S. 135, Bd. 12 (1947), S. 104(2), 147, Bd. 14 (1949), S. 208, Bd. 16 (1951), S. 234-235, Bd. 20 (1955), S. 307-308, Bd. 24 (1959), S. 280, Bd. 32 (1967), S. 551-555, Bd. 36 (1971), S. 356, Bd. 40 (1975), S. 527.

Ferner wurden aus Churchs Bibliographie mit den Ergänzungen in Bd. 3-40 der JSL *zusätzliche nichtnumerierte Ergänzungen* folgender Arten herausgefiltert: Besprechungen, Abstracts, Diskussionsbeiträge, Erwiderungen, Berichtigungen und Lösungen von logischen Problemen sowie Einleitungen, Anmerkungen oder Zusätze zu Aufsätzen, Briefeditionen, Gesamtausgaben, Neuauflagen und Übersetzungen. Solche Beiträge sind von Bedeutung bei der Berechnung der Anzahl der aktiv beitragenden Logiker.

Für die Ergänzungen wurde außerdem die Bibliographie der *Bernard Bolzano-Gesamtausgabe* herangezogen. Aus dem *zweiten Einleitungsband E2/1* (Stuttgart-Bad Cannstatt 1972), den beiden *Supplementbänden E2/1,Suppl.I* und *E2/1,Suppl.II* (Stuttgart-Bad Cannstatt 1982, 1988) sowie den *Ergänzungen* dazu Ende 1988 (Forschungsberichte und Mitteilungen des Forschungsinstituts Philosophie/Technik/Wirtschaft an der Universität Salzburg, Heft 16, 1989) und Ende 1991 (1992) sind folgende, von Church nicht berücksichtigte Beiträge aus dem Zeitraum 1851-1936 mit aufgenommen: Baumann(1), Bergmann(5), (7), Bloch(1), Bolzano(53), Cantor(1), Dubislav(4), (6), Enyvvári(1), (2), B. Erdmann(1), Fels(3), (12), Fraenkel(1.1), Fränklówna(1), Geyser(1), Göldel(1), H. Hahn(1), (2), Hamilton(1), Höfler(2), Hölder(1), (2), Husserl(1), (1a), (2), (2.1), (2.2), (2.3), (3), Jacob(1), Katzenberger(1), Kerry(0.1), Koyré(1), Kreibig(1), Külpe(1), Lanz(1), Matičević(1), Palágyi(1), (3), Pauler(2), Petronievič(1), (2), Pfeiffer(1), Preti(1), Schoenflies(0.1), (0.2), Scholz(1), (2), (3), (4), (7), Sedláček(2), F. Smolka(1), Söderman(1), Ssalagoff(1), Stelzer(2), Taylor(1), Varjas(1), Voss(1), (1a), R. Zimmermann(10).

Der Auswertung der Datenquellen wurde als *Hauptprinzip* zugrundegelegt, daß die Kurve der Gesamtzahl der Publikationen mit der Kurve der aktiv Beitragenden vergleichbar sein sollte.

Erstreckt sich das Erscheinen eines Zeitschriftenbandes über zwei oder mehr Jahre hinweg, so wird (mit Ausnahme von B. A. Bernstein 239.1, van Horn 261.1, Nicod 262.1 und Taylor 260.2) das letzte Jahr als Publikationsjahr gewählt, denn erst im letzten Erscheinungsjahr liegt der Band als Ganzes vor. Im Falle B. A. Bernstein 239.1 durchmißt das Erscheinen des Bandes einen Zeitraum von 13 Jahren (1912-1924), während die einschlägige Lieferung auf 1914 datiert ist; dieses Jahr wurde daher für die beiden Statistiken der Publikationen bzw. der aktiv Beitragenden verwendet. Im Falle Nicod 262.1 erstreckt sich das Erscheinen des Bandes über vier Jahre (1917-1920) hinweg, während der Beitrag 1916 eingegangen und 1917 publiziert worden ist; 1917 wurde daher für die Statistik verwendet. Analog wurde verfahren bei van Horn 261.1 und Taylor 260.2.

Bei abgeschlossenen Aufsätzen, die in mehreren, unmittelbar aufeinanderfolgenden Jahrgängen bzw. Heften (vgl. z.B. Poreckij 58.13) einer Zeitschrift erscheinen, und bei abgeschlossenen Werken, die in mehreren, unmittelbar aufeinanderfolgenden Jahren publiziert sind (vgl. z.B. Lambert 8.7), wird nur das erste Erscheinungsjahr gezählt (mit der Ausnahme von Leśniewski 202.8). Folgen die Erscheinungsjahre nicht unmittelbar aufeinander, werden sie getrennt gezählt: Beispielsweise liegen bei Jourdain 121.10 die Zeitschriftenbände fünf Jahre auseinander, weshalb der Aufsatz als zwei Beiträge bewertet wird. Analog wurde bei Itô 472.1 verfahren. Die Lieferungen von Leśniewski 202.8 enthalten abgeschlossene Kapitel eines sehr umfangreichen Werkes, dessen Veröffentlichung sich über fünf Jahre (1927-1931) hinweg erstreckt; daher wird dieses Werk bei der bibliometrischen Auswertung in fünf selbständige Teile gegliedert.

Gesamtausgaben, postume Werk- oder Briefeditionen, Neudrucke, Neuauflagen und Übersetzungen werden nicht berücksichtigt, wenn keine zusätzlichen Beiträge von Verfassern, Herausgebern oder Übersetzern enthalten sind. Eigentlich sollten solche Werke für die Publikationskurve zwar pauschal mitgezählt werden; die obengenannte Einschränkung ergibt sich jedoch als Folge aus der Bestimmung des Hauptprinzips. (Sie werden in einer gesonderten Auswertung berücksichtigt.) Zusätzliche Beiträge in solchen Werken werden (ohne Klassifikation) zusammen mit den nicht numerierten Ergänzungen in Bd. 4-40 JSL aufgeführt.

Als weitere Folgerung aus dem Hauptprinzip werden insbesondere Leibniz 1.3-40, Peirce 28.18, 21-29, Brentano 200.2 und Ramsey 295.13-15 weggelassen. Im Falle von Leibniz ist diese Konsequenz nicht von Bedeutung, da die bibliometrische Analyse erst mit dem Jahr 1847 ansetzt.

In den Fällen Bolzano 1851 (Erg.) und Schröder 42.19-20 werden dagegen auch postume, kurz nach dem Tode des Autors erschienene Editionen von Fortsetzungen zu Lebzeiten publizierter Werke berücksichtigt.

Anonymus 548 und anonyme Schriften der Ergänzungen werden in Übereinstimmung mit dem Hauptprinzip nicht mitgezählt.

Gezählt werden hingegen Publikationen über Eulerdiagramme und Logikmaschinen.

Wird ein Vortrag oder Brief im Jahre t gehalten bzw. geschrieben und erst im Jahr $t+n$ ($1 \leq n \leq 7$) publiziert (vgl. De Morgan 20.3, Frege 49.14), so wird nur die zweite Jahreszahl berücksichtigt. Die Limitierung auf $1 \leq n \leq 7$ schließt alle angemessenen Fälle ein, jedoch Leibniz 1.3-40, Peirce 28.18, 21-29, Brentano 200.2 und Ramsey 295.13-15 im Einklang mit dem Hauptprinzip aus.

Wenn die Publikationsliste eines Autors eine Lücke von mindestens 15 Jahren aufweist, dann wird der Autor in zwei fiktive Autoren aufgeteilt. Dies ist geschehen bei Boole (19.3/4: 1854/1872), Brentano (Erg./200.1: 1874/1911), Cassirer (Erg./393^1/2: 1907/1929), M. R. Cohen (207.4/525.1: 1918/1934), Fano (93.2/3: 1895/1926), C. L. Franklin (62.10/11: 1913/1928), Grassmann (32.1/2: 1872/1890), Hadamard (134.2/341.1: 1906/1926), Hardy (120.2/3: 1904/1929), Hoborski (265^1/2.: 1918/1934), Huntington (127.1/122.2: 1905/1932), Husserl (Erg.: 1913/1929), Johnson (83.4/5: 1901/1922), Loria (72.4/5: 1894/1920), Mannoury (116.3/4: 1909/1934), Nelson (172.1/371.1: 1908/1928), Neurath (173.3/4: 1910/1931), Padoa (98.18/19: 1913/1930), L. J. Russell (166.1/2: 1908/1928), Schlick (199.1/2: 1911/1929), Sidgwick (90.2/Erg.: 1895/1930),

Sleszyński (Erg./282.0.1: 1893/1909), Urbach (191.1/2: 1910/1928). Durch die Begrenzung auf 15 Jahre wird gewährleistet, daß ein für die Entwicklung der mathematischen Logik grundlegender Forscher wie David Hilbert als ununterbrochen aktiv Beitragender (108.6/8: 1905/1918) bewertet wird. Eine Aufteilung in fiktive Autoren bewirkt, daß die Fluktuationen der Kurve der aktiv Beitragenden derjenigen der Publikationskurve näherkommen.

Nicht berücksichtigte Gesamtausgaben, postume Werk- oder Briefeditionen, Neudrucke, Neuauflagen und Übersetzungen (nach 1847) sind die folgenden: Peirce 28.18, 22-29 (1933), Liard 41.4 (1883), Schröder 42.11 (1892), 42.15 (1899), Frege 49.21 (1915), 49.22 (1916), 49.23 (1917), Lotze 51.2 (1888), Peano 71.9 (1892), 71.31-32 (1899), Vailati 78.14 (1906), Vivanti 87.3 (1894), Couturat 100.18-19 (1908), 100.20 (1909), 100.21 (1912, 1913), 100.22 (1912), 100.24 (1913), 100.27 (1914), Hilbert 108.6-7 (1905), 108.9 (1919), 108.10 (1920), 108.14 (1926), 100.16 (1928), B. Russell 111.23 (1913), 111.27 (1923, 1930), 111.28 (1926), 111.29 (1928), Jourdain 121.22 (1917), J. König 129.2 (1906), 129.4 (1908), Richard 135.2 (1906), Poincaré 137.7 (1910), 137.10 (1912), 137.11 (1912), 137.12 (1913), 137.14 (1913), 137.15-16 (1914), Royce 140.3 (1913), Winter 144.5-6 (1921), Brouwer 155.7 (1914), 155.12 (1924), Łukasiewicz 186.13 (1936), B. Russell 194.8 (1932), Leśniewski 202.3-4 (1913), Bornstein 229.2 (1928), Rignano 245.2 (1915), Wittgenstein 281.2 (1922), Wavre 307.7 (1934), Dresden 308.5 (1929), Carnap 352.10 (1933), 353.20 (1935), Pierpont 372.2 (1928), H. Hahn 419.4 (1935), Hartshorne & Weiss 454.1 (1932, 1933), Bain 39.1.1 (1881), Liard 41.4.1 (1897), Cantor 65.1.1 (1932), Dedekind $70^1/_2$.2 (1909), $70^1/_2$.3 (1905), $70^1/_2$.4 (1926), Poincaré 137.8.1 (1911), Enriques 284.3.1 (1926), JSL, 174 (1929), Wajsberg JSL 4, 175 (1935), Couturat JSL 7, 104 (1918) Keyser JSL 8, 59 (1932), Brand & Deutschbein JSL 12, 147 (1930), Hilbert JSL 14, 208 (1919), B. Russell JSL 16, 235 (1930), Wittgenstein JSL 16, 235 (1927), Blumberg & Feigl JSL 20, 308 (1932), Nicod JSL 32, 552 (1930), Weyl JSL 32, 554 (1931), Dassen JSL 32, 554 (1933).

Die Gesamtzahlen der Eintragungen verteilen sich wie folgt:

(1) Churchs Bibliographie: 1929;
(2) Churchs Ergänzungen in JSL 3: 222;
(3) Ergänzungen in JSL 4-40: 272;
(4) Zusätzliche Ergänzungen aus (1)-(3): 103;
(5) Ergänzungen aus der Bolzano-Bibliographie: 62;
(6) Nicht berücksichtigt aus (1)-(3): 91;
(7) Die Summe von (1)-(3): 2423;
(8) Die Summe von (1)-(3), (5): 2485;
(9) Die Summe von (1)-(3), (6): 2514;
(10) Die Summe von (1)-(5): 2588;
(11) Die Summe von (1)-(6): 2679.

Für den späteren Vergleich mit der umfassenden *Ω-bibliography of mathematical logic* ist (7), eventuell auch (10) oder (11) geeignet.

2. Auswahl und Abgrenzung von Teildisziplinen

Da Goffman keine genauen Kriterien für seine Klassifikation von Teildisziplinen der mathematischen Logik angibt, wurde eine neue Gliederung mit exakten Definitionen vorgenommen.

Für die Analyse der Entwicklung einzelner Teildisziplinen der mathematischen Logik 1847-1936 aufgrund der Churchschen Bibliographie mit sämtlichen, im vorangehenden Paragraphen angegebenen Ergänzungen und für die Untersuchung der Mobilität der Forscher unter ausgewählten Teildisziplinen wurden fünfzehn Bereiche abgegrenzt, nämlich:
Algebraische Logik,
Beweistheorie,
Definitionstheorie,
Entscheidbarkeit,
Grundlagen der Arithmetik,
Intuitionismus,
Klassische Satzlogik,
Kombinatiorische Logik,
Mathematik und Logik,
Mehrwertige Logik,
Mengentheorie,
Modallogik,
Prädikatenlogik der ersten Stufe,
Typentheorie,
Wahrscheinlichkeitstheorie.

Mit Hilfe von Churchs Sachregister wurden die einschlägigen Arbeiten gemäß dieser Gliederung klassifiziert, wobei gegebenenfalls auch die einfachen und doppelten Sternchen der Churchschen wissenschaftlichen Signifikanzbewertung mit einbezogen wurden.

Ferner wurden die folgenden Kombinationen gebildet:
(1) Nichtklassiche Satzlogik aus den Teildisziplinen Intuitionistische Satzlogik (eine Unterabteilung des Intuitionismus), Mehrwertige Logik und Modallogik als Gegensatz zur Klassischen Satzlogik, (2) Elementare Logik aus der Klassischen Satzlogik und der Prädikatenlogik der ersten Stufe, (3) Mengentheorie im weiteren Sinne aus den Teildisziplinen Mengentheorie und Typentheorie, (4) ein erweiterter Bereich der Beziehungen zwischen Mathematik und formaler

Logik aus den Teildisziplinen Mathematik und Logik sowie Grundlagen der Arithmetik.

Die einzelnen Teildisziplinen wurden aus Churchs Sachregister wie folgt gebildet:

Algebraische Logik
Algebra of logic, descriptive publications. Algebra of logic, early contributions to. Algebra of logic, general treatises. Algebra of logic, significance of. Algebra of logic, special topics. Boole, George. Boolean algebra, postulates for. Boolean algebra, special topics. Classes, calculus of. De Morgan, Augustus. De Morgan's law. Peirce, C. S.. Propositional calculus in the algebra of logic. Relationship, application of the algebra of relatives to. Relatives, algebra of. Reviews of 53.2, 57.1, 158.4, 400.3, 458.8, 458.9, 520.1, 522.1. Schröder, Ernst

Beweistheorie
Completeness of formal systems, questions related to. Consistency proofs. Consistencey proofs, possibility and significance of. Formalism. Hilbert, David. Proof theory (Hilbert). Structure of proofs. Syntax, logical. Undecidable propositions

Definitionstheorie
Definability. Definition. Definition by abstraction. Recursion, definition by

Entscheidbarkeit
Decision problem. Elimination problem. Löwenheim's theorem. Skolem paradox

Grundlagen der Arithmetik
Arithmetic, foundations of (before 1910). Arithmetic, foundations of (1910-1935). Cardinal numbers, logistic treatment of. Peano's postulates for arithmetic. Recursion, proof by

Intuitionismus
Brouwer, L. E. J.. Functional calculus of first order, intuitionistic. Intuitionism, criticisms and attacks. Intuitionism, criticism of views related to. Intuitionism, development of special topics on the basis of. Intuitionism, formalization of. Intuitionism, general and descriptive publications. Intuitionism, replies to attacks. Intuitionism, special results in connection with. Intuitionism, views related to. Kronecker, Leopold. Propositional calculus, intuitionistic

Klassische Satzlogik
Definition in the propositional calculus. Propositional calculus. Propositional calculus and the field of residue classes modulo 2. Propositional calculus, completeness of. Propositional calculus, consistency of. Propositional calculus, forerunners of. Propositional calculus, Łukasiewicz's parenthesis-free notation. Propositional calculus, Nicod's postulate. Propositional calculus, partial

postulate sets. Propositional calculus, postulates for. Propositional calculus, syntax of. Reduction of number of undefined ideas. Sheffer's stroke

Kombinatorische Logik
Combinatory logic. Functional logic

Mathematik und Logik
Mathematics and logic (before 1910). Mathematics and logic (1910-1935). Series, logistic treatment of. Symbolic logic, applications to special mathematical questions (before 1910). Symbolic logic, applications to special mathematical questions (1910-1935)

Mehrwertige Logik
Propositional calculus, many-valued

Mengentheorie
Burali-Forti's paradox. Choice, axiom of. Class, nature of a. Classes, theories of. Class-membership and class-inclusion. Continuum hypothesis. Grelling's paradox. Null class. Ordered pair. Paradoxes of set theory. Paradoxes of set theory, proposed solutions of. Russell's paradox and related paradoxes. Set theory (Zermelo). Unit class. Universal class

Modallogik
Modality. Propositional calculus, intensional. Strict implication. Strict implication, views and systems related to

Prädikatenlogik der ersten Stufe
Functional calculus of first order. Functional calculus of first order, completeness of. Functional calculus of first order, consistency of

Typentheorie
Reducibility, axiom of. Types, ramified theory of. Types, simplified theory of. Types, theory of. Types, theory of, criticisms and attacks. Types, theory of, proposed modifications. Types, transfinite. Vicious-circle principle (Russell)

Wahrscheinlichkeitstheorie
Numerically definite reasoning. Probability and symbolic logic

3. Der zeitliche Verlauf epidemischer Fluktuationen

Den Ergebnissen Goffman/Harmons zufolge nahmen die Intervalle der epidemischen Änderungskurve bei der mathematischen Logik einen Zeitraum von 25 Jahren ein; fundamentale Arbeiten erscheinen den genannten Autoren zufolge zumindest in der mathematischen Logik im Abstand von 12,5 Jahren und wurden als Ausgangspunkte sowohl des Aufstiegs wie des Zusammenbruchs der Aktivitäten auf dem Gebiet der Logik interpretiert. Für die Möglichkeit von Regularitäten in der Ablösung expansiver und kontraktiver Prozesse in der Entwicklung einer Disziplin sprach, daß als die Zeitspanne wissenschaftlichen "Generationenwechsels" 12,5 Jahre angenommen wurde (Sheldon 1980). G. Mensch entdeckte bei der Untersuchung der Häufigkeit von technisch-wissenschaftlichen Basisinnovationen von 1740 bis 1960 wellenförmige Bewegungen; jede dieser Wellen beanspruchte einen Zeitraum von etwa 50 Jahren (Mensch 1975: 142 u. passim).

Dagegen sprach, daß solche Regularitäten in epidemiologischen Untersuchungen anderer Disziplinen offenbar nicht auftauchten. Hier fehlte jedoch stets eine in sich geschlossene und fundierte Beurteilung der wissenschaftlichen Bedeutung der Arbeiten durch einen hochrangigen Experten, wie sie A. Church bei der Literatur der mathematischen Logik vornahm. Auf einem Gebiet der Biologie, wo diese Bewertung aufgrund einer Expertenbefragung vorlag (Goffman/Warren 1980: 134ff.), zeigte sich grobe Übereinstimmung der epidemischen Kurven auf diese Weise ausgewählter und "gewöhnlicher" Arbeiten, wenn auch kein 25-Jahres-Abstand epidemischer Gipfelpunkte.

Die erneute Auswertung der Church-Bibliographie ergab folgendes. Die Abstände zwischen den epidemischen "peaks" der Kurve der Änderungen der aktiv Beitragenden betragen 12, 14, 12 und 11 Jahre, gleichgültig, ob man die gleitenden Mittelwerte von jeweils 3 Jahreswerten oder 5-Jahres-Intervalle heranzieht, jedenfalls nicht wie bei Goffman/Harmon 25 Jahre (siehe Abb. 7 und 8).

Anders als bei Goffman/Harmon wurde bei der erneuten Berechnung eine "Zwischenepidemie" um 1918 herum einbezogen.

Der hier festgestellte zeitliche Abstand zwischen epidemischen "peaks" stimmt in etwa mit dem korrigierten Abstand zwischen dem Erscheinen fundamentaler Arbeiten von 10 Jahren überein.

Goffman wie G. Kröber sahen in fundamentalen Arbeiten die Ursache für den Aufstieg ebenso wie für den Abschwung von wissenschaftlichen Aktivitäten. Betrachten wir jedoch nicht nur die 11 von Church als fundamental eingeschätzten, sondern die Zahl aller von ihm als bedeutend hervorgehobener Arbeiten im Zeitablauf (siehe Abschnitt 5 in diesem Kapitel), zeigt sich in etwa eine Übereinstimmung der epidemischen Kurve der Änderung der Zahl aktiv Beitragender mit der Kurve der ausgezeichneten Arbeiten (mit Ausnahme des bei diesen Arbeiten fehlenden kleinen Gipfels im Jahre 1918). Dies legt eine andere Interpretation nahe, als sie Goffman oder Kröber vornahmen. Gemäß der alternativen Interpretation korreliert die Zahl bedeutender Wissenschaftler in etwa mit der Zahl der Wissenschaftler, die überhaupt auf einem Gebiet aktiv sind.

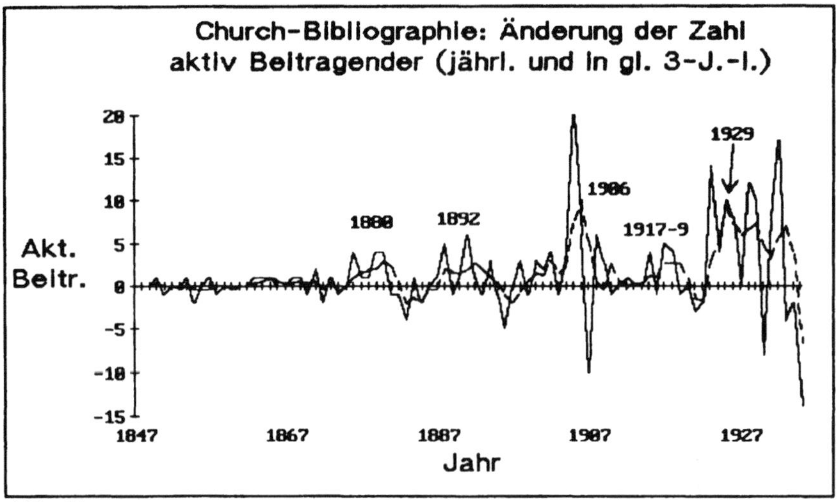

Abb. 7

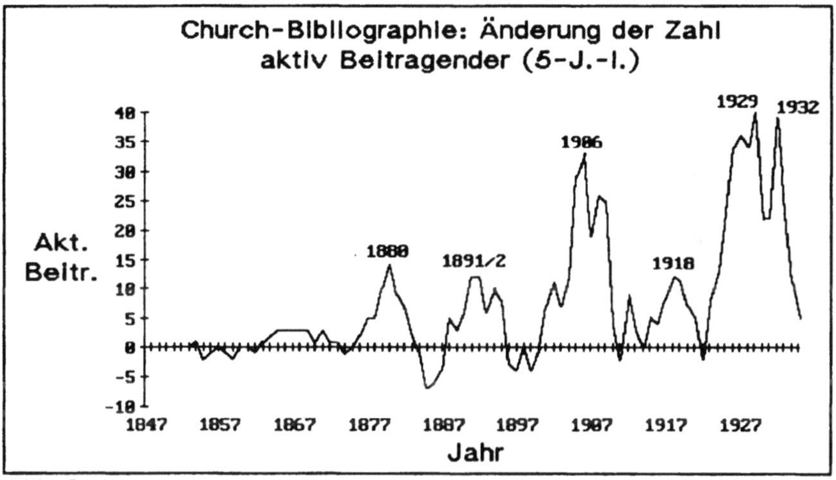

Abb. 8

Damit ist allerdings noch nichts darüber gesagt, wie sich das Verhältnis der Häufigkeit beider Typen von Wissenschaftlern im Zeitablauf entwickelt: Es kann sich um lineare Proportionalität handeln oder um einen abnehmenden Anteil eines der beiden Typen.

Die Verteilung der mit Hilfe des Publikationsoutputs gemessenen Produktivität von Wissenschaftlern, als "Lotka-Verteilung" in der Wissenschaftsforschung bekannt geworden, wird in Kapitel V noch ausführlicher untersucht. Bei den von Church ausgezeichneten Arbeiten handelt es sich ohne Zweifel um Arbeiten von Wissenschaftlern, die sich durch sehr große wissenschaftliche Produktivität auszeichneten, was sich häufig in einer hohen Anzahl von Publikationen widerspiegelt. Erweist sich die Lotka-Verteilung als stabil, würde dies dafür sprechen, Schwankungen in der Häufigkeit bedeutender Arbeiten in Zusammenhang mit den Schwankungen der Zahl überhaupt aktiver Wissenschaftler zu sehen. Gibt es wenig aktive Wissenschaftler, existieren auch wenig bedeutende Wissenschaftler auf dem betreffenden Gebiet, gibt es mehr aktive Wissenschaftler, existieren auch mehr bedeutende Arbeiten.

Auch wenn sich die Richtigkeit dieses Zusammenhangs herausstellt, ist damit jedoch noch nichts über die Art der Abhängigkeit beider Gruppen voneinander gesagt. Die Verfechter der sogenannten "Ortega-Hypothese" glauben, daß fundamentale Arbeiten bedeutender Wissenschaftler ohne ein Heer wissenschaftlicher "Arbeiter" nicht entstehen könnten. Diese bilden demnach eine notwendige Voraussetzung für das Entstehen fundamentaler Beiträge. Die Verfechter der von uns "Cole-Hypothese" genannten Meinung glauben, daß man auf dieses Heer aktiv Beitragender verzichten könne, ohne den Verlust entscheidender wissenschaftlicher Durchbrüche riskieren zu müssen. Die weiter unten folgenden Resultate sprechen unserer Meinung nach für die prinzipielle Richtigkeit der Ortega-Hypothese.

Wie läßt sich nun erklären, daß - entgegen der hier geäußerten Theorie - Goffman und Kröber zufolge fundamentale Arbeiten nicht nur an den Gipfeln, sondern auch an den Tiefpunkten der epidemischen Ausschläge zu finden sind? Die Antwort darauf muß wohl lauten, daß die Erscheinungsweise von lediglich 11 über einen Zeitraum von 90 Jahren verstreuten Arbeiten einfach keine zuverlässigen Aussagen über zeitliche Zusammenhänge zuläßt. Nur die Kenntnis der Verteilung einer beträchtlich größeren Zahl fundamentaler Arbeiten über diesen Zeitraum könnte daran etwas ändern.

4. Mobilität zwischen den Teildisziplinen

Wir wollen die Mobilität zwischen den fünfzehn ausgewählten Teildisziplinen der mathematischen Logik von 1847 bis 1932 aufgrund der von uns durchgeführten Auswertung der Churchschen Bibliographie analysieren. Zu diesem Zweck führen wir folgende Numerierung ein:

1 Algebraische Logik
2 Beweistheorie
3 Definitionstheorie
4 Entscheidbarkeit
5 Grundlagen der Arithmetik

6 Intuitionismus
7 Mathematik und Logik
8 Modallogik
9 Mengentheorie
10 Mehrwertige Logik
11 Klassische Satzlogik
12 Wahrscheinlichkeitstheorie
13 Typentheorie
14 Kombinatorische Logik
15 Prädikatenlogik der ersten Stufe

Eine Person sei genau dann im Zustand i ($1 \leq i \leq 15$) zum Zeitpunkt t, wenn sie zu t auf dem Gebiet i publiziert hat. Die Markov-Kette, welche die Mobilität zwischen den Gebieten 1-15 beschreibt, enthält daher die entsprechenden Zustände 1-15. Ein direkter Übergang vom Zustand i zum Zustand j findet statt, wenn eine Person, die sich im Zustand i befindet, ihre nächste Arbeit auf dem Gebiet j publiziert.

Etwa ein Viertel der klassifizierten Einträge weisen mehr als ein Klassifikations-Code auf. Ferner passiert es häufiger, daß ein Autor zum Zeitpunkt t mehr als eine Arbeit publiziert. Alle sich daraus ergebenden Klassifikations-Codes wurden als Zustandsmerkmale einbezogen.

Von Church nicht klassifizierte, vermutlich meist weniger wichtige Publikationen wurden nicht als Beiträge behandelt, die einen Übergang unterbrechen.

Es sei N_i die Gesamtzahl der Beitragenden zum Gebiet i und N_{ij} die Anzahl dieser Beitragenden, die vom Gebiet i zum Gebiet j gewechselt haben; dann ist die Frequenz der direkten Übergänge vom Zustand i zum Zustand j gleich N_{ij} / N_i. Zu den Beitragenden zählen nicht nur Erstautoren, sondern auch Koautoren. Die Berechnung aller Übergänge zwischen den Zuständen 1-15 ergab folgende Übergangsmatrix:

	1	2	3	4	5	6	7	8	9	10	11	12	13	14	15
1	0.45	0.02	0.04	0.03	0.07	0.00	0.00	0.12	0.04	0.08	0.01	0.05	0.02	0.05	0.01
2	0.04	0.24	0.06	0.07	0.10	0.12	0.01	0.06	0.02	0.12	0.02	0.07	0.04	0.01	0.03
3	0.04	0.06	0.17	0.01	0.19	0.03	0.00	0.18	0.01	0.15	0.02	0.06	0.04	0.01	0.02
4	0.03	0.19	0.05	0.20	0.09	0.09	0.00	0.07	0.01	0.14	0.01	0.07	0.00	0.00	0.05
5	0.05	0.06	0.11	0.02	0.25	0.02	0.00	0.16	0.01	0.19	0.01	0.06	0.05	0.00	0.01
6	0.01	0.15	0.02	0.04	0.06	0.40	0.01	0.09	0.01	0.13	0.00	0.04	0.02	0.01	0.01
7	0.00	0.06	0.12	0.06	0.06	0.06	0.47	0.00	0.00	0.18	0.00	0.00	0.00	0.00	0.00
8	0.06	0.04	0.11	0.01	0.16	0.03	0.00	0.24	0.03	0.17	0.02	0.05	0.04	0.01	0.01
9	0.10	0.05	0.02	0.00	0.02	0.00	0.00	0.05	0.42	0.07	0.10	0.07	0.02	0.08	0.02
10	0.06	0.08	0.06	0.02	0.12	0.07	0.01	0.13	0.02	0.32	0.01	0.04	0.05	0.01	0.01
11	0.05	0.05	0.05	0.00	0.00	0.00	0.00	0.03	0.13	0.05	0.29	0.16	0.00	0.18	0.00
12	0.10	0.09	0.06	0.05	0.09	0.02	0.00	0.11	0.06	0.13	0.02	0.16	0.06	0.02	0.02
13	0.06	0.07	0.02	0.03	0.12	0.07	0.00	0.11	0.03	0.19	0.02	0.05	0.20	0.02	0.02
14	0.25	0.04	0.00	0.00	0.00	0.00	0.00	0.08	0.10	0.06	0.12	0.04	0.00	0.31	0.0C
15	0.00	0.22	0.08	0.11	0.08	0.08	0.00	0.14	0.00	0.16	0.00	0.00	0.11	0.00	0.03

Es sei N die Anzahl der einzelnen Beitragenden zu den fünfzehn Gebieten und N_j die Anzahl dieser Beitragenden, die zuerst auf dem Gebiet j publiziert haben. Dann ist N_j / N die relative Frequenz der Erstveröffentlichungen auf dem Gebiet j (gemessen am alphabetisch ersten Klassifikationscode einer Erstveröffentlichung mit mehreren Codes)[14]. Die Verteilung der Anfangsfrequenzen ist wie folgt:

1	0.175	2	0.068	3	0.039	4	0.018
5	0.080	6	0.082	7	0.158	8	0.043
9	0.187	10	0.012	11	0.060	12	0.033
13	0.033	14	0.008	15	0.006		

Diese Anfangsverteilung schließt allerdings Autoren ein, die nur ein Jahr aktiv waren. Da diese Autoren nicht zu den Bewegungen des Systems beitragen, haben wir die Anfangsverteilung der insgesamt 177 Autoren, die länger als ein Jahr publizierten, berechnet:

1	0.215	2	0.045	3	0.037	4	0.029
5	0.079	6	0.083	7	0.136	8	0.041
9	0.207	10	0.008	11	0.050	12	0.029
13	0.029	14	0.008	15	0.000		

Die bereinigten Werte dieser Anfangsverteilung unterscheiden sich in einigen Fällen erheblich von den entsprechenden Werten des ersten Anfangsvektors.

Die Markov-Kette, welche die Mobilität zwischen den Gebieten 1-15 beschreibt, ist durch den zweiten Anfangsvektor und die Übergangsmatrix vollständig bestimmt. Der Limes für die n-te Potenz, wenn $n \to \infty$, existiert. Der Fixvektor wird für n = 10 erreicht und sieht so aus:

1	0.100	2	0.086	3	0.069	4	0.033
5	0.120	6	0.067	7	0.004	8	0.129
9	0.047	10	0.164	11	0.028	12	0.062
13	0.045	14	0.032	15	0.014		

Da dieser Fixvektor nur positive Elemente enthält, ist die Markov-Kette ergodisch. Die Kehrwerte der Elemente sind daher die mittleren Wiederkehrwerte der Zustände 1-15:

1	10.0	2	11.6	3	14.5	4	30.3
5	8.3	6	14.9	7	25.0	8	7.8
9	21.3	10	6.1	11	35.7	12	16.1
13	22.2	14	31.3	15	71.4		

Von den 1214 klassifizierten Beiträgen stammen 1025 von 191 Autoren, die mehr als eine Publikation aufweisen. Die Durchschnittsproduktivität dieser

14 Aus Gründen der einfacheren Berechenbarkeit wurde N_j nicht auf alle Beitragenden, sondern alle Publikationen bezogen, was sogar noch zu um eine Spur genaueren Ergebnissen führt.

Autoren beträgt daher 5,37. Eine Publikation weist im Durchschnitt 2,19 Übergangsbeziehungen auf. Damit die oben angegebenen Wiederkehrwerte sich auf Publikationen und nicht auf Publikationsteile beziehen, müssen sie noch durch 2,19 dividiert werden. Wir erhalten somit:

1	4.6	2	5.3	3	6.6	4	13.8
5	3.8	6	6.8	7	11.4	8	3.6
9	9.7	10	2.8	11	16.3	12	7.4
13	10.1	14	14.3	15	32.6		

Ein Vergleich mit Goffmans Ergebnissen wird dadurch erschwert, daß die von ihm betrachteten Teilgebiete nicht genau definiert sind und daß er bei der Produktivitätsberechnung offenbar diejenigen Autoren, die nur ein Jahr aktiv waren, mit einschließt, und außerdem Mehrfachklassifikationen nicht berücksichtigt. Wenn wir versuchsweise folgende Korrelation zwischen Goffmans und unseren Gebieten festlegen:

G 5	G 6	G 8	G 9	G 10	G 11
1	5	6	7	2	11,

sehen wir, daß die Wiederkehrwerte teilweise stark voneinander abweichen. Dies beruht, abgesehen von der unter statistischen Gesichtspunkten teilweise sehr geringen Größe mancher Gebiete, sicherlich zum Teil darauf, daß Goffmans Gebiete unter den Bezeichnungen "Mathematik und Logik", "Metamathematik" und "Satzlogik" mit unseren Begriffen nicht eindeutig zu erfassen sind.

Klar ist auf jeden Fall, daß eine feinere Klassifikation im allgemeinen zu längeren Wiederkehrzeiten führt. Würde man beispielsweise die Gebiete folgendermaßen gruppieren:

{1,14}, {2,3,4}, {5,7,9,13}, {6,11,15}, {8}, {10,12},

so erhielte man folgende Wiederkehrzeiten:

3.5, 2.4, 2.1, 4.2, 3.6, 2.0.

Bei der feineren Einteilung ist mit der Ausnahme der mehrwertigen Logik zu erwarten, daß kein Autor, der sein Gebiet verläßt, jemals zurückkehren wird. Weiß man, daß ein Autor zu den Autoren gehört, die mehr als einen Beitrag liefern werden, die mathematische Logik also nicht bereits nach einem Beitrag ganz verlassen, kann man auf den Gebieten 1, 2, 5, 8 und 10 mit einer Rückkehr rechnen.

Bei der gröberen Einteilung würden dagegen fast alle Autoren wahrscheinlich zu ihrem ehemaligen Gebiet zurückkehren.

Dies zeigt, daß die Frage nach der Rückkehrwahrscheinlichkeit nur dann sinnvoll zu beantworten ist, wenn die betreffenden Teildisziplinen genau abgegrenzt sind, und daß die Wiederkehrzeit stark von der Größe dieser Teildisziplinen abhängt.

Ein Vergleich der bereinigten Anfangsfrequenzen der fünfzehn Gebiete mit den Elementen des Fixvektors der Übergangsmatrix im Limes

1:	0.215	0.100	9:	0.207	0.047
2:	0.045	0.086	10:	0.008	0.164
3:	0.037	0.069	11:	0.050	0.028
4:	0.029	0.033	12:	0.029	0.062
5:	0.079	0.120	13:	0.029	0.045
6:	0.083	0.065	14:	0.008	0.032
7:	0.136	0.004	15:	0.000	0.014
8:	0.041	0.129			

zeigt, daß fast alle der betrachteten Teildisziplinen kräftigen Veränderungen ausgesetzt sein werden. Diese starke Mobilität impliziert entgegen Goffman, daß die Markov-Kette, welche die Bewegungen der Forscher in der abgeschlossenen Population beschreibt, nicht stationär ist.

Der vorhersagbare Aufschwung der Beweistheorie mit Definitionstheorie, der Modallogik und der Wahrscheinlichkeitstheorie entspricht der tatsächlichen Entwicklung. Die Daten über die mehrwertige und die kombinatorische Logik sowie der Prädikatenlogik müssen mit Vorsicht bewertet werden, da diese Disziplinen bei extrem niedrigen Werten angefangen haben. Die zu erwartende Abwanderung aus den Gebieten der Algebraischen Logik und der Mengentheorie innerhalb der abgeschlossenen Population steht dagegen nicht im Einklang mit dem späteren tatsächlichen kräftigen Aufschwung dieser Teildisziplinen, die offenbar auf Zuwanderung von außen beruht. Dies zeigt deutlich die Schwäche einer Mobilitätsanalyse in einer offenen Population über längere Zeiträume hinaus, wenn diese Analyse für die Prognose der Entwicklung einer Teildisziplin verwendet werden soll.

Die mathematische Logik ist nur ein kleiner Teilbereich der modernen Mathematik und daher für Zuwanderung von Mathematikern aus anderen Teilgebieten anfällig. Wenn dagegen die Entwicklung der gesamten Mathematik eines größeren Zeitraumes in Betracht gezogen wird, kann auch die Mobilität zwischen Logik und Mathematik berücksichtigt werden; die prognostischen Möglichkeiten verbessern sich dadurch.

5. Das Prinzip zunehmenden Aufwands; Publikationsaktivität von Autoren und die Bewertung durch Church

Die Zahl der für eine Disziplin oder Forschungsrichtung besonders wichtigen Arbeiten wächst gemäß D. Price oder N. Rescher (1982: 89ff.) nicht proportional der Zahl aller Arbeiten dieses Gebiets, sondern als Quadratwurzel aller Arbeiten. Dieses wissenschaftssoziologische "Prinzip der zunehmenden Wissensanstrengung" wurde bereits von Charles Peirce und Max Planck formuliert (Bühl 1984: 329ff.). Zu einem ähnlichen Ergebnis kam auch K. O. May, der die etwa 1700 bis 1920 über Determinanten erschienenen Publikationen beispielsweise auf Duplizität, Originalität u.ä. statistisch untersucht hat, sowie H. W. Holub bei der Untersuchung ökonomischer Fachliteratur (Holub/Tappeiner/Eberharter 1991)[15].

Zieht man die Zahl der von A. Church als wichtig oder fundamental hervorgehobenen logischen Arbeiten heran, wachsen bedeutende Beiträge sogar noch langsamer (vgl. Abb. 9 und 10). Auch hier bleibt offen, wie solche Variationen der Wachstumsgeschwindigkeit zu erklären sind.

Interpretiert man dies als eine Gesetzmäßigkeit abnehmenden Grenzertrags, ist dies mit folgendem Sachverhalt gleichbedeutend, der bei der Analyse der Lotka-Verteilung über einen längeren Zeitraum noch deutlicher werden wird: Je weiter die Lotka-Kurve nach rechts verschoben wird, desto stärker vergrößert sich die Gesamtzahl der Beitragenden, während sich die Zahl der

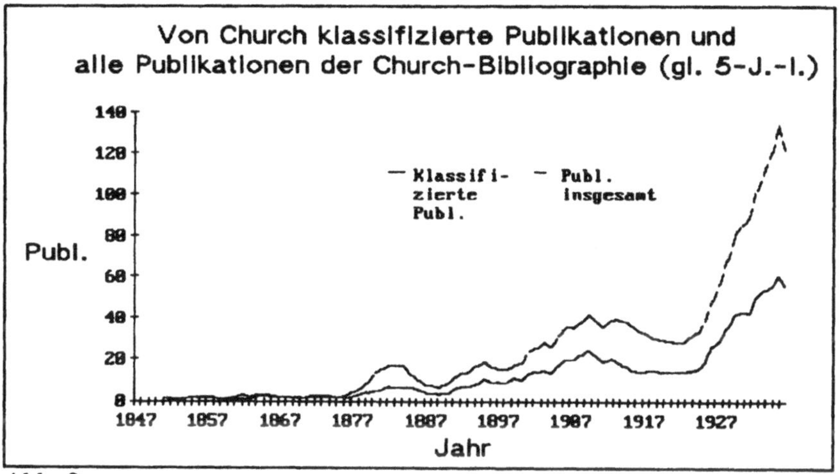

Abb. 9

herausragenden Arbeiten nur vergleichsweise geringfügig vergrößert (vgl. Price 1976: 299).

15 Ein entgegenstehendes Resultat findet sich bei Stuhlhofer (1986), demzufolge das Wachstum bedeutender Entdeckungen dem Wachstum sämtlicher Entdeckungen entspricht. Dieser in historischer Rückschau entstandene Befund muß nicht im Widerspruch zum "Gesetz zunehmender Anstrengung" stehen, wie im folgenden Kapitel deutlich wird.

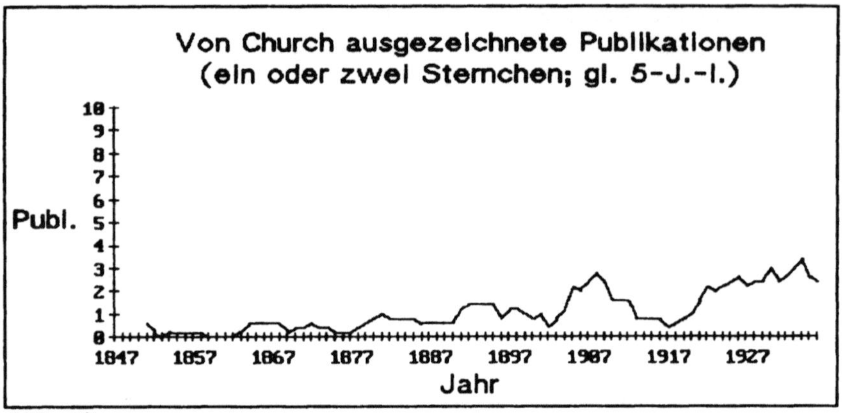

Abb. 10

Stellt man die Zahl der hervorragenden Arbeiten der Logik als Prozentanteil aller Arbeiten dar, die von Church überhaupt klassifiziert, d.h. für eine inhaltlichen Einordnung geeignet betrachtet wurden, zeigt sich, wie stark der Anteil solcher Arbeiten zurückgeht (siehe Abb. 10a), nämlich, wie sich berechnen läßt, etwa als dritte Wurzel der klassifizierten Arbeiten.

Es gehört zu den vieldiskutierten Problemen der quantitativen Wissenschaftsforschung, in welchem Maße die Publikationsaktivität von Autoren Rückschlüsse auf deren wissenschaftliche Bedeutung zuläßt. Selbstverständlich geht es dabei um rein statistische Betrachtungen und nicht um Urteile über Einzelfälle. Die Church-Bewertungen boten die geeignete Grundlage für die Untersuchung dieses Zusammenhangs.

Zu den etwa 10 Prozent der hinsichtlich ihrer Publikationshäufigkeit aktivsten Autoren der Church-Bibliographie zählen jene 70 Autoren, die mehr als 8 Beiträge aufweisen. Knapp die Hälfte davon (33) trug Arbeiten bei, die von Church als besonders wichtig oder herausragend eingestuft wurden.

Verschärft man das Kriterium so weit, daß nur noch 5 Prozent der publikations-aktivsten Autoren einbezogen werden, ändert sich nicht viel: Auch jetzt hat gut die Hälfte nach der Einschätzung von Church besonders Wichtiges beigetragen.

Zieht man nur noch die 3 oder die 1 Prozent der am meisten Publizierenden in Betracht, hat man es in fast drei Viertel der Fälle mit herausragenden Autoren zu tun (siehe Abb. 11).
Die durchschnittliche Produktivität bei "Sternchen-Autoren" liegt mit 13,41 Publikationen pro Autor weiter über dem Gesamtdurchschnitt.

Daraus läßt sich folgende Faustregel aufstellen: Für *statistische Zwecke* kann man davon ausgehen, daß eine Auswahl der meistpublizierenden 10 Prozent der Autoren etwa zur Hälfte mit einer Auswahl der wichtigsten Autoren eines

Abb. 10a

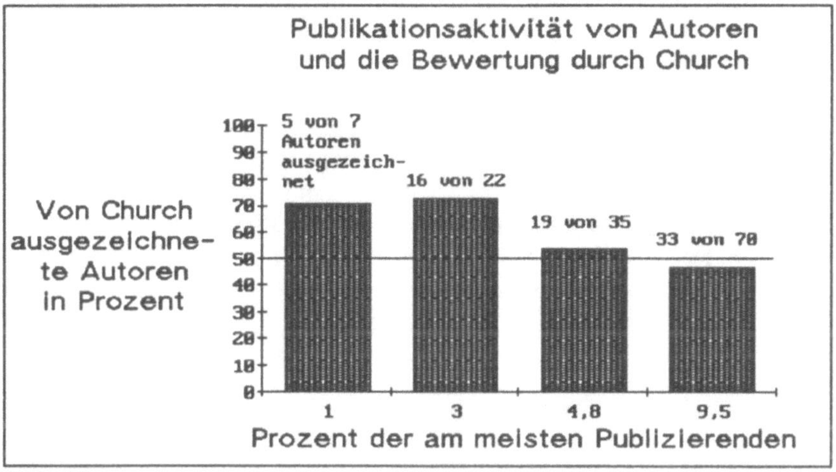

Abb. 11

Gebiets übereinstimmt. Diese Chance vergrößert sich noch (nämlich um die Hälfte), wenn man die Auswahl auf 3 Prozent einschränkt.

Stets muß man bei der bibliometrischen Auswahl von Autoren nach dieser Faustregel jedoch bedenken, daß eine beträchtliche Anzahl für ein Fachgebiet bedeutender Autoren *nicht* erfaßt wird, und daß sich in der Auswahl eine beträchtliche Anzahl von Autoren findet, die nicht zu bedeutendsten gerechnet werden können.

Andererseits kann man stets damit rechnen, daß ein beträchtlicher Teil der bibliometrisch ausgewählten Autoren auch zu den für ein Wissenschaftsgebiet wichtigen Autoren gehört.

Gut möglich ist es, daß eine Bewertung der logischen Literatur durch einen anderen Experten (eine Bewertung, die im ein oder anderen Fall selbstverständlich auch von der Churchschen Bewertung abweichen könnte) an der Beziehung zwischen Publikationsaktivität und Bedeutung eines Autors nichts ändern würde. Dies hieße mit anderen Worten: Die Faustregel trifft unabhängig von der Person des Experten zu, der die Literatur einer Bewertung unterzieht[16].

Das Ergebnis entspricht zahlreichen Befunden zur Korrelation von Produktivität, gemessen in Publikationsoutput, und Zitationshäufigkeit, mit der eine grobe Einschätzung der Bedeutung oder des Einflusses von Autoren erreicht werden soll. In der Regel existiert eine nennenswerte Korrelation, wenn auch ihre Stärke von Fall zu Fall schwankt.

Für statistische Zwecke kann man nach den bisherigen Ergebnissen unter Umständen auf die (häufig aufwendige) Erhebung von Zitationen zur Feststellung der Bedeutung von Autoren verzichten.

Eine weitere Schlußfolgerung läßt sich vornehmen, die von allgemeinem wissenschaftstheoretischem Interesse ist. Da innerhalb gewisser Bandbreiten von der universellen Gültigkeit der Lotka-Regularität ausgegangen werden kann und die Publikationsaktivität von Wissenschaftlern für statistische Zwecke Indikator für ihre Bedeutung bilden kann, kann man auf die *Gültigkeit der Lotka-Verteilung auch für die Bedeutung oder den Einfluß von Wissenschaftlern* schließen. Das kann insofern nicht überraschen, als das Prinzip ungleicher Verteilung von Ressourcen in ökonomischen Systemen seit Gini und Pareto bekannt ist und später auch in soziometrischen Zusammenhängen ermittelt wurde[17].

---

16 J. A. Virgo (1977) wies in einem Experiment nach, daß die Übereinstimmung zwischen einer Gruppe von Experten einerseits und bibliometrisch (nämlich mit Zitationszählungen) gestützter Bewertung andererseits bei der Einschätzung der Bedeutung bestimmter wissenschaftlicher Arbeiten größer war als die Übereinstimmung der ersten Gruppe von Experten mit einer weiteren, zweiten Gruppe.

17 Unter diesem Gesichtspunkt sind Hinweise bei Moreno (1967) von Nutzem.

V. Ω-Bibliographie

1. Allgemeines

Die 1987 erschienene Ω-Bibliographie der gesamten mathematischen Logik von ihren Anfängen bis zum Jahre 1985 (Müller 1987) umfaßt die Teilbände Klassische Logik, Nichtklassische Logik, Modelltheorie, Rekursionstheorie, Mengentheorie, Beweistheorie (einschließlich der konstruktiven Mathematik). Die von der "Forschungsstelle Mathematische Logik" der Heidelberger Akademie der Wissenschaften betreute und von Gert H. Müller in Zusammenarbeit mit Wolfgang Lenski herausgegebene Bibliographie wird laufend als Datenbank fortgeführt. Die Datenbankversion weist auch retrospektiv einen größeren Umfang auf als die gedruckte Ausgabe. Wenn wir im folgenden ausnahmsweise auf die gedruckte anstatt der Datenbankversion der Bibliographie Bezug nehmen, weisen wir ausdrücklich darauf hin.

Die als ASCII-Datei vorliegenden Rohdaten mußten für die Zwecke einer computergestützten Auswertung aufbereitet werden. Zwei anonyme Beiträge wurden eliminiert, ebenso alle - insgesamt knapp 600 - Einträge, die unter Herausgebern vorgenommen wurden: Reine Herausgebertätigkeit wurde nicht als aktiver Beitrag zur Entwicklung der mathematischen Logik gewertet; von Herausgebern verfaßte Einleitungen und Kommentare hingegen wurden den entsprechenden Einträgen in der Bibliographie gemäß als Beiträge zur Logik gezählt.

Nicht berücksichtigt wurden unveränderte Neuauflagen oder Übersetzungen.

Nach Alphabetisierung der Einträge wurden verschiedene Ansetzungsformen ein und desselben Autors vereinheitlicht. In der Regel konnte die Identität mit an Sicherheit grenzender Wahrscheinlichkeit aus den Gesamtangaben erschlossen werden; im Zweifelsfall wurde auf Änderungen verzichtet.

Einige in Retrievalsprachen reservierte Zeichen wie Anführungszeichen im Titel u.ä. waren zu entfernen.

Die Gesamtdatei enthielt nun 47 117 Publikationen zur mathematischen Logik - gleich ob in bibliographisch selbständiger oder unselbständiger Form erschienen. Im folgenden wird auf diese bearbeitete Datei Bezug genommen, deren Berichtszeitraum etwa Mitte 1990 endet.

Die eigentlichen Recherchen und Berechnungen in der Datenbank wurden mit Hilfe der Datenbanksoftware dBASE IV 1.1 und Oracle 6.0 durchgeführt, die auf einem PC bzw. einer "SUN work station" installiert waren und deren

Retrieval- und Programmiersprachen teilweise erhebliche Leistungsunterschiede aufweisen[18].

Wenn im folgenden von "Publikation" die Rede ist, ist damit wie bei der Church-Bibliographie eine *bibliographische* Bezugseinheit gemeint, nämlich beispielsweise ein Zeitschriftenaufsatz, ein Beitrag in einem Sammelband oder eine Monographie. Für verschiedene Arten der Untersuchung war es jedoch nötig, auch das Verhalten von Koautoren einzubeziehen. Wenn Aktivitäten aller Autoren, also unter Einschluß der Koautoren, untersucht werden, wird von "Beiträgen" gesprochen. Aus stilistischen Gründen wird in Einzelfällen von diesem Sprachgebrauch abgewichen, wenn es im entsprechenden Zusammenhang unerheblich ist oder keine Mißverständnisse zu befürchten sind. Die bibliographischen und klassifikatorischen Angaben eines Beitrags eines Koautors wurden den ensprechenden Angaben der Publikation des Erstautors entnommen.

Knapp 20 Prozent der Publikationen weisen zwei Verfasser auf, weitere 4 Prozent mehr als 2 Verfasser. Den Rekord halten eine Schrift mit neun und eine mit zehn Verfassern.

Die weitaus meisten Publikationen wurden von den Bearbeitern mit feinen, inhaltsbeschreibenden Klassifikationscodes versehen; die meisten Publikationen nach 1985 und einige vor diesem Erscheinungsdatum bedauerlicherweise nur mit einer Zuordnung zu einem der Hauptgebiete der Logik.

44 Prozent der Publikationen erhielten mehr als einen Code, 26 Prozent drei oder mehr Codes, so daß im Durchschnitt auf jede Publikation 1,7 Codes entfallen. Spitzenreiter ist eine Publikation mit zehn Klassifikationscodes. Die Codes wurden den Publikationen in alphabetischer Reihenfolge ohne Gewichtung zugeordnet.

2. Church- versus Ω-Bibliographie

Mit Hilfe der Ω-Bibliographie sollen nun verschiedene Ergebnisse der Auswertung der Church-Bibliographie überprüft werden, und zwar konkret hinsichtlich des zeitlichen Verlaufs der Aktivitäten, der Produktivität sowie Mobilität der Autoren. Die Aussagen gewinnen damit aufgrund größerer Unabhängigkeit von der bibliographischen Datenbasis an Allgemeingültigkeit. Ferner werden eine Reihe weiterer Analysen angestellt, die mit den Analysen der Church-Bibliographie nicht unmittelbar vergleichbar sind: zum einen, weil die Klassifikationen zu unterschiedlich sind, zum anderen, weil sie eine so umfassende Datengrundlage, wie die Ω-Bibliographie es darstellt, voraussetzen.

---

18 Schon die SQL-Versionen beider Systeme sind nicht identisch in Syntax und Leistung.

Die Autoren dieser Bibliographie legten offenbar einen strengeren Maßstab bei der Auswahl der Titel an als Church und Goffman. Dieser strengere Maßstab bezieht sich teilweise auf formal-bibliographische Merkmale: Während Church beispielsweise häufig Rezensionen aufführte, werden kürzere Besprechungen in der Ω-Bibliographie nicht als eigene Beiträge berücksichtigt, wenngleich erwähnt, wenn sie in den *Mathematical Reviews* oder im *Zentralblatt für Mathematik* erschienen.

Church hat von 1847, als Booles grundlegendes Werk erschien, bis 1877 56 Publikationen verzeichnet. Die gedruckte Ω-Bibliographie beginnt 1878, dem Jahr des Erscheinens von Freges "Begriffsschrift"; die maschinenlesbare Version beginnt 1874 mit Cantors "Über eine Eigenschaft des Inbegriffes aller reellen algebraischen Zahlen". Für die auf die "Begriffsschrift" folgenden 20 Jahre kommt Church auf 241, die Ω-Bibliographie hingegen nur auf 45 Publikationen. Churchs Bibliographie umfaßt bis 1936 2423 Veröffentlichungen, von denen jedoch nur etwa 1200 klassifiziert wurden, die Ω-Bibliographie kommt auf 1452 Werke. Goffman, der die Church-Bibliographie bis 1962 ergänzt hat, kommt bis dahin auf 5845, die Ω-Bibliographie auf 6388 Titel.

Daß beide Bibliographien unterschiedliche Zeitpunkte als Entstehungsbeginn der mathematischen Logik betrachten, ist nicht Ergebnis von Willkür, sondern Ausdruck der Entscheidung darüber, welchen Teil der Aktivitäten im Bereich der Logik man noch der mathematischen oder philosophischen Tradition zuordnet, und welchen Teil dem neuen Gebiet. Die Konturen der "Ursuppe" einer neuen Disziplin sind sogar aus der Retrospektive noch fließend; die Aktivitäten oszillieren noch so unsicher, daß sie, wie sich in vielen Fällen zeigen wird, zeitweise noch einmal völlig verschwinden, bevor sie sich endgültig verfestigen.

Es spricht insgesamt jedoch alles dafür, daß die Ω-Bibliographie einen zuverlässigen Ersatz und eine zuverlässige Fortführung der Bibliographie von Church darstellt, wie der Vergleich der von beiden verzeichneten jährlichen Publikationsvolumina zeigt; die Ω-Bibliographie stellt ein Konzentrat der Church-Bibliographie dar (siehe Abb. 14 und 15).

Erweiterungen der Church-Bibliographie wiederum - Erweiterungen in der formalen Erfassungsweite und Erfassungstiefe, aber auch im thematischen Umfang - führen ebenfalls nur zu einer annähernd isomorphen Verschiebung der Kurve der Publikationen (siehe Abb. 12 und 13).Im ersten Fall wurden zusätzliche Besprechungen, Abstracts, Anmerkungen u.ä. eingearbeitet; im zweiten Fall wurden zusätzliche einschlägige Publikationen einer Spezialbibliographie, nämlich der Bibliographie über B. Bolzano, entnommen.

Die etwas engeren Auswahlkriterien der Ω-Bibliographie führen demnach nur zu einer Verschiebung, nicht aber zu gravierenden Änderungen der Publi-

Abb. 12

Abb. 13

kationskurve[19].

Das jährliche Publikationsvolumen der mathematischen Logik nimmt exponentiell zu. Wir zeigen die Kurve, welche die Verteilung der Werte gemäß der Ω-Bibliographie graphisch darstellt. Gleichzeitig wird die entsprechende

19 Die Vollständigkeit einer Bibliographie kann nur statistisch, beispielsweise mit Hilfe von Bradford-Verteilungen der Quellen, untersucht werden; sie ist jedoch stets unbeweisbar. Nur ihre Unvollständigkeit ist beweisbar.

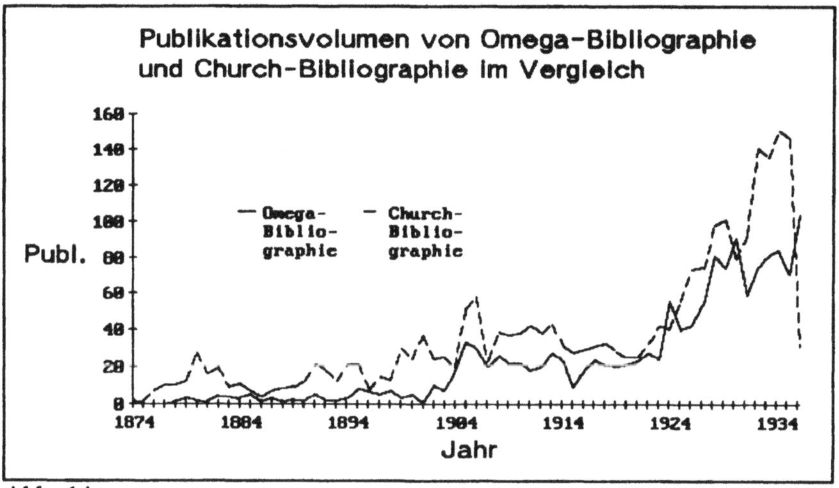

Abb. 14

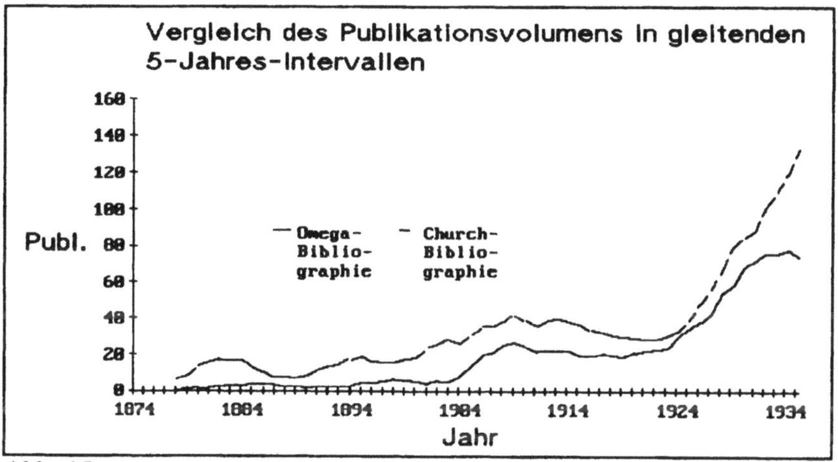

Abb. 15

Regressionskurve, die sich nach der Methode der kleinsten Quadrate ergibt, eingezeichnet (siehe Abb. 16).

Fertigt man für das Publikationsvolumen der mathematischen Logik eine Kurve der Änderung des Publikationsvolumens in 5-Jahres-Mittelwerten an, zeigt sich exakte Übereinstimmung des Verhaltens der Kurve mit der entsprechenden Kurve der aktiv Beitragenden. Zieht man die Werte in 5-Jahres-Intervallen heran, machen sich die starken Fluktuationen des Publikationsvolumens in Form größerer Abweichungen von der mit Mittelwerten berechneten

Abb. 16

Kurve bemerkbar.

Vergleicht man die Änderung der Anzahl der aktiv Beitragenden mit der Abweichung des Publikationsvolumens von der Regressionskurve in gleitenden 3-Jahres-Intervallen, zeigt sich eine weitgehende Übereinstimmung beider Kurven, deren "peaks" jeweils um ein, höchstens zwei Jahre voneinander abweichen. Abb. 17 und 18 zeigen den zuletzt genannten Vergleich.

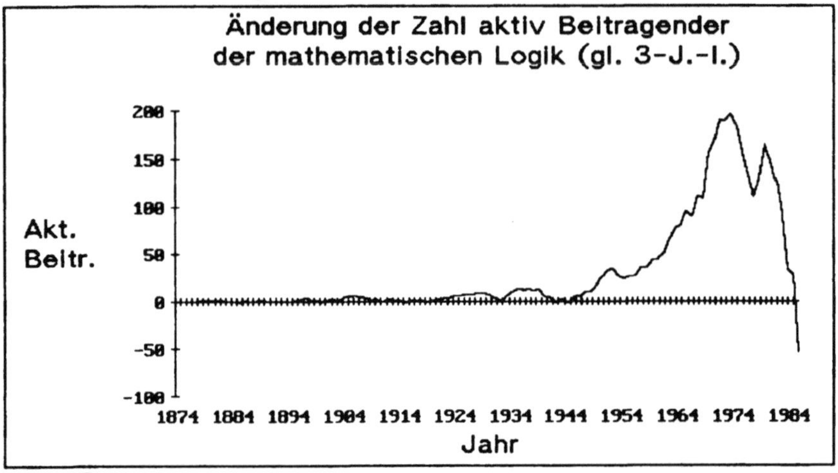

Abb. 17

Die epidemische Änderungskurve wird demnach gut durch eine Kurve simuliert, welche die Abweichung der tatsächlichen Wachstumskurve der

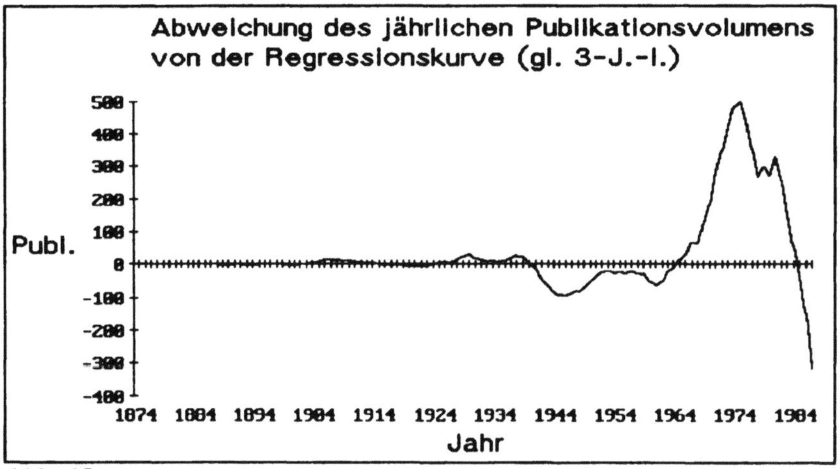

Abb. 18

Publikationen von der entsprechenden exponentiellen Regressionskurve darstellt.

Die Übereinstimmung in der Periodizität deutet darauf hin, daß der Vergleich zwischen einer Kurve der Publikationen einer Wissenschaft und der entsprechenden Regressionskurve eine grobe Einschätzung der Entwicklung der Wissenschaft ermöglicht, die daraufhin epidemiologisch belegt und genauer untersucht werden kann.

Goffman (1971: 176) hat mit einem epidemischen Rückgang der Aktivitäten von 1957 bis 1967 gerechnet. Tatsächlich findet in dieser Zeit eine enorme Expansion statt. Statt des von Goffman erwarteten Aufstiegs im Anschluß an diesen Einbruch folgt in den 70er Jahren ein Rückgang der aktiv Beitragenden.

3. Autorenproduktivität

Die 47 117 Publikationen der mathematischen Logik wurden von 14 813 Autoren verfaßt; darunter befinden sich 2 572 Koautoren, die nicht als Erstautor in Erscheinung treten, mehr als 17 Prozent aller Autoren. Von jedem Autor stammen damit im Durchschnitt 3,18 Publikationen; das ist geringfügig weniger, als sich in Goffmans Berechnung ergab. Auf diese Durchschnittszahl kommt man, wenn man die Beiträge von Koautoren nur als Anteile eines ganzen Beitrags zählt.

Ein knappes Viertel aller Publikationen weist mehr als einen Verfasser auf. Gerade in der mathematischen Logik, wo der Anteil eher "administrativer"

Autorenschaften und der Umfang der Mitarbeit von Laborkräften weitaus geringer sein dürfte als in vielen Naturwissenschaften, ist es allerdings wenig plausibel, das Gewicht eines Beitrags proportional der Anzahl von Koautoren zu verringern. Ebenso gut könnte man davon ausgehen, daß eine von mehreren Autoren verfaßte Schrift aus der mathematischen Logik aus mehreren, wenn auch nicht unbedingt in sich abgeschlossenen oder klar abgrenzbaren Beiträgen besteht, die unter einem einheitlichen Titel erschienen, so daß also jeder Beitrag eines Koautors wie der Beitrag eines Alleinautors zu zählen ist[20]. (Wahrscheinlich liegt die Wahrheit irgendwo zwischen beiden Extremen.) In diesem Fall haben wir es mit insgesamt 58 330 Beiträgen zu tun; die durchschnittliche Produktivität pro Autor beträgt dann 3,94.

Jeder Beitragende ist im Durchschnitt 5,24 Jahre aktiv[21]; gezählt wurden hierbei die Jahre vom ersten bis zum letzten Beitrag. Im Durchschnitt publizierte ein Logiker infolgedessen alle 1,33 Jahre.

Von größerem Interesse ist jedoch der zeitliche Verlauf der durchschnittlichen Autorenproduktivität.

Goffman/Warren haben hier eine Feststellung gemacht, die ganz im Gegensatz zu Intuitionen über die Folgen einer angeblichen "Publish or perish"-Mentalität zu stehen scheint: Die Autorenproduktivität hat sich Goffman/Warren zufolge von 1847 bis 1962 nicht erhöht. Trifft diese Behauptung zu, lassen sich folgende Mutmaßungen anstellen: Die Gratifikationen des Wissenschaftsbetriebes für hohen literarischen Output haben sich entweder nie in nennenswerter Form geändert, oder aber ein möglicher Wandel des Anreizsystems blieb wirkungslos, weil sich die Bearbeitungskapazitäten eines Wissenschaftlers im Durchschnitt nicht geändert haben. Ganz schematisch in der Sprache des Ökonomen formuliert: Die Produktionsfunktion ist in diesem Falle konstant. Dies wiederum würde bedeuten, daß sich die durchschnittliche Intensität der Begegnung von Forschern mit Arbeitsgebieten der Logik, wie sie sich in Publikationen niederschlägt, nicht geändert hat.

Man könnte hier auch die Meinung vertreten, daß ein wesentlicher limitierender Faktor das Vorhandensein ausreichend vieler Publikationsmöglichkeiten (in Form von Zeitschriften, aber auch Verlagen) darstelle. Es zeigte sich jedoch, daß die Zahl der wissenschaftlichen Publikationsorgane in etwa der Zahl der Wissenschaftler entspricht: gibt es mehr Wissenschaftler, gibt es auch mehr Publikationsmöglichkeiten. Die Untersuchung dieses Sachverhalts wird jedoch in der Regel von einer Definition abhängig gemacht, die Wissenschaftler an das Merkmal der Publikation bindet; das Wachsen der Zahl der Wissen-

20 Auf weitergehende Differenzierungen - etwa die Gewichtung von Zeitschriftenpublikationen und Monographien - wird hier verzichtet.

21 Bei diesen Berechnungen wurden postume Beiträge so weit wie möglich eliminiert.

schaftler kann damit nicht unabhängig vom Wachsen der Zahl der Publikationsorgane ermittelt werden. Einzig und allein die Beobachtung einer wachsenden Zahl von Wissenschaftlern *unabhängig* von ihren Publikationsmöglichkeiten würde hier Klärung bringen[22]. Von Interesse wäre auch, in welchem Maße die Ablehnungsquote für bei Zeitschriften eingereichte Beiträge temporären Schwankungen unterliegt.

Goffman/Warren haben die Autorenproduktivität in ihrer zeitlichen Enwicklung in 5-Jahres-Intervallen berechnet: Für jede 5-Jahres-Periode wurde die Anzahl der Autoren und die Anzahl der von ihnen verfaßten Publikationen ermittelt. Diese Berechnungsweise setzt voraus, daß sich das durchschnittliche Publikationstempo der Autoren nicht wesentlich ändert. Steigt dieses nämlich, verringert sich die Zahl der Autoren, die mehr als einem 5-Jahres-Zeitabschnitt zuzurechnen sind, die Produktivität erscheint fälschlicherweise vergrößert, obwohl sie sich in zeitunabhängiger Sichtweise nicht geändert hat. Sinkt das Tempo, erscheint die Produktivität verringert, obwohl sie sich absolut gesehen nicht geändert hat.

Zunächst stellen wir die Autorenproduktivität in 5-Jahres-Intervallen nach dem Goffman/Warrenschen Muster dar (siehe Abb. 19). Die Produktivität steigt von 1874 an bis zu einem (bisher nicht wieder erreichten) Gipfel in der Periode 1929-1933, in der jeder in dieser Zeit publizierende Autor durchschnittlich etwa 3 Beiträge zur mathematischen Logik lieferte. Es folgt ein vorübergehender Abstieg bis zur Periode 1938-1943. In der weiteren Entwicklung - ab etwa 1950 - läßt sich ein Trend zur Zunahme der Autorenproduktivität nicht erkennen. Vielmehr ist sogar ein leichter Rückgang zu verzeichnen, wenn man die Beiträge von Koautoren nur als Anteile der betreffenden ganzen Publikation zählt und ein ungefähr konstantes Niveau, wenn man Beiträge von Koautoren wie die Beiträge der Erstautoren wertet.

Aus der Abbildung geht hervor, daß die durchschnittliche Produktivität in 5-Jahres-Intervallen (ähnlich wie in der Abbildung bei Goffman/Warren 1980: 100[23]) unter dem Wert der Gesamtproduktivität von 3,18 bzw. 3,94 liegt. Dies liegt daran, daß zahlreiche Aktivitätsperioden von Autoren mehr als ein 5-Jahres-Intervall berühren.

Aus der Church-Bibliographie ergab sich höhere Autorenproduktivität in 5-Jahres-Abschnitten und ein langsamer Anstieg von 1847 an über etwa 50 Jahre

22 Hinweise finden sich bei Menard (1971: 70ff.) beispielsweise zur Geologie. Die Zahl der Geologen konnte aufgrund von Verzeichnissen der entsprechenden Berufsvereinigung ermittelt werden. Die Produktivität blieb lange Zeit konstant, begann dann aber zu sinken, was eine natürliche Folge der Tatsache ist, daß eine zunehmende Zahl von Geologen auf Gebieten angewandter Forschung arbeitet, in denen wissenschaftliches Publizieren keinen zentralen Stellenwert besitzt.

23 Entgegen der gegenteiligen Behauptung der Autoren im Text.

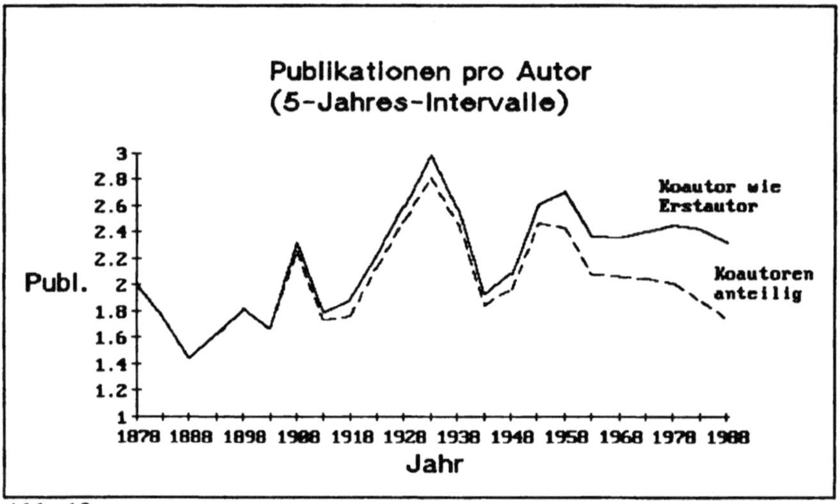

Abb. 19

ähnlich wie bei der Ω-Bibliographie, nur mit früherem Beginn und auf höherem Niveau, entsprechend der größeren Erfassungstiefe der älteren Bibliographie.

Die Aussagekraft dieser Darstellungsart hängt jedoch, wie schon bemerkt, vom Publikationstempo der Autoren ab. Wir berechneten daher für sämtliche Autoren die Zahl ihrer Beiträge und den für die Veröffentlichung dieser Beiträge beanspruchten Zeitraum. Das durchschnittliche Publikationstempo beispielsweise von Autoren, die ihre wissenschaftliche Aktivität im Jahre 1954 begannen, wird wie folgt berechnet: Summe aller Publikationen dieser Autoren dividiert durch die Summe der Aktivitätsperioden dieser Autoren, in bekannter Weise definiert als Jahr der ersten Veröffentlichung bis einschließlich des Jahres der letzten Veröffentlichung der betreffenden Autoren.

Voraussetzung für die Adäquatheit der Berechnung war, "künstliche" Verlängerungen der Aktivitätsperioden durch postume Veröffentlichungen zu vermeiden, von denen besonders die Pionierautoren in den Anfangszeiten der mathematischen Logik betroffen sind. Zu diesem Zweck wurden alle Aktivitätsperioden, die sich über mehr als 50 Jahre erstrecken, einzeln gesichtet und gegebenenfalls gekürzt.

Das Publikationstempo (siehe Abb. 20) weist bis etwa 1945 starke Schwankungen mit kaum erkennbarer Tendenz zur Verringerung auf. Anschließend jedoch läßt sich ein schwacher Trend zur Beschleunigung ausmachen.

Besonders deutliche Abweichungen vom Trend bilden zwei "Temposchübe" um 1910 und 1935 (und in stark abgeschwächter Form 1925) herum: In diesen Jahren wird fast so schnell veröffentlicht wie später zu Zeiten des "publish or perish". Man ist versucht, die Wurzeln dieser Beschleunigung in neuen Impul-

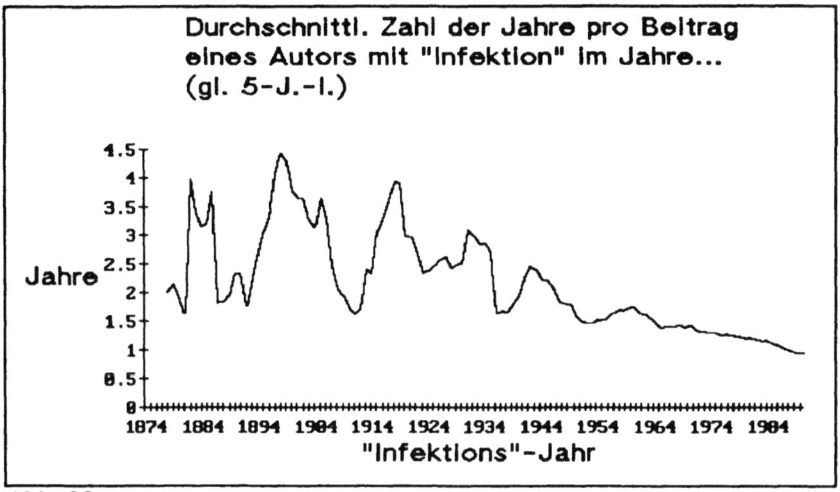

Abb. 20

sen der mathematischen Logik zu suchen: beispielsweise in der Russellschen Entdeckung der Antinomien der Mengenlehre sowie in den Unvollständigkeitstheoremen Gödels.

Auf dieselbe Weise wie oben wird in Abbildung 21 das durchschnittliche Publikationstempo all jener Autoren dargestellt, die in einem bestimmten Jahr der Entwicklung der Logik ausschieden, d.h. zum letzten mal publizierten. Erwartungsgemäß verschieben sich der leichte Abwärts- und der Aufwärtstrend nach rechts.

Unterlegen wir der Entwicklung bis 1950 einen linearen Trend, zeigt sich ein Anstieg des Zeitbedarfs von 1900 mit durchschnittlich 1,60 Jahren bis 1950 mit 2,15 Jahren.

Betrachten wir die Entwicklung ab 1951 noch etwas genauer (siehe Abb. 22). Die Zahl der Jahre, die Autoren mit letztmaliger Aktivität im Jahre 1951 durchschnittlich pro Beitrag benötigten, betrug etwa 2,8. Nach einem Rückgang bis etwa 1960 schwächt sich der Trend jedoch sehr weitgehend ab. Der Unterschied zwischen 1960 und 1985 beträgt nur noch zwei bis drei Monate.

Man kann daraus folgern, daß die Aussagefähigkeit obiger Produktivitätsberechnung in diesem Zeitraum kaum von Änderungen des Publikationstempos verfälscht wird.

Offenbar lassen sich gerade für den Zeitraum, in dem der Schlachtruf des "publish or perish" am häufigsten zu hören ist, kaum nennenswerte Änderungen des Publikationsverhaltens feststellen.

Es scheint daher eher so, daß das Publikationsverhalten an tieferliegende wissenschaftlichen Zusammenhänge gebunden ist, als an Gesetze eines wissen-

Abb. 21

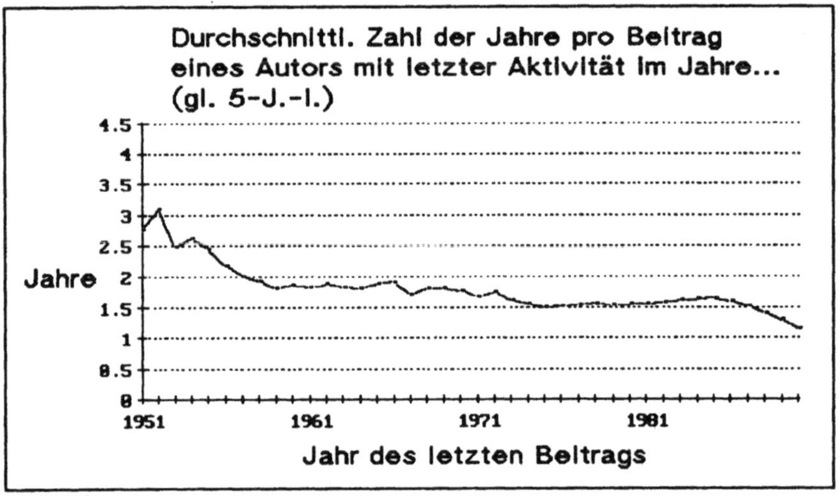

Abb. 22

schaftlichen "Medienmarktes". Fest steht jedoch zumindest, daß das durchschnittliche Publikationstempo der Logiker der ersten Hälfte dieses Jahrhunderts im großen und ganzen nicht geringer war als in der zweiten Hälfte, lange bevor die bekannten Klagen einer Publikationsflut und eines untunlichen und möglicherweise sogar kontraproduktiven Publikationsdrucks einsetzten.

Die Verringerung oder Beschleunigung des Publikationstempos ist möglicherweise Spiegelbild einer Verringerung oder Erhöhung des sogenannten Price-

Indexes, der den Anteil *neuerer* Literatur in den references eines Fachgebiets mißt[24]. Denn es ist sehr wahrscheinlich, daß sich die Beschleunigung des Publikationstempos auch in einer Erhöhung des Price-Indexes niederschlägt und umgekehrt.

Das Phänomen lädt zu weiteren Spekulationen ein. Läßt sich eine publikationswürdige Erkenntnis im anfänglichen wie im fortgeschrittenen Stadium einer Disziplin schneller und vielleicht leichter erzielen als im Mittelstadium? Denn schließlich ist es sehr unwahrscheinlich, daß sich die intellektuellen Fähigkeiten von Wissenschaftlern in den letzten Jahrzehnten geändert haben. Weiteren Aufschluß wird man nur durch ähnliche, möglichst auch historische Analysen erhalten.

Betrachten wir nun, wieviele Publikationen Autoren eines Jahrgangs durchschnittlich *über ihre gesamte Aktivitätsperiode* erzielten - unabhängig von der Gesamtdauer dieser Aktivität als Verfasser. Zu diesem Zweck berechneten wir die durchschnittliche Zahl aller Publikationen, die ein Autor erzielt hat, der im Jahre 1874 erstmals aktiv wurde; dasselbe für alle Autoren, die 1875 erstmals aktiv wurden usw. bis zum Jahre 1990. (Siehe Abb. 23.)

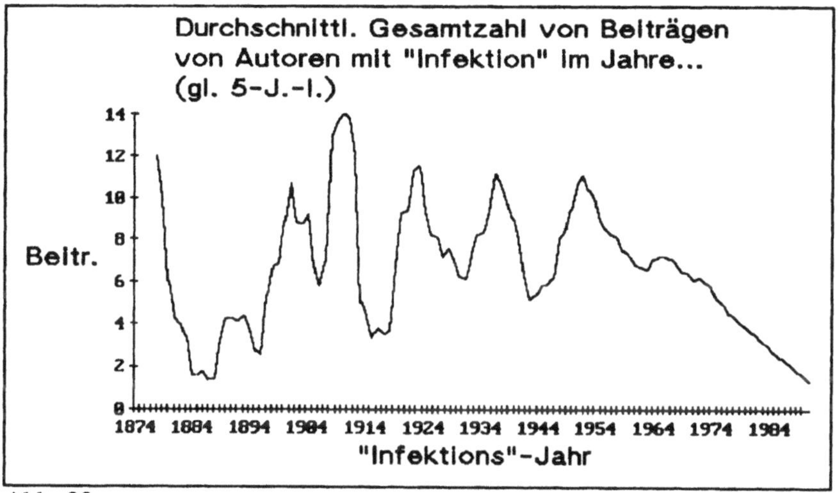

Abb. 23

24 Genauer: Vom Erscheinungsdatum einer zitierenden Publikation wird vier Jahre zurück gerechnet. Maßgeblich ist dann der Anteil der zitierten Literatur, der in diesem Zeitraum erschienen ist.

Nun zeigt sich, daß die Messung der Autorenproduktivität in 5-Jahres-Intervallen ein irreführend gleichförmiges Bild ergibt. Die durchschnittliche Produktivität der Autoren während ihres gesamten Schaffenszeitraums in der Logik ist nämlich in Wirklichkeit sehr starken Schwankungen unterworfen. So erzielten die Autoren, die um 1910 herum ihre Aktivität in der mathematischen Logik begannen, im Durchschnitt fast 14 Publikationen. Die Autoren, die fünf Jahre später anfingen, konnten im Durchschnitt nur noch 3 Publikationen beitragen. Die statistische Masse ist hier allerdings noch sehr gering. Bis etwa 1970 lassen sich ähnlich ausgeprägte Schwankungen erkennen, die insgesamt jedoch kaum einen Trend nach oben oder unten zeigen. Erst danach setzt ein stetiger Rückgang ein. Ab diesem Zeitraum passiert es offenbar immer öfter, daß durch den - prinzipiell willkürlichen - Abbruch des Erfassungszeitraums unserer Datenbasis im Jahre 1990 die Tatsache, daß ein bereits tätiger Autor erneut einen Beitrag zur mathematischen Logik leisten kann, nicht zur Geltung kommt. Es ist daher davon auszugehen, daß die durchschnittliche Gesamtproduktivität der Logiker über den oben berechneten Werten von 3,18 bzw. 3,94 liegt, ebenso wie die durchschnittliche Verweildauer. Etwas Analoges zeichnete sich nämlich auch bei der Betrachtung des durchschnittlichen Zeitbedarfs für einen Beitrag ab: Obwohl er für alle Logiker insgesamt 1,33 Jahre beträgt, ergab die zeitabhängige Betrachtung, daß dieser Zeitraum phasenweise beträchtlich größer war, obwohl die rechnerische Bezugsgröße, die Summe aller Aktivitätsjahre, in beiden Fällen dieselbe ist.

Die Schwankungen der Gesamtproduktivität lassen eine gewisse Abhängigkeit von Zeitumständen vermuten, die offensichtlich auch die aktuelle Publikationsintensität der Wissenschaftler tangiert, wie die folgende Betrachtung zeigt.

Die Schwankungen der Gesamtproduktivität finden sich nämlich in abgeschwächter Form auch dann, wenn man jahresweise betrachtet, wieviel Logiker tatsächlich Beiträge liefern: In Abb. 24 wird dargestellt, wieviel Publikationen im Durchschnitt pro Jahr auf einen aktiv Beitragenden entfallen. Da jemand als aktiv Beitragender vom Jahr seines ersten bis zum Jahr seines letzten Beitrags *unabhängig vom Ausmaß seiner Publikationsaktivität* gilt, läßt sich der Verlauf dieser Aktivität mit der Entwicklung des Forscherpotentials vergleichen. Die Zeitpunkte besonders geringer Produktivität verstärken hier noch einmal den Eindruck, daß die Publikationsintensität von externen Umständen wie zum Beispiel der wirtschaftlichen Prosperität abhängt. Bei dieser Betrachtungsweise ist ein leichter Trend nach oben erkennbar, der ab etwa 1930 in konstantes Niveau übergeht - von der großen Depression um 1945 herum abgesehen. (Die letzten Jahre der Kurve sind aus besagten Gründen auszuklammern.)

Auf eine Publikation entfallen während eines Jahres 1,33 Wissenschaftler und auf jeden Wissenschaftler während eines Jahres 0,75 Publikationen, so daß durchschnittlich nur 25 Prozent der Wissenschaftler während eines Jahres nicht

Abb. 24

publizieren. L. H. Mantell kam anhand einer umfangreichen Datenanalyse zum Ergebnis, daß das Potential an Wissenschaftlern und Ingenieuren, daß statistisch gesehen während eines Jahres auf jede Veröffentlichung fällt, 1,46 (1966: 12f.) beträgt - eine Zahl die in der hier ermittelten Größenordnung liegt.

Maßgeblich für diese Rechnung ist die Summe der Jahre, während der die zur Logik Beitragenden aktiv waren, nämlich 77 611. Teil man diese Zahl durch die Gesamtzahl der Beiträge (58 330), kommt man auf die Zahl der Wissenschaftler pro Jahr pro Beitrag. Dividiert man die Zahl der Beiträge durch die Summe der Beitragsjahre, kommt man auf die Zahl der Beiträge pro Wissenschaftler während eines Jahres. Bei Berücksichtigung des "Ein-Jahres-Effekts" von Autoren, die nur ein einziges Jahr aktiv werden, würde sich die Zahl der vorhandenen Wissenschaftler, mit denen pro Publikation zu rechnen ist, etwas erhöhen, ebenso der Anteil der während eines Jahres nicht Publizierenden. Zu beachten sind ferner die oben dargestellten Schwankungen der Publikationsaktivität von Wissenschaftlern im Zeitablauf.

Bis jetzt zeigte sich ein schwach ausgepägter Trend zur Verringerung des Publikationstempos in der ersten und ein ebenfalls schwacher Trend der Beschleunigung des Publikationstempos in der zweiten Hälfte dieses Jahrhunderts, jedoch kein Trend zur Erhöhung oder auch Verringerung der durchschnittlichen Produktivität der Autoren der mathematischen Logik. Sind dies richtige Beobachtungen, muß man mit einem leichten Trend der Verlängerung der durchschnittlichen Aktivitätsdauer in der ersten und Verkürzung in der zweiten Jahrhunderthälfte rechnen. Bliebe die Teilnahmedauer nämlich konstant, müßte sich dies in entsprechenden Änderungen der Produktivität innerhalb der 5-Jahres-Intervalle niederschlagen.

Um dies zu überprüfen, berechneten wir die durchschnittliche Dauer der Teilnahme an der Entwicklung der mathematischen Logik ganz analog wie die durchschnittliche Gesamtproduktivität der Autoren: Für jeden Autorenjahrgang seit 1874 wurde die durchschnittliche Gesamtteilnahmedauer berechnet. Bis etwa 1940 zeigen sich stärkere Schwankungen, ohne daß ein Trend erkennbar wäre, anschließend ein schwacher Trend zur Verringerung der Teilnahmedauer (siehe Abb. 25). Dieser Befund steht zumindest nicht im Widerspruch zu den bisherigen Ergebnissen.

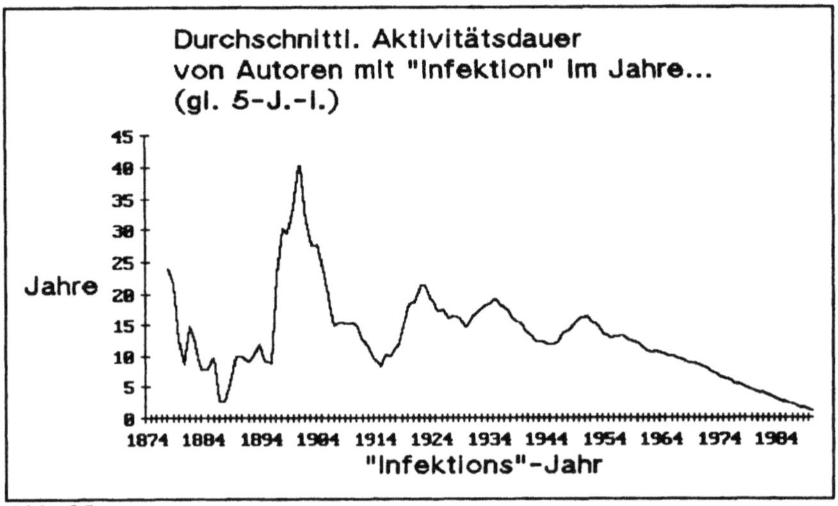

Abb. 25

Es ist nicht auszuschließen, daß der Anteil von Autoren mit nur einer einzigen Publikation - der nach einer Lotka-Priceschen Faustregel in der Regel auf etwa 60 % zu veranschlagen ist - das Ergebnis verfälscht. Denn bei diesen Autoren wurde nur ein einziges Aktivitätsjahr gewertet, obwohl sich die Aktivität, auf der die betreffende Publikation beruht, über einen größeren Zeitraum erstrecken wird. Je mehr Publikationen ein Autor aufweist, desto eindeutiger widerspiegelt die zeitliche Abfolge den tatsächlichen Zeitverbrauch.

Wir überprüften daher den Anteil von Autoren, bei denen es bei nur einer Publikation blieb, an den neuen Autoren jeden Jahres von 1874 bis 1990. Dieser Anteil ist in der Anfangsphase der mathematischen Logik sehr hoch, um dann wieder stark abzusinken (siehe Abb. 26). Ab etwa 1915 bewegt er sich zwischen 40 und 50 Prozent. Erst um 1975 herum beginnt er weiter zu steigen.

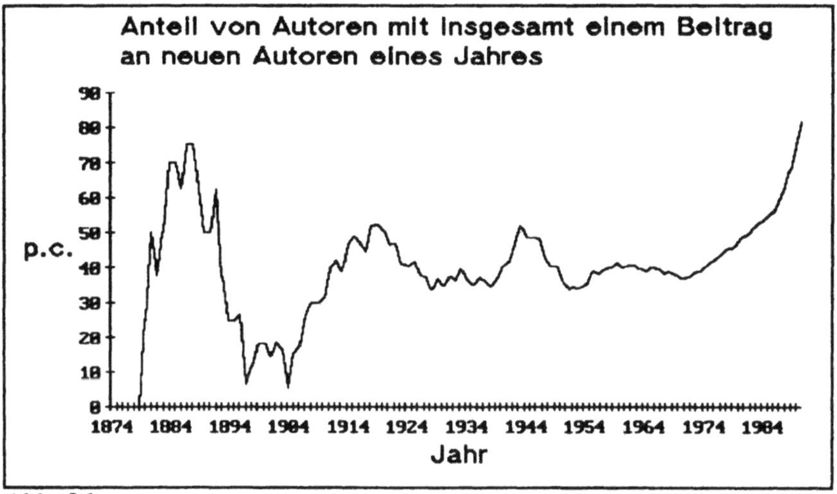

Abb. 26

Der Trend zur Verkürzung der Aktivitätsdauer kann daher kaum auf diese Autoren zurückgeführt werden, die insgesamt in der Tat etwa die Hälfte aller Autoren bilden (53,3 %). Auffällig ist, daß Autoren, die um die Jahrhundertwende zu arbeiten beginnen, durchschnittlich sehr lange aktiv bleiben, während der Anteil nur ein einziges mal aktiver neuer Autoren sehr gering ist.

Auch hier sind jedoch die Daten mit zunehmender Nähe zur Gegenwart aufgrund des künstlichen "Schnitts" zunehmend unvollständig, da mögliche zukünftige Aktivitäten eines Autors mit nur einer Publikation nicht berücksichtigt werden können.

Abschließend soll geprüft werden, ob die Pricesche Schätzung, derzufolge ein Drittel der Autoren eines Jahres "Newcomer" sind (Price 1978), auf die mathematische Logik zutrifft. Zu diesem Zweck berechneten wir den Anteil der erstmals Publizierenden unter den Autoren der Jahre 1960, 1970 und 1980. Er befand sich mit 40, 39 und 35 Prozent in ähnlicher Größenordnung. Bei diesem Resultat ist zu bedenken, daß hier, anders als bei Price, eine vergleichsweise kleine Disziplin Erhebungsgrundlage darstellt, die einen etwas größeren Anteil neuer Autoren erwarten läßt.

Als Resümee läßt sich folgendes festhalten: In keiner der möglichen Darstellungsweisen ist ein Trend zu wesentlicher Vergrößerung oder Verringerung der Gesamtproduktivität der Autoren nachweisbar. Nur in diesem Punkt wird das entsprechende Ergebnis von Goffman/Warren bestätigt; im Gegensatz dazu waren hier ausgeprägte Schwankungen festzustellen, wenn die Produktivität der Autoren der mathematischen Logik über ihre Gesamtdauer betrachtet wird.

Der kumulative Effekt, auf den D. Price zufolge der exponentielle Zuwachs der wissenschaftlichen Produktion von Erkenntnissen zurückzuführen ist, zeigt sich zumindest in der mathematischen Logik nicht darin, daß Forscher heute mehr zu publizieren in der Lage sind als früher; auf dieser Ebene hat ein einzelner Forscher offenbar keinen kumulativen "Startvorteil" gegenüber früheren Forschern, und seine durchschnittliche individuelle Produktivität unterscheidet ihn - wenn man den Zeitfaktor ausklammert - nicht von den Wissenschaftlern früherer Tage. "Exponentiellen" Erkenntnisfortschritt (gemessen in der Zahl der Publikationen) verursacht vielmehr das exponentielle Wachstum der Forscher-"Population" (Goffman/Warren 1980: 71). Da dieses Wachstum entscheidend davon abhängt, ob eine Gesellschaft einen mindestens konstanten Anteil eines exponentiell wachsenden Sozialprodukts in die Finanzierung ihres Forschungspotentials investiert, handelt es sich um keine innere Gesetzmäßigkeit wissenschaftlicher Entwicklungen.

Es wird noch zu zeigen sein, daß sich parallel zur Zahl der Forscher auch die Zahl der Forschungsrichtungen vermehrt. Auch hier ist kein kumulativer Mechanismus sichtbar, sondern eher so etwas wie eine - möglicherweise lineare - Produktionsfunktion: Mehr Forscher erfinden mehr Arbeitsgebiete.

Wir kommen abschließend zu möglichen Einschränkungen der Ergebnisse. Die Expansion der mathematischen Logik zeitigte offenbar keinen langfristigen und ausgeprägten Trend zur Intensivierung von Publikationsaktivitäten, gleichgültig ob als Erhöhung der durchschnittlichen individuellen Produktivität oder als Beschleunigung des Publikationstempos gemessen. Dies bezieht sich jedoch nur auf die Aktivitäten der Autoren auf dem Gebiet der mathematischen Logik; viele dieser Autoren waren jedoch auch auf anderen Gebieten der Mathematik oder Philosophie tätig. Es ist offen, ob sich das Gesamtbild der Produktivität auch dieser Autoren in den Anfangszeiten der Logik von heutigen Autoren unterscheidet. Man kann vermuten, daß sich heutige Autoren in stärkerem Maße ausschließlich mit Problemen der Logik beschäftigen als frühere Autoren.

Dafür spricht ein Befund der weiter unten vorgenommenen Untersuchung von Entstehungsbedingungen neuer Disziplinen der Logik. Es wird sich dort herausstellen, daß jene innovativen Aktivitäten, die am Anfang vieler Forschungsgebiete stehen, zunächst nur in einem kleinen Anteil der Publikationen der betreffenden Forscher Ausdruck finden. Der - nach Publikationen gewogene - überwiegende Teil der Aktivität gilt vielmehr den bereits bekannten, traditionelleren Feldern der Logik. Und genauso könnte es sich im vergrößerten Maßstab mit den innovativen Aktivitäten von Logikern der zweiten Hälfte des 19. Jahrhunderts verhalten, die möglicherweise aktiv zu einer expansiven, vielleicht sogar "hektischen" Phase der gesamten Mathematik beitrugen.

4. Lotka-Verteilungen von Produktivität und Spezialisierung

Greift man sich eine beliebige wissenschaftliche Disziplin und eine statistisch ausreichend große Anzahl von Autoren heraus, stellt man fest, daß die Zahl der Publikationen, die jeder Forscher beisteuert, keiner Gaußschen Normalverteilung gehorcht. Vielmehr gibt es eine breite Masse von Wissenschaftlern - in den einzelnen Gebieten meistens etwa 50 bis 60 Prozent -, die sich mit einem einzigen Beitrag begnügen. Gut 15 Prozent der Autoren (d.h. ein Viertel der Häufigkeit von Autoren mit einem Beitrag) verfaßt zwei Publikationen, nur noch knapp 7 Prozent (60/9) drei usw.: der Bruchteil der Autoren nimmt exponentiell mit der Zahl der Veröffentlichungen ab, die sie beigesteuert haben (Lotka 1926): das "inverse square law of scientific productivity"[25]. Damit erwies sich die prinzipielle Übertragbarkeit der in volkswirtschaftlichen und soziometrischen Zusammenhängen bekannten Pareto-Verteilung auf Fragestellungen der Wissenschaftsforschung[26].

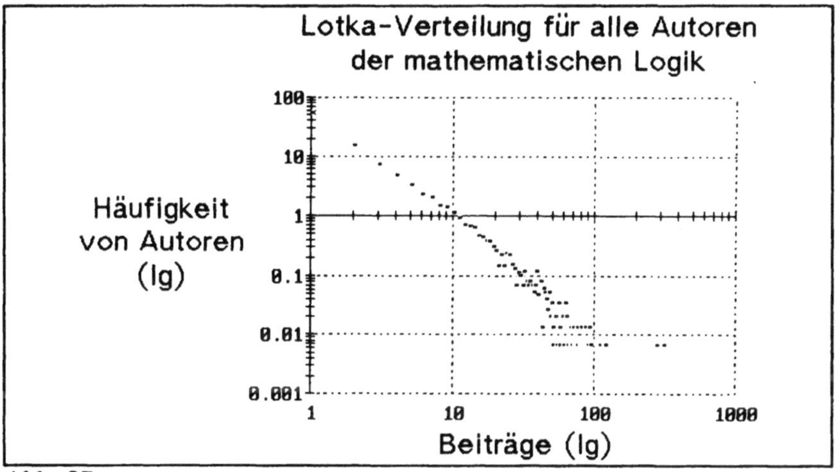

Abb. 27

In Abbildung 27 zeigen wir die Lotka-Verteilung für die Beiträge sämtlicher Autoren der mathematischen Logik in doppel-logarithmischer Darstellung. In

25 Die Formel für diesen Fall lautet: $y * x^2 = \text{const}$, wobei y die Häufigkeit des Vorkommens (in Prozent) und x die Zahl der Beiträge bedeutet. Die Konstante beträgt dann 60,79 Prozent. Lotka berücksichtigte einen Zeitraum von 10 Jahren.

26 Einen instruktiven Überblick über lognormale Verteilungen in der Wissenschaftsforschung gibt Yablonsky (1980), aus der (ähnlichen) Perspektive der Informationswissenschaft Garfield (1981). Zahlreiche Beispiele aus anderen Wissenschaften bringen Aitchison/Brown (1973). Ähnliche Verteilungen bilden sich auch in kumulativen Wachstumsprozessen der unbelebten Natur.

guter Annäherung ist eine Regressionslinie in Gestalt einer Geraden denkbar. In nicht-logarithmischer Darstellung würde sich eine extrem nach links gebeulte Hyperbel ergeben. Typisch ist das "Flackern" der Punkte am rechten Ende: es handelt sich um sehr seltene Ereignisse, deren Auftreten starken Zufallsschwankungen unterliegt. Die Zahl der Autoren mit nur einem Beitrag beträgt hier 53 Prozent; die Zahl der Autoren mit mehr als einem Beitrag ist etwas größer als bei der "klassischen" Lotka-Verteilung - nicht überraschend, da hier ein wesentlich größerer Zeitraum betrachtet wird als es bei Lotka der Fall ist.

Im folgenden führen wir die 186 meistpublizierenden Autoren der Logik auf. Es handelt sich dabei um weniger als 1,5 Prozent aller Logiker.

Die "schreibwütigsten" Logiker sind zugleich auch die schnellsten. Autoren mit insgesamt weniger als 9 aber mehr als 4 Beiträgen benötigen im Durchschnitt 1,8 Jahre pro Beitrag, Autoren mit 20 oder mehr Beiträgen publizieren alle 8 Monate.

Sierpinski W.	312	Rasiowa Helena	70
Shelah Saharon	280	Book Ronald V.	69
Rose A.	121	Routley R.	68
Kreisel G.	118	Friedman Harvey M.	67
Tarski Alfred	110	Keisler H. Jerome	67
Ershov Yu.L.	94	Ehrenfeucht Andrzej	65
Ginsburg Seymour	92	Skolem T.A.	64
Robinson Abraham	92	Blass Andreas R.	63
Erdoes Peter	89	Kleene Stephen C.	63
Hajnal Andras	88	Orlowska Ewa	63
Mostowski Andrzej	87	Curry H.B.	62
Hintikka K. Jaakko	86	Dubois Didier	62
Meyer Robert K.	86	Hajek Petr	62
Wang Hao	85	Leblanc Hugues	62
Abian Alexander	84	Rozenberg Grzegorz	62
Kurepa Djuro R.	82	Boffa Maurice	61
Takeuti Gaisi	81	Bunder M.W.	61
Yager Ronald R.	81	Myhill John R.	61
Salomaa A.	80	Sobocinski B.	61
Starke P.H.	79	Cresswell M.J.	60
Costa da Newton C.A.	76	Kechris Alexander S.	59
Mints G.E.	75	Scott Dana S.	59
Prade Henri	75	Schmidt Juergen	59
Quine Willard Van O.	74	Brouwer L.E.J.	58
Gurevich Yuri	72	Troelstra A. S.	57
Lachlan Alistair H.	70	Feferman Solomon	56

Marek W.	56
Chimev Kiril N.	55
Demuth O.	55
Lorenzen P.	55
Mo Shaokui	55
Moisil G.C.	55
Heyting A.	54
Bergstra Jan A.	53
Gabbay Dov M.	53
Pedrycz Witold	53
Ellentuck E.	52
Jech Thomas J.	52
Kondo Motokiti	52
Mal'tsev A.I.	51
Schuette K.	51
Markov A.A.	50
Benthem van J.F.	49
Church A.	49
McLaughlin T.G.	49
Nemeti I.	49
Kuratowski Kaz.	48
Meyer Albert R.	48
Pillay Anand	48
Shore Richard A.	48
Barwise K. Jon	47
Fraisse Roland	47
Kanovich M.I.	47
Mycielski Jan	47
Poizat Bruno	47
Trakhtenbrot B.A.	47
Wagner Klaus P.	47
Vopenka P.	47
Dekker J.C.E.	46
Cherlin Gregory L.	46
Freivalds Rusins V.	46
Hartmanis Juris	46
Eklof Paul C.	45
Hickman John L.	45
Makkai M.	45
Peter R.	45
Remmel Jeffrey B.	45
Rescher Nicholas	45
Baumgartner J.E.	44
Bernays Paul	44
Beth E.W.	44
Burris Stanley N.	44
Gottwald S.	44
Klaua D.	44
Kunen Kenneth	44
Surma Stanislaw J.	44
Fitch F.B.	43
Fraenkel A.A.	43
Jockusch Jr. Carl G.	43
Juhasz I.	43
Milner E.C.	43
Nola di Antonio	43
Prikry Karel	43
Rautenberg Wolfgang	43
Suszko R.	43
Baldwin John T.	42
Schmerl James H.	42
Chang C.C.	41
Devlin Keith J.	41
Graetzer George	41
Hermes Hans	41
Ibarra Oscar H.	41
Kalmar Laszlo	41
Kuzichev A.S.	41
Macintyre Angus	41
Mundici D.	41
Orevkov V.P.	41
Sacks Gerald E.	41
Wronski A.	41
Burgin M.S.	40
Culik II Karel	40
Jonsson B.	40
Matiyasevich Yu.V.	40
Rado R.	40
Soare Robert I.	40
Wright von Georg H.	40
Baudisch A.	39
Andreka H.	39
Davis Martin D.	39
Fenstad Jens Erik	39

Engeler Erwin	39
Goncharov S.S.	39
Lyapunov A.A.	39
Manna Zohar	39
Nerode Anil	39
Paris Jeff B.	39
Putnam H.	39
Pouzet Maurice	39
Prior A.N.	39
Segerberg Krister	39
Sochor A.	39
Slupecki Jerzy	39
Tajtslin M.A.	39
Bridges Douglas S.	38
Calude C.	38
Dragalin Albert G.	38
Grzegorczyk A.	38
Kandel Abraham	38
Louveau Alain	38
Luzin N.N.	38
McKenzie Ralph N.	38
Smorynski Craig A.	38
Stern J.	38
Bloom S.L.	37
Boerger Egon	37
Greibach S.A.	37
Kogalovskij S.R.	37
Marchenkov S.S.	37
Moschovakis Yiannis	37
Ono Hiroakira	37
Simpson Stephen G.	37
Downey Rodney G.	36
Dries van den Lou P.	36
Goodstein R.L.	36
Hauschild K.	36
Makowsky Johann A.	36
Levy Azriel	36
Maslov S.Yu.	36
Rosenberg I.G.	36
Smullyan Raymond M.	36
Szczerba Leslaw W.	36
Burgess J.P.	35
Lerman Manuel	35
Mekler Alan H.	35
Montague R.	35
Parikh Rohit	35
Otto Friedrich	35
Plonka J.	35
Rosser J.B.	35
Skordev Dimiter G.	35
Thomas I.	35
Yasugi M.	35
Wojcicki Ryszard	35

Tabelle 1: Die 186 meistpublizierenden Logiker (als Autor oder Koautor)

Tabelle 2: Die 75 Autoren der Logik, die 15 oder mehr Gebiete behandelten (berücksichtigt wurde nur der erste von mehreren Klassifikationscodes eines Beitrags)

Shelah Saharon	33
Friedman Harvey M.	31
Kreisel G.	30
Takeuti Gaisi	29
Feferman Solomon	28
Scott Dana S.	28
Mostowski Andrzej	28
Tarski Alfred	27
Wang Hao	27
Ershov Yu.L.	26
Ehrenfeucht Andrzej	24
Hajek Petr	24

Keisler H. Jerome	24
Robinson Abraham	24
Myhill John R.	24
Mycielski Jan	23
Skolem T.A.	23
Schuette K.	23
Mints G.E.	22
Mo Shaokui	22
Grzegorczyk A.	21
Abian Alexander	20
Kleene Stephen C.	20
Quine Willard V.Or.	20
Barwise K. Jon	19
Blass Andreas R.	19
Mal'tsev A.I.	19
Lachlan Alistair H.	19
Hermes Hans	19
Fenstad Jens Erik	19
Chang C.C.	18
Church A.	18
Parikh Rohit	18
Ellentuck E.	18
Vaught Robert L.	18
Engeler Erwin	17
Goodstein R.L.	17
Markov A.A.	17
Shepherdson J.C.	17
Rautenberg Wolfgang	17
Harrington Leo A.	17
Gurevich Yuri	17
Beth E.W.	16
Suszko R.	16
Shoenfield J.R.	16
Schmidt Juergen	16
Rosser J.B.	16
Putnam H.	16
Monk J. Donald	16
Los Jerzy	16
Lorenzen Paul	16
Flum J.	16
Dalen van Dirk	16
Ebbinghaus Heinz-D.	16
Marek W.	15
Makkai M.	15
Kalmar Laszlo	15
Hauschild K.	15
Boffa Maurice	15
Davis Martin D.	15
Sikorski R.	15
Sierpinski W.	15
Pabion J.F.	15
Aczel P.	15
Gandy Robin O.	15
Henkin Leon	15
Curry H.B.	15
Buechi J.R.	15
Kondo Motokiti	15
Leblanc Hugues	15
Kunen Kenneth	15
Trakhtenbrot B.A.	15
Stern J.	15
Specker Ernst	15
Sobocinski B.	15

(Tabelle 2)

Da zur Zeit für die Erklärung von Unterschieden der Ausprägung der Lotka-Kurve von Disziplin zu Disziplin keine befriedigenden quantitativen Modelle oder Theorien existieren, verzichten wir auf nähere Ausführungen hierzu.

Auf dieselbe Weise stellen wir die Anzahl der von den Autoren insgesamt behandelten Gebiete dar (siehe Abb. 28). Berücksichtigt wurde jeweils der erste Klassifikationscode aller Beiträge bis 1985. Man erkennt, daß nur ein winziger Teil der Autoren mehr als 10 Gebiete der mathematischen Logik bearbeitete,

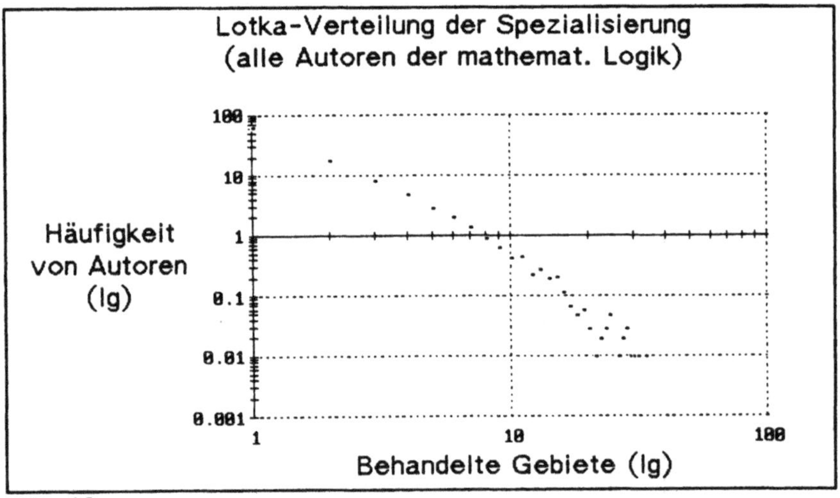

Abb. 28

während sich die meisten Autoren, nämlich 60,9 Prozent, nur mit einem einzigen Gebiet beschäftigten. 17,1 Prozent behandeln zwei, 7,9 Prozent drei, 4,6 Prozent vier und 2,7 Prozent fünf Gebiete. Es wäre überraschend, wenn sich nicht zumindest annähernd eine Lotka-Verteilung herausstellen würde.

Die vorangehenden zwei Seiten enthalten eine Liste der 75 Autoren, welche die meisten Gebiete der mathematischen Logik behandelten (Tabelle 2). Wie in der Tabelle der Meistpublizierenden finden sich auch hier mehr gegenwartsnahe als frühere Autoren, da Logiker früher wesentlich weniger logische Gebiete vorfanden als heute. Bei Einbeziehung der Aktivitäten früherer Logiker außerhalb des damals winzigen Gebiets der mathematischen Logik wären diese vermutlich stärker vertreten.

Die Lotka-Verteilung zeigt, wie asymmetrisch die Stärke der Aktivitäten der Wissenschaftler in einer beliebigen Disziplin ist. Wir werden später sehen, daß diese Art der Verteilung - wenn auch in abgeschwächter Form - offenbar auch für die Einheiten einer nächsthöheren Ebene charakteristisch ist, nämlich der Ebene der Teilgebiete einer Disziplin. Man kann diese Art der Verteilung aber

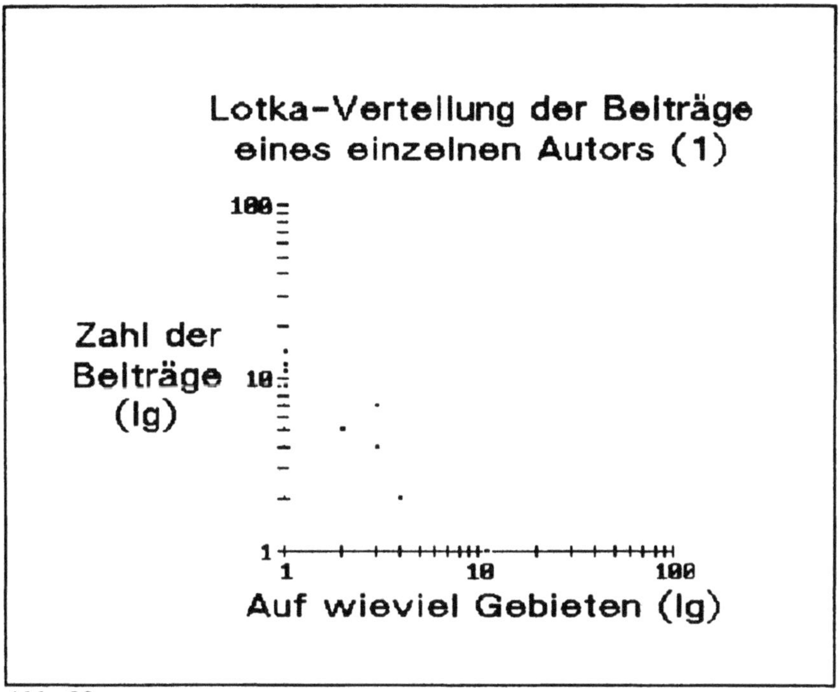

Abb. 29

auch auf der Ebene der kleinsten Einheit, nämlich der eines *einzelnen Autors*, erwarten - zumindest bei intensiver wissenschaftlicher Aktivität. Mit den kumulativen Prozessen, die auf der Ebene eines wissenschaftlichen Fachgebiets sowie auf nächsthöherer Ebene wirksam sind, ist auch im wissenschaftlichen Mikrokosmos eines einzigen Autors zu rechnen. Diesen Mikrokosmos kann man sich vielleicht als verkleinertes Abbild der Aktivitäten einer größeren Gruppe von Wissenschaftler vorstellen[27]. Wir können diese Behauptung an dieser Stelle nur an Beispielen illustrieren. Zu diesem Zweck stellen wir fest, wie sich die Aktivitäten dreier äußerst produktiver Logiker, nämlich A. Tarksi, K. Schütte und W. Sierpinski, auf die logischen Teilgebiete verteilen[28]. In den ersten beiden Fällen zeigte sich in etwa eine lognormale Verteilung (siehe Abb. 29 und 30), nicht jedoch im dritten Fall. Trifft die hier aufgestellte Behauptung

27 Wörtlich zu nehmen bei dem "Autor" N. Bourbaki, hinter dem sich bekanntlich eine große Zahl verschiedener Verfasser verbirgt.

28 Nur bei Logikern dieser Beitragsintensität steht auf bibliometrischer Ebene ein Minimum an Daten zur Verfügung.

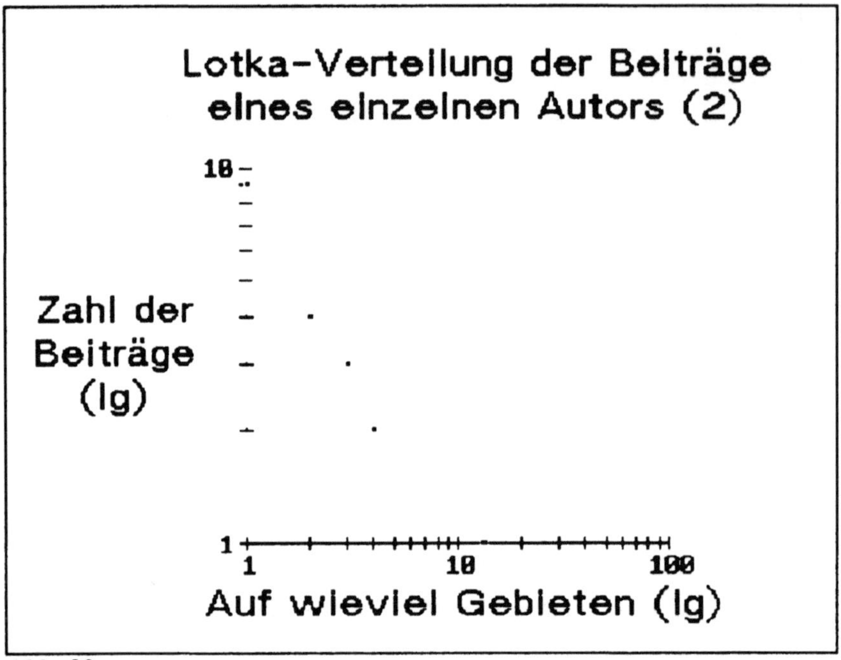

Abb. 30

zu, ist diese Verteilung jedoch bei der Berücksichtigung seines Gesamtwerks auch bei W. Sierpinski zu erwarten.

5. Allgemeines zu den epidemischen Kurven

Wir haben in Kapitel II die mathematische Theorie epidemischer Prozesse behandelt. Man kann epidemische Prozesse aber auch ohne Anwendung dieser Theorie in vereinfachter Form darstellen, was so gut wie alle Autoren bevorzugten, die Goffmans Ideen aufgriffen.

Die beiden wichtigsten Darstellungsmöglichkeiten epidemischer Prozesse sind die *Prävalenzrate* (dies entspricht in der Goffmanschen Terminologie der Intensität) und die *Inzidenz*. Die von Goffman bevorzugte Größe ist "Änderung in der Zahl der Infizierten".

Mit der ersten wird der Anteil der Befallenen innerhalb der Gesamtpopulation angesprochen. Die zweite gibt die Zahl der "Neuansteckungen" an. Mit der dritten, Goffmanschen Größe wird der Saldo von Neuansteckungen und Abgängen gebildet. In allen drei Fällen wird ein passender Zeitindex gewählt.

Da es sich im zweiten Fall um absolute Zahlen handelt, wirkt sich beispielsweise ein kriegsbedingter Rückgang in der Zahl der Beitragenden eines Gebiets (als Folge des Niedergangs wissenschaftlicher Betätigung) auch dann aus, wenn dieses Gebiet im Vergleich zu anderen Gebieten keine Verluste erleidet.

Will man diese Einwirkung äußerer Ereignisse ausblenden, wird man sich auf den *Vergleich* des Verhaltens der einzelnen Gebiete konzentrieren. Zu diesem Zweck berechnet man für jedes Jahr die Anteile eines Gebiets an der gesamten Disziplin.

Goffman/Warren stellen beispielsweise einen Rückgang der Zahl der aktiv Beitragenden auf dem Gebiet der Metamathematik in den 30er Jahren fest und äußern die Vermutung, daß dies mit einer Krise zusammenhinge, die durch Gödels Unvollständigkeitstheorem ausgelöst worden sei (1980: 109).

Der Rückgang des *Anteils* von Beweistheorie und Intuitionismus setzt jedoch zeitgleich mit der 1931 erschienenen Gödelschen Arbeit ein oder sogar etwas früher. Es ist sehr unwahrscheinlich, daß eine revolutionäre wissenschaftliche Arbeit so schnell in Publikationen rezipiert wird. Sofort nach dem Kriegsende folgt ein Wiederaufstieg des Gebiets. In der Ω-Bibliographie wurde die Arbeit insgesamt sieben Teilgebieten der mathematischen Logik zugeordnet. Betrachtet man die relative Aktivität auf diesen Gebieten in Form ihrer Anteile an der gesamten mathematischen Logik, läßt sich folgendes feststellen. Im Gebiet F30 (Arithmetik der ersten Stufe) entfaltete sich nach Gödels Arbeit ähnlich wie in D20 (Rekursive Funktionen) für Jahrzehnte nachhaltige Aktivität; die Arithmetik höherer Stufen (F35) erlebte um 1931 herum ein kurzes Aufleben, eine Depression um 1945 herum, dann aber insgesamt eine kontinuierliche Entwicklung; in F25 (Relative Widerspruchsfreiheit) entfaltete sich nach 1931 gemäßigte Aktivität, die nach einem mehrjährigen Stillstand während des Zweiten Weltkrieges anschließend wieder kurz auflebte; ähnliches gilt auf etwas höherem Niveau für D35 (Unentscheidbarkeit). Der Rückgang auf dem Gebiet "klassische Grundlagen der Zahlensysteme" (B28) begann lange vor Gödels Arbeit.

Auch Zermelos Arbeit "Untersuchungen über die Grundlagen der Mengenlehre" befindet sich Goffman/Warren zufolge am Gipfel epidemischer Aktivität; die in Zermelos Arbeit vorgenommenen Klärungen führten - so Goffman/Warren - zumindest zunächst zu einem Rückgang. Die Aktivität auf dem einschlägigen Gebiet, nämlich der Axiomatisierung der Mengenlehre (E30) ging jedoch - gemessen als Anteil - bereits *vor* Veröffentlichung der Zermeloschen Arbeit zurück. *Nach* den "Untersuchungen" stabilisierte sich zunächst die Arbeit in diesem Gebiet für einige Zeit. Zwar setzte um 1908 herum ein einige Jahre währender Rückgang des Anteils der gesamten Mengenlehre an der mathematischen Logik ein. Es folgt jedoch noch einmal ein Aufstieg bis etwa 1922.

Es ist kaum plausibel, eine negative Ausstrahlung des bahnbrechenden Werks Zermelos auf das Aktivitätsniveau des *Gesamtgebiets* der Mengenlehre anzunehmen, wenn es sich sogar im Kerngebiet der Mengenlehre nicht in offenkundig negativer Weise auswirkte.

Die Verwendung der Kategorie des "active contributor" bedeutet einerseits eine starke Nivellierung des Forscherpotentials. Es wird allein die Zeitspanne der "aktiven Teilnahme" eines Forschers in einem Wissenschaftsgebiet berücksichtigt; die Intensität dieser Teilnahme bleibt ebenso außer Betracht wie die Rezeption, die den betreffenden Forschungen jeweils widerfuhr.

Von Vorteil ist andererseits die bemerkenswerte Widerstandsfähigkeit des so gemessenen Forscherpotentials gegenüber äußeren Einwirkungen wie Krieg, Wirtschaftsdepressionen usw. - eine Einsicht, für welche die Church-Bibliographie keine ausreichend große Datengrundlage darstellte. Diese Widerstandsfähigkeit zeigt sich darin, daß die Wachstumskurve der Zahl der aktiv Beitragenden von Kriegen, Wirtschaftsdepressionen u.ä. im Vergleich zur entsprechenden Kurve der Publikationen nur geringfügig tangiert wird[29]. Die Infektion mit wissenschaftlichen Ideen, um mit Goffman zu sprechen, bahnt ihren Weg durch Kriege hindurch. Demgegenüber erweist sich das Ausmaß der Publikationstätigkeit der Wissenschaftler äußeren Einflüssen gegenüber als

Abb. 31

29 Dieser Befund würde beispielsweise für die Resultate von Simonton (1976) sprechen.

empfindlich. Zeigen läßt sich dies an der Rate der Publikation pro "active contributor" in wirtschaftlichen Depressionen und den beiden Weltkriegen (siehe noch einmal die entsprechende graphische Darstellung in Abb. 31).

Die Goffmansche Kategorie des aktiv Beitragenden weist große Vorteile auf, wenn es um die Darstellung des "Wachstums" von Wissenschaften geht. Die verbreiteten kumulierten Summen jährlicher Publikationsvolumina führen zu übersteigerten und irreführenden Darstellungen, weil das Analogon zum Prozeß des Ausscheidens von aktiv Beitragenden nicht berücksichtigt wird, das mit Begriffen wie "Obsoleszenzrate" oder auch Halbwertzeit angesprochen wird. Das mit Hilfe der Goffmanschen Kategorie vermittelte Bild der Entwicklung wissenschaftlicher Disziplinen dürfte wesentlich besser das wissenschaftliche Potential widerspiegeln als Publikationsvolumina.

Da sich die Kategorie des "active contributor" auf Publikationsdaten stützt, ist sie von diesen jedoch nicht unabhängig. Es werden vielmehr aus der Masse der Publikationsdaten pro Autor sämtliche zwischen der ersten und der letzten Publikation liegenden Eintragungen eliminiert. Übrig bleiben lediglich Anfangs- und Endpunkte, deren Anordnung auf der Zeitachse unverändert ist, also eine nicht in ihrer Struktur, sondern nur in der Zahl der Elemente reduzierte Teilmenge der Ausgangsdaten. Bei genügend großer Datenmenge ist deshalb zu erwarten, daß das Verhalten der Kurve der aktiv Beitragenden zur Publikationskurve im großen und ganzen isomorph ist.

Die Bindung der Kategorie des aktiv Beitragenden an den Vorgang der Veröffentlichung von Forschungsergebnissen ist jedoch im Bereich der Grundlagenforschung als akzeptabel zu betrachten. Wissenschaftliche Ideen mögen sich unabhängig von kriegerischen und wirtschaftlichen Katastrophen und Wirrnissen ausbreiten, aber ohne ein Minimum an publizistischer Öffentlichkeit fehlt ihnen eine elementare äußere Existenzbasis.

Im Anhang I werden für die acht großen Hauptgebiete sowie 62 der wichtigsten Teilgebiete die Kurven der aktiv Beitragenden sowie der Anteile gezeigt. Es handelt sich um eine Art epidemiologischer Phänomenologie, zu der nun noch einige Beobachtungen folgen.

Die offenkundige Stetigkeit der Entwicklung vieler Gebiete gibt zu der Vermutung Anlaß, daß sich die Prozesse der "Ansteckung" und des Ausscheidens viel gleichmäßiger entwickeln als Publikationsvorgänge, die in stärkerem Maße kurzzeitigen Zufallseinflüssen unterworfen sind.

An vielen Beispielen zeigt sich ferner die Kontinuität der Beschäftigung mit einem Gebiet zu Zeiten von Wirtschaftskrisen oder Krieg, besonders deutlich vor und nach dem zweiten Weltkrieg. Man kann daraus ersehen, daß der Entwicklungsprozeß eines logischen Teilgebiets von äußeren Ereignissen kurzfristig kaum tangiert wird. Diese Feststellung bezieht sich nur auf beeinträchtigende Ereignisse. Möglicherweise verhält es sich bei *begünstigenden* äußeren Ereignissen nicht viel anders.

Die Kurven weisen zwar häufig einen überraschend ruhigen Verlauf auf; im Gesamtverlauf unterscheiden sie sich jedoch beträchtlich voneinander. Die Bandbreite reicht von schwacher, äußerst langsamer Entwicklung zu einem mäßigen Niveau bis zu explosionsartigem Aufstieg fast ohne jeden Vorlauf. Die Verschiedenartigkeit der Kurven läßt es ausschließen, daß hier eine allgemeingültige "Gesetzmäßigkeit" exponentiellen Wachstums am Werk ist.

Die Verschiedenartigkeit der Gebiete kommt auch in ihrer unterschiedlichen Größe zum Ausdruck. Abbildung 32 zeigt, daß die Zahl der Forscher, die im Jahre 1980 (im Fall der Algebraischen Logik sowie der Nichtstandard-Modelle: 1985) auf einem Gebiet arbeiten, von weniger als einem Dutzend bis zu über 200 reicht, was der Ansicht zu widersprechen scheint, daß eine "scientific community" etwa 120 bis 160 Mitglieder aufweist. "Wissenschaftliche Gemeinschaft" ist jedoch eine soziologische Kategorie; außerdem bezieht sich die Zahl auf einen *entwickelten Zustand* eines wissenschaftlichen Arbeitsgebiets.

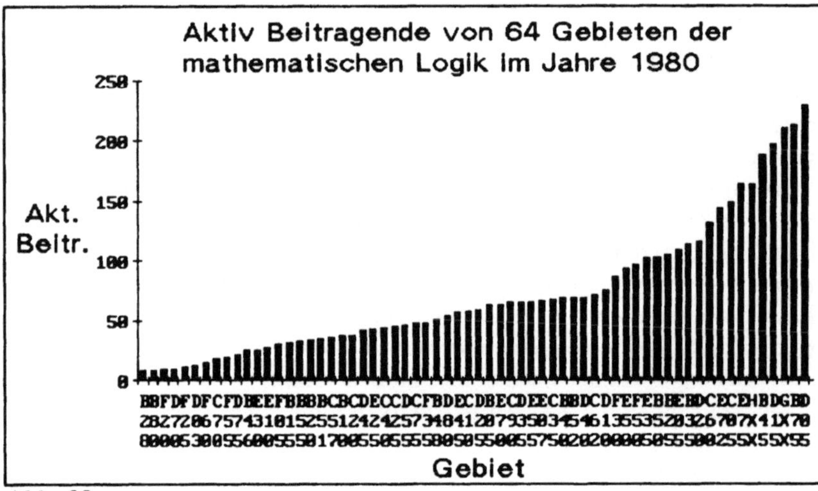

Abb. 32

Hinzu kommt, daß gerade in der Mathematik ebenso wie in der Logik damit zu rechnen ist, daß "intellektuelle Gemeinschaften", die aufgrund eines gemeinsamen mathematischen Arbeitsgebiets bestehen, aus viel weniger Mitgliedern bestehen können. Auf die Rangordnung, die sich aus der Größe der Gebiete ergibt, werden wir später noch einmal zurückkommen.

Der Vorlauf eines sich langsam entwickelnden Gebiets kann sich über viele Jahre, sogar über Jahrzehnte hinziehen. Einzelne wissenschaftliche Durchbrüche dürften den Hintergrund eines epidemischen Ausbruchs bilden, der solchen langsamen Entwicklungen folgen kann. Diese Ereignisse können vermutlich an einzelnen bedeutenden Arbeiten eines Teilgebiets festgemacht werden, die es in wichtigen Aspekten fortführen oder umgestalten. Dabei spielt in vielen Fällen sicher auch die Rezeption von Ideen anderer wissenschaftlicher Gebiete eine Rolle. Man kann vermuten, daß solche Ereignisse einem Teilgebiet zu einer Lotka-Struktur *des Gewichts der maßgeblichen Ideen* verhelfen - ein Zustand, den Goffman als "geordnet" bezeichnete. Die Rezeption von externen Erkenntnissen hingegen, d.h. von Erkenntnissen, die außerhalb eines Gebiets entstanden, könnte man mit dem Goffmanschen Begriff der Vollständigkeit bzw. Unvollständigkeit von Informationen in Zusammenhang bringen.

Das Auftauchen einzelner bahnbrechender Arbeiten dürfte sich kaum prognostizieren lassen, da, wie wir an Beispielen für die Berechnung des Entropie-Maßes sahen, extrem hohe Unsicherheit bei der Vorhersage des Übergangs einzelner Wissenschaftler zum nächsten "thematischen Zustand" herrscht[30].

Aufgrund der Unterschiedlichkeit der Kurvenverläufe muß man auch von großer Unterschiedlichkeit der "Infektionsrate" ausgehen: Die für logistisches Wachstum charakteristische S-Kurve tritt zwar auch bei Teilgebieten der Logik häufig auf. Die Variationen reichen jedoch vom Fehlen dauerhaften Wachstums bis zu einem Aufstieg, der den vorderen wie den hinteren Teil der "S"-Form abschneidet.

Bei den großen Teilgebieten zeigt sich klarer als bei den kleinen ein standardmäßiger S-Kurven-Verlauf.

Auffällig ist, daß kein einziges Teilgebiet, in absoluten Zahlen gesehen, überhaupt nicht am allgemeinen Wachstum der wissenschaftlichen Forschung partizipiert oder gar "abstirbt". Die bei jeder halbwegs aktuellen Bibliographie gegen Ende des Berichtszeitraums festzustellende Verschmälerung des Erfassungsumfangs läßt bei Interpretation von Rückgängen Vorsicht anraten (vgl. Nowakowska 1976). Um irreführenden Eindrücken vorzubeugen, wurde die Bibliographie zur Ermittlung der Beitragenden nur bis 1980 bei kleinen und bis 1985 bei den großen Gebieten ausgewertet, so daß jeweils ein 5jähriger Abstand zum Ende des Berichtszeitraums der Bibliographie entsteht.

Nur gelegentlich ist unbezweifelbar ein absoluter Rückgang zu konstatieren, meistens in den 70er Jahren dieses Jahrhunderts - beispielsweise bei den Fragmenten der klassischen Logik (B20), Hierarchien (D55), Ordinal- und Kardinalzahlen (E10), beim Auswahlaxiom (E25) und bei der axiomatischen klassischen Mengentheorie (E30).

Anders als die absolute Größe der aktiv Beitragenden reagieren die Anteile der Teilgebiete am Publikationsvolumen auf Bewegungen innerhalb der mathematischen Logik: die Neuentstehung eines Gebiets hat zur Folge, daß sich

30 I. H. Anellis (1989) zeigt an einzelnen Beispielen, daß die Entwicklung der Mathematik insoweit von Zufallskonstellationen abhängen kann.

die Anteile bereits vorhandener Gebiete auch ohne jede Änderung des absoluten Niveaus dieser Gebiete verringern. Wie sich zeigen wird, überwiegend nicht etwa, weil Forscher von alten Gebieten der Logik in das neue Gebiet abwandern, also Konkurrenz besteht, sondern weil sich die gesamte Logik erweitert. Ein Gebiet, das mit dieser ständigen Expansion nicht Schritt hält, muß unweigerlich an Anteilen einbüßen.

Ein paradigmatischer Verlauf wäre daher zunächst ein Anstieg der Anteile von Null auf einen Maximalwert. Anschließend folgt ein Rückgang - möglicherweise auf ein Mindestniveau, das den Nährboden für eine neuerliche Expansion darstellt. Genau dies scheint beispielsweise bei der Mengentheorie der Fall zu sein, die seit ihrem Höhenflug in der ersten Hälfte dieses Jahrhunderts kontinuierlich Anteile verlor, auch hier, ohne daß damit ein absoluter Rückgang der Beitragenden verbunden gewesen wäre. In den 70er und 80er Jahren jedoch kündigt sich eine Renaissance an, verursacht unter anderem durch die explosionsartige Ausbreitung der "fuzzy sets".

Einen "klassischen" Verlauf nimmt auch die klassische Satzlogik.

Gelegentlich nehmen die Kurven der Anteile kurzzeitig bizarre Formen mit starken Pendelausschlägen an. Dies beruht auf den jährlichen Fluktuationen des Publikationsvolumens. Um nur ein einziges Beispiel zu nennen: Auf dem Gebiet der rekursiven Funktionen schnellte die Zahl der Publikationen von 7 im Jahre 1954 auf 18 im Jahre 1955 hoch; 1962 erschienen 17 Publikationen, ein Jahr später 30.

Kriege können die Kontinuität der Entwicklung eines Gebiets nur wenig beeinträchtigen, wenn man die Entwicklung der Zahl einschlägiger Forscher betrachtet. Betrachtet man den Verlauf der Anteile in den Gebieten Entscheidbarkeit von Theorien und Eliminierung von Quantoren (B25/C10), mehrwertige Logik (B50), Unentscheidbarkeit (D35) und Metamathematik konstruktiver Systeme (F50), stellt man jedoch genau während der Zeit des zweiten Weltkriegs im Gegensatz zu den meisten anderen Gebieten einen deutlichen Rückgang fest. Mit anderen Worten: Obwohl sich die Zahl der Beitragenden kaum änderte, änderte sich die Publikationsintensität, mit der sich die Beitragenden dem betreffenden Gebiet zuwandten. Einen deutlichen Aufschwung wiederum in Kriegszeiten erlebte die kombinatorische Logik (B40) sowie, noch deutlicher, die nichtklassische Mengentheorie. Es drängt sich hier die Vermutung auf, daß die aktuelle Themenwahl oder die Publikationsmöglichkeiten der Logiker speziell auf diesen Gebieten von konkreten Zeitumständen beeinflußt wurden[31].

---

31 W. Stock hat die *Kant-Studien* von 1897 bis 1970 anhand dokumentarischer Deskriptoren einer Analyse unterzogen und deutliche Empfindlichkeit der philosophischen Autoren in bezug auf ihre Themenwahl festgestellt. So erreichte die Beschäftigung mit "Platon", "Gott" und "Nietz-

Der "Erfindung" eines Teilgebiets gehen gelegentlich vereinzelte Veröffentlichungen zu diesem Teilgebiet voraus; es gibt aber in der Regel einen Zeitpunkt, von dem an eigentliches Wachstum, wenn auch in unterschiedlichem Ausmaß, einsetzt.

Bibliographische Klassifikationen dienen nicht nur der Beschreibung objektiver Strukturen eines diszplinären Systems, sondern auch pragmatischen Zwecken. So erfüllt eine Klassifikation mit zu großen oder zu kleinen Unterklassen nicht den Zweck einer übersichtlichen Präsentation des bibliographischen Materials. Klassifikationen sind darüber hinaus über-eindeutig, wenngleich - trotz eines gelegentlich weiten Ermessensspielraums - objektiv: Dasselbe Material kann auf verschiedene Weise klassifiziert werden. A. Church benützt eine andere Einteilung als die Autoren der Ω-Bibliographie. Obwohl beide Klassifikationssysteme objektiv nachweisbaren Strukturen des Fachgebiets mathematische Logik entsprechen, lassen sie sich nur unter großen Schwierigkeiten ineinander überführen.

Dieser pragmatische Hintergrund von Klassifikationen hat zur Folge, daß Entstehung, Wachstum und gelegentlich Verfall eines Gebiets nur *retrospektiv* zuverlässig als Ganzes festgestellt werden können - unter der Voraussetzung, daß dieses Gebiet ein Minimum an quantitativ erheblicher Rezeption fand.

Gebiete, auf die dies nicht zutrifft, finden in bibliographischen Nachschlagewerken und ähnlichen Kompendien in der Regel keine Beachtung oder werden anderen Gebieten zugeordnet (vielleicht tauchen sie auch deshalb kaum in Darstellungen der Wissenschaftsgeschichte auf). Die Einführung einer Sachgruppe innerhalb einer Klassifikation ohne entsprechendem Bekanntheitsgrad des Arbeitsgebiets und - aus der Sicht der Forscher des Gesamtgebiets - ohne Verankerung im zeitgenössischen disziplinären Gefüge würde auf Unverständnis stoßen. Dies ist auch der Grund dafür, daß in den zahlreichen Fällen, in denen Aktivität auf einem Gebiet aufflackerte, um dann wieder zu versiegen, *stets* ein endgültiger Aufschwung folgt: Aktivitäten, die sich nicht durchsetzen konnten, sind bibliographisch uninteressant, abgesehen von der Schwierigkeit, sie überhaupt zu identifizieren.

Es wird sich herausstellen, daß die "bibliographisch-klassifikatorische Unsichtbarkeit"[32] zeitgenössischer wissenschaftlicher Aktivitäten mit einer

---

sche" während des Zweiten Weltkrieges besondere Intensität, während das Thema "Krieg" keine Rolle spielte (Stock 1980: 40ff.). Diese "Deskriptoren-Epidemiologie" bietet sich für feinere thematische Verlaufsanalysen insbesondere in klassifikatorisch weniger durchstrukturierten Disziplinen an, unterscheidet sich aber von Analysen, die auf der Einteilung einer Disziplin in Spezialgebiete beruhen.

32 Diese Unsichtbarkeit gilt selbstverständlich nicht für Formalbibliographien, mit denen keine fachbezogene Sammlung bibliographischen Materials bezweckt ist.

anderen Art von Unsichtbarkeit korrespondiert, die man *bibliometrische* Unsichtbarkeit nennen könnte.

6. Mobilität

Während Dutzende bis Hunderte von Untersuchungen zur beruflichen und geographischen Mobilität von Forschern existieren, konnte man man im Jahre 1979 Analysen zur wissenschaftlichen Mobilität an zwei Händen abzählen (Vlachy 1979, LePair 1980). Daran hat sich bis jetzt nicht viel geändert[33].

Es erschien daher wünschenswert, auch die Ω-Bibliographie einer umfassenden Mobilitäts-Analyse zu unterziehen, um die Tendenzen, die sich an der Church-Bibliographie zeigten, deutlicher und - dank des wesentlich größeren Datenmaterials - verläßlicher aufzuzeigen.

Wissenschaftliche Mobilität spielt in einer Vielzahl von Fragestellungen der Wissenschaftsforschung eine Rolle. Einer weit verbreiteten Vorstellung entspricht beispielsweise die Behauptung, daß sich enttäuschte Wissenschaftler von einem alten, im Niedergang befindlichen Gebiet abwenden und neuen, aufstrebenden Gebieten zuwenden.

Das Ausmaß des Wechsels von Forschungsgebieten weist aber noch auf einen ganz anderen Sachverhalt hin, nämlich etwas, was man *personalen Informationstransfer* nennen könnte (LePair 1980). Man kann nämlich davon ausgehen, daß ein Wissenschaftler bestrebt sein wird, möglichst viele seiner Kenntnisse auf dem alten Forschungsgebiet im neuen einzubringen. Natürlich könnte er auch dazu neigen, bei einem Wechsel Forschungsgebiete zu bevorzugen, die besonders viel Affinität zum bisherigen Gebiet aufweisen.

Personaler Informationstransfer ist ein klassischer Weg der Nutzbarmachung von wissenschaftlichen Erkenntnissen. D. Price (1984) mißt diesem Weg der Fruchtbarmachung wissenschaftlicher Expertise und Schulung sogar ein viel größeres Gewicht bei als der unmittelbaren technologischen Nutzung wissenschaftlicher Erkenntnisse. Befaßt man sich mit dem Verhältnis von Grundlagenforschung und sogenannter angewandter Forschung, ist eine genauere Klärung dieses Sachverhalts unumgänglich.

Wir befassen uns im folgenden mit der Mobilität der Autoren der mathematischen Logik, wie sie die Ergebnisse einer umfassenden statistischen Aus-

---

33 Eine Ausnahme bildet die umfangreichere empirische Studie von D. Urban (1982).

wertung des Verhaltens dieser Autoren beschreiben[34]. Wenn man Beziehungen zwischen Mathematik und anderen Disziplinen einer makrodisziplinären und Beziehungen zwischen Logik und Mathematik einer mesodisziplinären Ebene zurechnet, ist die folgende Mobilitätsanalyse einer mikrodisziplinären Ebene zuzuordnen, weil sie sich mit den wechselseitigen Beziehungen der Teilgebiete einer Spezialdisziplin befaßt.

Wegen der übergroßen Datenfülle mußte eine Auswahl der zu betrachtenden Gebiete getroffen werden.

Die etwa 35 600 Beiträge jener 64 Gebiete, die für die mathematische Logik als zentral erachtet wurden, umfassen 61 Prozent aller Beiträge zur mathematischen Logik. Im Durchschnitt beschäftigten sich mit einem dieser 64 Gebiete 141 Forscher.

Bei der Erstellung der Übergangsmatrix wurden bis zu 8 Klassifikationscodes pro Beitrag berücksichtigt. Da nur 11 Publikationen der ganzen Ω-Bibliographie mehr als 8 Klassifikationscodes aufwiesen, wurden damit so gut wie alle klassifikatorischen Zuordnungen einbezogen.

Innerhalb der 64 Gebiete wird das Übergangsverhalten aller Autoren von 1874 bis etwa 1985 damit vollständig erfaßt.

Eine Übergangsrelation beispielsweise zwischen klassischer Satzlogik (B05) und kombinatorischer Mengentheorie (E05) besteht, wenn ein Autor im Jahr t einen Beitrag verfaßt hat, der mit dem Klassifikationscode "B05" versehen wurde, und im Jahr $t_n > t$ einen Beitrag, der mit dem Klassifikationscode "E05" versehen wurde. Dabei ist es gleichgültig, wie viele Klassifikationscodes die beiden Beiträge insgesamt erhielten. Von den weit über eine halbe Million tatsächlichen Übergängen, die auf diese Weise festgestellt wurden, ist jedoch nur etwa ein Sechstel ein für die Anwendung der Theorie finiter Markov-Ketten geeigneter *unmittelbarer* Übergang, das heißt ein Übergang von einem Beitrag zum nächsten ohne irgendeinen dazwischenliegenden Beitrag. Die dabei gemachte Voraussetzung ist, daß ein Zustand vom unmittelbar vorangehenden Zustand abhängt, nicht jedoch von früheren Zuständen. Außer Betracht bleiben ferner jegliche nicht-logischen wissenschaftlichen Aktivitäten der betrachteten Autoren.

Als minimaler zeitlicher Abstand wurde von uns ein Jahr gewählt; eine Begrenzung nach oben wurde wie bei der Auswertung der Church-Bibliographie nicht vorgegeben.

---

34 Anregungen für eine ähnliche Analyse nicht auf der Ebene des Verhaltens einzelner Autoren, sondern auf der aggregierten Ebene des Verhaltens von wissenschaftlichen Gebieten gibt S. M. Kot (1987).

Die insgesamt etwa 9000 Autoren der betrachteten 64 Gebiete weisen 105 286 "echte" Übergänge auf[35]. Ein Autor mit mehreren Beiträgen, die alle im selben Jahr erschienen, produziert definitionsgemäß keine Übergänge. Jeder Beitrag ist im Durchschnitt von 3,48 Übergängen betroffen.

Diese Zahl wurde folgendermaßen ermittelt. Von den 14 813 Autoren der mathematischen Logik bis 1990 sind 8307 nur ein einziges Jahr aktiv. (Diese Zahl ist naturgemäß geringfügig größer als die Zahl der Autoren mit nur einem Beitrag.) Von den restlichen 6506 Autoren stammen 49 563 der insgesamt 58 330 Beiträge. Deren Durchschnittsproduktivität beträgt somit 7,62. Der Anteil der 1-Jahres-Autoren am Gesamtvolumen, 15,03 Prozent, wurde als gültig auch für die Publikationen der 64 Gebiete betrachtet. 30 280 Beiträge von 35 636 sind demnach überhaupt von Übergängen betroffen. Auf einen Beitrag entfallen daher 105 286 : 30 280 = 3,48 Übergänge.

Die Produktivitätsberechnung als Grundlage der Einschätzung der Wiederkehrwahrscheinlichkeiten beruht wie bei der entsprechenden Berechnung zur Church-Bibliographie auf der Produktivität all jener Autoren, die länger als ein Jahr aktiv sind. Das sind insgesamt 6506 Autoren, die insgesamt 49 563 mal publizieren. Jeder dieser Autoren kommt somit auf 7,62 Beiträge. Es kann ohne weiteres angenommen werden, daß diese Zahl auch auf die Autoren der ausgewählten 64 bzw. 60 Gebiete zutrifft, die in mehr als einem Jahr publizierten.

Für die Erstellung einer normierten Übergangsmatrix wurde die Zahl der behandelten Gebiete noch einmal um vier kleinere Gebiete reduziert.

Zunächst betrachten wir jedoch einige Eigenschaften der unnormierten Matrix mit insgesamt 4096 Feldern.

Die Summe aller Übergänge in den 64 Zeilen der Matrix muß genau der Summe aller Übergänge in den 64 Spalten entsprechen, da jeder Abwanderung von einem Gebiet genau eine Zuwanderung zu demselben oder einem anderen Gebiet entspricht. Dies kann als Test der richtigen Eintragung aller Werte dienen. In der Tat betragen Abwanderungs- wie die Zuwanderungshäufigkeit gleichermaßen 105 286.

Durch den Vergleich der gesamten Zuwanderung, den ein Gebiet durch den Zulauf von Forschern aus den anderen betrachteten Gebieten der mathematischen Logik erfährt, mit dem gesamten Verlust durch Abwanderung lassen sich die "Gewinner" und die "Verlierer" unter den 64 Gebieten ausfindig machen (vgl. Nowakowska 1984: 20f.). Die folgende Abbildung zeigt die 64 Gebiete in der Reihenfolge vom größten "Gewinner" bis zum größten "Verlierer" unter den Teilgebieten der Logik.

---

35 Diese Zahl übersteigt wegen multipler Übergänge bei Beiträgen mit mehr als einem Klassifikationscode bei weitem die Zahl der Beiträge.

"Gewinn" bedeutet hier, daß sich mehr (bereits aktive) Wissenschaftler einem Arbeitsgebiet zuwandten, als sich aus diesem Gebiet entfernten. "Verlust" bedeutet, daß mehr (bereits aktive) Wissenschaftler ein "Verlust"-Gebiet verlassen haben als sich ihm zuwandten. Es sei hier noch einmal daran erinnert, daß sich die Betrachtung ausschließlich auf Austauschvorgänge innerhalb des Systems der mathematischen Logik bezieht.

Man sieht, daß der durchschnittliche "Saldo" der Gebiete, gemessen in Publikationen (d.h. Beiträgen), im großen und ganzen weder im positiven noch im negativen Bereich besonders hoch ist; dabei muß man sich vor Augen halten, daß ein Gebiet im Durchschnitt aus etwa 700 Publikationen besteht und der Saldo den *gesamten* Zeitraum des Bestehens eines Gebietes umfaßt.

In Abb. 33 wurde der Sachverhalt in Publikations-Zahlen ausgedrückt[36]. Ein kleines Gebiet kann jedoch schon durch geringfügige Abwanderung beeinträchtigt werden, die für ein großes Gebiet unerheblich ist. In Abb. 34 stellen

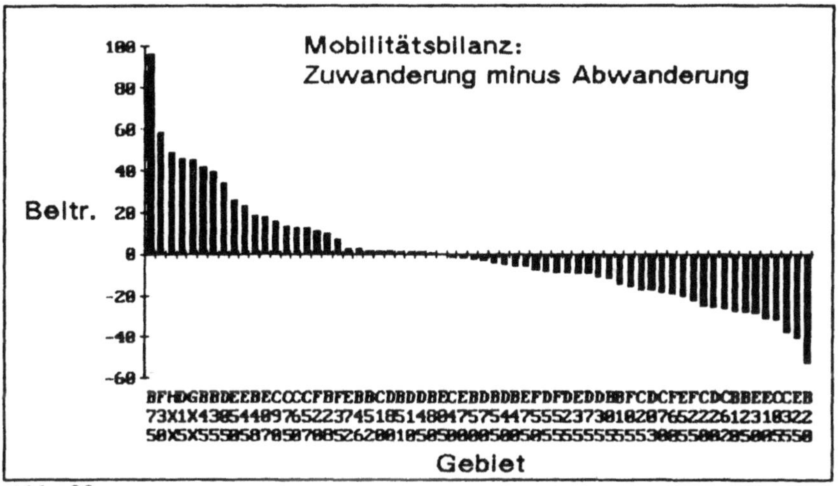

Abb. 33

wir deshalb Wanderungsgewinn und -verlust bezogen auf die Größe des betreffenden Gebiets dar. Als Maßstab der Größe gilt hier die Summe aller einschlägigen Publikationen des Gebiets.

Hier beträgt der maximale "Zugewinn" eines Gebiets etwa 10 Prozent seines Gesamtbestands an Beiträgen; etwa ebenso groß ist der maximale Verlust,

36 Dazu mußte die Zahl der Übergänge durch die durchschnittliche Zahl der Übergänge pro Beitrag dividiert werden.

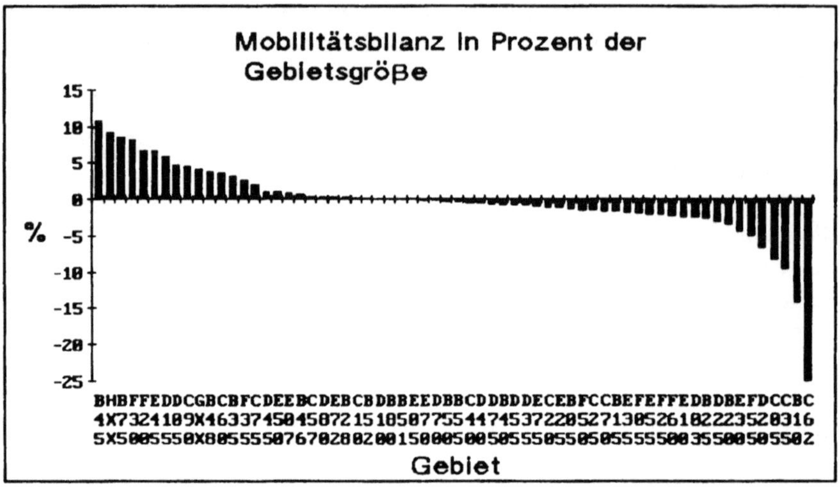

Abb. 34

wenn man von zwei Ausnahmen (B10 und C62) absieht. Häufiger jedoch sind weitaus geringere Werte.

Die Vermutung, die schon bei der Analyse der Mobilität anhand der Church-Bibliographie entstand, hat sich damit bestätigt: Epidemische Aufschwünge eines Gebiets beruhen zu ihrem weit überwiegenden Teil nicht auf Zuwanderung aus anderen Teilgebieten, sondern auf der Zufuhr von wissenschaftlichen "Novizen".

Die nun zu betrachtende normierte Matrix mit 60 Gebieten findet sich vollständig im Anhang III.

Ihr Fixvektor der Matrix gibt an, wohin sich das System langfristig aufgrund seiner internen Dynamik bewegen würde, wenn es sich selbst überlassen, das heißt abgeschlossen wäre. Das am Gesamtbestand eines Gebiets gemessene eher geringe Ausmaß von Forschern, die aus anderen Gebieten der Logik kommen, und die Wichtigkeit externer Zufuhr schränkt den prognostischen Wert des Fixvektors ein. Da darüber hinaus auch keine konkrete zeitliche Voraussage über das Eintreffen eines Gleichgewichtszustands gemacht werden kann, handelt es sich um eine quasi-theoretische Betrachtung. Bereits nach 15 Iterationen ist die Abweichung nach der Zweiernorm[37] kleiner als 0,0001 und man erhält folgenden Vektor:

37 Das heißt, die Summe der Quadrate der Differenz zweier Iterationen ist kleiner als 0,0001.

Klassische Satzlogik (B05): 1
Elementare Logik (B10): 0,9
Nichtelementare Logik mit Typentheorie (B15): 1
Fragmente der klassischen Logik (B20): 1,1
Entscheidbarkeit von Theorien und Satzmengen (B25): 2,4
Klassische Grundlagen der Zahlensysteme (B28): 0,5
Mechanisierung von Beweisen (B35): 1,2
Kombinatorische Logik und Lambdakalkül (B40): 0,8
Modallogik, Zeitlogik (B45): 2,6
Wahrscheinlichkeit und induktive Logik (B48): 0,5
Mehrwertige Logik (B50): 1,6
Quantenlogik (B51): 0,3
"Fuzzy" logic (B52): 0,5
Intermediäre Logik (B55): 0,5
Algorithmische und dynamische Logik (B75): 3
Universelle Algebra (C05): 0,1
Eliminierung von Quantoren (C10): 0,7
Ultraprodukte (C20): 1,3
Modelltheoretisches "Forcing" (C25): 1
Kategorizität und Vollständigkeit (C35): 1,4
Interpolation und Definierbarkeit (C40): 1,5
Rekursionstheoretische Modelltheorie (C57): 1
Modelltheoretische Algebra (C60): 3,8
Modelle der Arithmetik (C62): 2,2
Infinite formale Sprachen (C70): 0,4
Sonstige infinite Logik (C75): 1,9
Nichtklassische Modelle (C90): 1,5
Rewriting systems (D03): 0,5
Automaten und formale Grammatiken (D05): 2,7
Turing-Maschinen (D10): 1,6
Komplexität von Berechnungen (D15): 2,8
Rekursive Funktionen (D20): 2,5
Rekursiv abzählbare Mengen (D25): 1,7
Unentscheidbarkeit (D35): 2,1
Wortprobleme (D40): 0,9
Effektivität (D45): 1,2
Hierarchien (D55): 2,1
Axiomatische Rekursionstheorie (D75): 0,4
Widerspruchsfreiheit und Unabhängigkeit (D80): 0,6
Kombinatorische Mengentheorie (E05): 3,9
Relationen und Ordnungen (E07): 2,1
Ordinal- und Kardinalzahlen ((E10): 1,5

Auswahlaxiom (E25): 1,9
Axiomatische klassische Mengentheorie (E30): 1,7
Widerspruchsfreiheit und Unabhängigkeit (E35): 4,1
Konstruktivität (E45): 2,4
Kontinuumshypothese (E50): 3,7
Große Kardinalzahlen (E55): 2,8
Nichtklassische Mengentheorie (E70): 2
"Fuzzy" Mengen (E72): 0,9
Anwendungen der Mengentheorie (E75): 4,5
Schnitteliminierung und Normalform (F05): 0,7
Relative Widerspruchsfreiheit (F25): 0,2
Arithmetik der ersten Stufe (F30): 0,6
Arithmetik höherer Stufen (F35): 2,4
Metamathematik konstruktiver Systeme (F50): 2,6
Konstruktive und intuitionistische Mathematik (F55): 0,4
Konstruktive Rekursionsanalysis (F60): 0,6
Algebraische Logik (GXX): 5,1
Nichtstandard-Modelle (HXX): 2

Maria Nowakowska hat den Abstand zwischen Gleichgewichtsvektor und Anfangsvektor - also der Verteilung der Gebiete des jeweils ersten Beitrags aller Autoren - als "vibrancy" bezeichnet (Nowakowska 1984: 32f.). Gebiete mit großer "vibrancy" sind Gebiete mit großer Wanderungsdynamik; sie be-

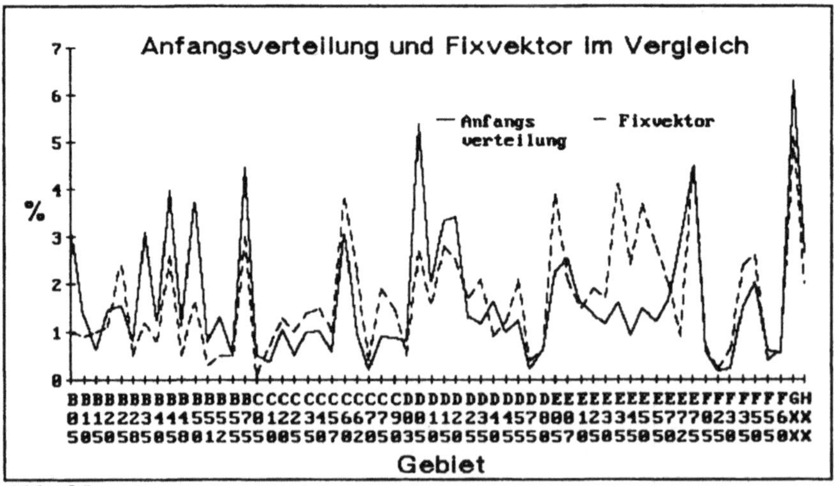

Abb. 35

finden sich in Gegensatz zu Gebieten, deren Autoren ein stabileres Verhalten an den Tag legen, das weniger stark von Arbeitsgebietswechseln geprägt ist.

In Abb. 35 werden Anfangsverteilung und Fixvektor verglichen, während die Gebiete in Abb. 36 in der Stärke ihrer Abweichung vom Fixvektor angeordnet sind. Positive Abweichung bedeutet, daß ein Gebiet langfristig - unter den oben genannten Bedingungen - Zuwachs zu erwarten hätte, ein negativer Wert das Gegenteil.

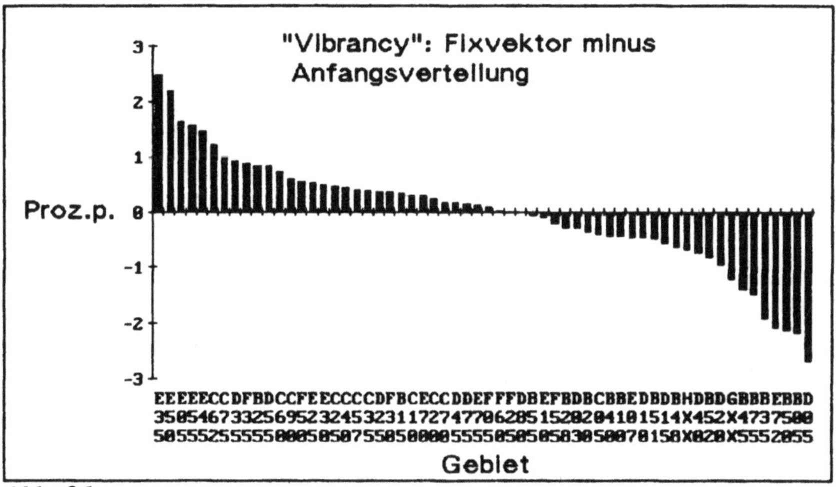

Abb. 36

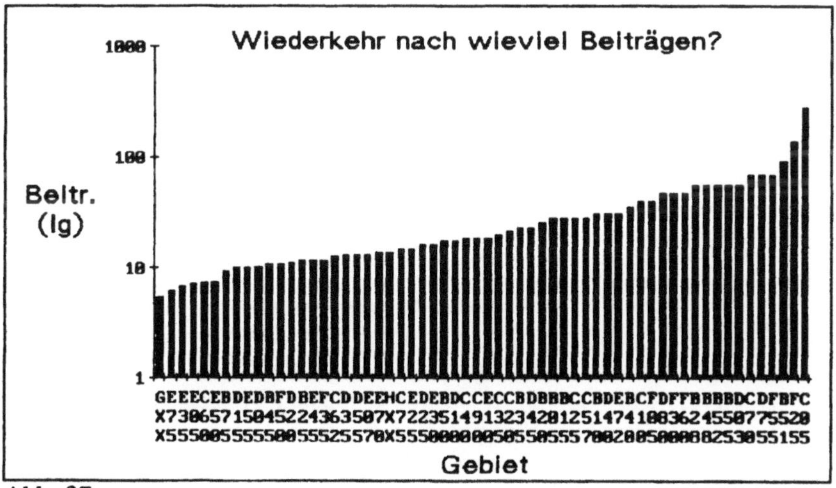

Abb. 37

Die absoluten Beträge der Abweichungen ergeben die Summe von 46,7 Prozentpunkten. Was sich schon bei der Church-Bibliographie abzeichnete, bestätigt sich hier: Die Markov-Kette ist *nicht stationär*. Das heißt, wäre das System der mathematischen Logik sich selbst überlassen, würde es aufgrund der Mobilität seiner Autoren langfristig eine andere Zusammensetzung aufweisen als zu Beginn.

Läßt man, einem Vorschlag von Maria Nowakowska folgend, die Dynamik außer acht, die Übergänge auf *dasselbe* Arbeitsgebiet erzeugen, mit anderen Worten, setzt man die Diagonale der Matrix auf Null, vergrößert sich die Abweichung der Anfangsverteilung vom Fixvektor auf mehr als 50 Prozentpunkte. Nowakowskas Vorschlag ist jedoch insofern unplausibel, als auch die Beibehaltung des Arbeitsgebiets eine wesentliche Komponente einer wissenschaftlichen Disziplin darstellt.

Wie erinnerlich, ist Wiederkehrwahrscheinlichkeit hier als Zahl der Übergänge definiert, die das System durchlaufen muß, um in den Ausgangszustand zurückzukehren. Auf dem Gebiet der Algebraischen Logik beispielsweise beträgt diese Zahl 19,6. Um zu wissen, nach wieviel Beiträgen ein Forscher in das verlassene Gebiet zurückkehrt, muß diese Zahl jedoch noch durch die durchschnittliche Übergangszahl pro Beitrag dividiert werden, also durch 3,48, was 5,6 ergibt. Unter Zugrundelegung der oben berechneten Durchschnittsproduktivität von 7,62 bedeutet dies: Da ein Autor, der das Gebiet der Algebraischen Logik verlassen hat, nur 5,6 mal publiziert, bevor er zu seinem alten Gebiet zurückkehrt, ist seine Rückkehr in diesem Fall zu erwarten. Dies trifft auch auf die Gebiete Mengentheorie-Anwendungen, Widerspruchsfreiheit, kombinatorische Mengentheorie, modelltheoretische Algebra und Kontinuumshypothese zu. Die Wiederkehrwahrscheinlichkeit weist jedoch in allen anderen Fällen zum Teil weit höhere Werte auf; die "Bindungsfähigkeit" eines Gebiets, also diejenigen seiner Eigenschaften, welche Autoren zu einer Rückkehr veranlassen, scheinen annähernd lognormal verteilt zu sein. (Siehe Abb. 37.)

Will man eine Aussage über die Gesamtheit der Autoren machen, ist die durchschnittliche Produktivität *aller* Autoren zugrunde zu legen, also nicht nur derjenigen, die mindestens einen Übergang vollziehen. Dann ist auf keinem einzigen der 60 Gebiete mit der Rückkehr eines Autors zu rechnen.

Die Ergebnisse Goffmans und der Auswertung der Church-Bibliographie bestätigen sich somit im großen und ganzen: Ein Autor, der sein Gebiet einmal verlassen hat, kehrt in aller Regel nicht mehr zurück.

Würden die Abweichungen des tatsächlichen Anteils aller Gebiete am Publikationsvolumen vom Fixvektor gering sein, könnte man die Regel aufstellen, daß Rückkehr dort zu erwarten ist, wo die Division von 100 durch die Autorenproduktivität den prozentualen Anteil eines Gebiets nicht übersteigt. Im Fall der 60 Gebiete der Matrix jedoch beträgt die Summe der absoluten Beträge der Abweichung des Fixvektors vom tatsächlichen Anteil fast 50 Prozentpunkte. Dieser letzte Sachverhalt weist zugleich darauf hin, daß die thematischen Präferenzen bereits tätiger Autoren langfristig von denen der neu hinzukommenden Autoren abweichen.

Wählt man eine gröbere Einteilung der mathematischen Logik, wird eine größere Wiederkehrwahrscheinlichkeit die Folge sein, wie sich bereits anhand der Church-Bibliographie erwies. Dies ist auch plausibel: Denn mag ein Autor auch nicht beispielsweise zu einem Spezialgebiet der Mengentheorie zurückkehren, so ist es doch einleuchtend, daß er eher zu irgendeinem anderen Spezialgebiet der Mengentheorie wechseln wird als zu einem inhaltlich entfernterem Gebiet - vorausgesetzt, er bleibt überhaupt in der mathematischen Logik tätig.

Wir ermittelten daher die Übergangswahrscheinlichkeiten für sieben große Gebiete, welche die mathematische Logik annähernd vollständig zu klassifizieren vermögen. Von der Sachgruppe "Allgemeines" abgesehen, wurde eine Publikation von den Autoren der Ω-Bibliographie zumindest einer der folgenden Sachgruppen zugeordnet:

1 klassische/nicht-klassische Logik (BXX)
2 Modelltheorie (CXX)
3 Rekursionstheorie (DXX)
4 Mengentheorie (EXX)
5 Beweistheorie (FXX)
6 Algebraische Logik (GXX)
7 Nichtstandard-Modelle (HXX).

Für diese Gruppen berechneten wir die Übergangswahrscheinlichkeiten (siehe nachstehende Tabelle). Nach 9 Iterationen (auch hier mit dem Abbruchkrite-

	1	2	3	4	5	6	7
1	0.53	0.11	0.12	0.09	0.08	0.05	0.01
2	0.16	0.39	0.12	0.17	0.06	0.07	0.03
3	0.19	0.13	0.47	0.11	0.08	0.02	0.01
4	0.12	0.15	0.09	0.50	0.06	0.05	0.02
5	0.24	0.11	0.14	0.12	0.33	0.05	0.02
6	0.22	0.21	0.08	0.19	0.08	0.21	0.01
7	0.13	0.23	0.07	0.15	0.07	0.03	0.30

rium nach quadratischer Norm 0,0001) ergab sich der Fixvektor:

0,267; 0,180; 0,173; 0,203; 0,098; 0,058; 0,021

Pro Beitrag bestehen 1,95 Übergangsrelationen[38].

Eine Rückkehr in das verlassene Gebiet ist somit nach folgender Publikationsaktivität zu erwarten:

1,9; 2,8; 3,0; 2,5; 5,2; 8,8; 24,4

Demnach ist nach Verlassen einer der grob klassifizierten, *großen* Bereiche der mathematischen Logik die Rückkehr in irgendeinen Bezirk des alten Gebiets sehr wahrscheinlich - abgesehen von Algebraischer Logik und Nichtstandard-Modellen.

Deren Werte weichen vom Ergebnis der großen Matrix ab. Neben Rundungsfehlern spielt dabei auch die Art des Bezugs eine Rolle: Den Rückkehrwahrscheinlichkeiten der Algebraischen Logik sowie der Nichtstandard-Modelle in der 60x60-Matrix liegt das Verhalten innerhalb einer umfangreichen Auswahl zahlreicher kleinerer Gebiete zugrunde. Die Rückkehrwahrscheinlichkeiten der 7x7-Matrix umfassen das gesamte Übergangsverhalten aller Autoren der mathematischen Logik in einer groben Einteilung. Zwar sind Algebraische Logik und Nichtstandard-Modelle in beiden Matrizen vollständig berücksichtigt; in der großen Matrix kommen jedoch zahlreiche Untergebiete der ersten fünf Sachgruppen hinzu, welche die Rückkehr auf das eigene Gebiet wahrscheinlicher und auf die beiden unveränderten Gebiete unwahrscheinlicher machen.

Die normierte Matrix der 60 Gebiete läßt noch eine weitere Analyse zu, nämlich den Vergleich des Anteils an Übergängen in das eigene mit Übergängen in irgendein anderes Gebiet der mathematischen Logik. Dieser Anteil reicht etwa von 0,5 bis 0,9; der Anteil an der "Selbstbezüglichkeit", d.h. der Beibehaltung des Gebiets, das ein Autor bearbeitet, reicht demzufolge von 0,51 bis 0,1. Von einem Gebiet, dessen Autoren in starkem Maße in andere Gebiete wechseln, kann man annehmen, daß es für diese aufgesuchten Gebiete informationelle Voraussetzungen bereitstellt.

Wenn man bedenkt, daß als Erfolgskriterium mathematischer Forschungsprogramme die *unvorhergesehene Anwendung auf neuen Feldern* vorgeschlagen wurde (Hallet 1979), könnte man die Gebiete mit hohem Abwanderungsanteil möglicherweise als besonders fruchtbare Gebiete charakterisieren. Eine Alternative wäre es, Beiträge in solchen Gebieten als "Vorübungen" für die Betätigung in anderen Gebieten zu deuten.

Gebiete, deren Übergänge zu mehr als 90 Prozent in andere Gebiete der mathematischen Logik erfolgen, sind: Eliminierung von Quantoren; infinite formale Sprachen; Arithmetik der ersten Stufe; nichtelementare Logik. Mit wenig Abstand folgen elementare Logik, Interpolation/Definierbarkeit, Kon-

---

38 96 868 Übergänge dividiert durch die Zahl der von Übergängen betroffenen Beiträge.

Abb. 38

struktivität (siehe Abb. 38).

Die Gebiete mit der höchsten "Selbstbezüglichkeit", also dem geringsten Anteil von Abwanderung sind: Fuzzy Mengen, konstruktive/intuitionistische Mathematik, Quantenlogik, Modallogik, kombinatorische Logik/Lambdakalkül, Nichtstandard-Modelle.

Wir haben bis jetzt stets das Gesamtbild der Wanderungen in der mathematischen Logik betrachtet und zeitliche Verlaufsformen der einzelne Gebiete betreffenden Wanderungen außer acht gelassen. Wir erwähnten schon die wissenschaftstheoretische Standardvorstellung, daß in der Anfangsphase eines neuen, vielversprechenden Forschungsgebiets besonders viele Wissenschaftler aus anderen Gebieten angezogen werden, während in einer "reiferen" oder vielleicht schon "degenerativen" Phase besonders viele Wissenschaftler "das Weite suchen".

Dieses Thema wird im folgenden Abschnitt behandelt, wobei der große Rechenaufwand allerdings die Zahl der Beispiele einschränkt.

7. Mobilität im Zeitablauf

Wir zeigen in folgender Tabelle obige Übergangsmatrix für die sieben großen Gebiete der Logik in absoluten Zahlen. Dabei zeigt sich der beträchtliche Umfang von Übergängen zwischen den großen Gebieten. Nichtsdestoweniger ist der Saldo der Wanderungen, also die Differenz zwischen Zu- und Abgän-

	1	2	3	4	5	6	7
1	13396	2702	3067	2388	2116	1282	274
2	2870	6992	2145	3068	1145	1210	456
3	3130	2081	7787	1789	1281	405	140
4	2436	3086	1817	10048	1228	1060	342
5	2216	1074	1273	1116	3086	429	152
6	1297	1209	451	1125	476	1218	80
7	254	447	141	297	138	61	587

gen, sehr ausgeglichen. Er beträgt:

B: 374; C: -295; D: 68; E: -186; F: 124; G: -191; H: 106

Dies sind nur kleine Bruchteile der Wanderungen, die überhaupt stattfinden. Will man diese Zahlen, die sich auf Klassifikationscodes beziehen, in Beiträge umrechnen, muß man sie noch einmal halbieren. Man ersieht daraus, wie wenig die großen Gebiete in ihrer zahlenmäßigen Substanz von Wanderungen angegriffen werden, obwohl Tausende von Übergängen stattfinden. Dies entspricht dem Bild, das auch die kleinen Gebiete vermittelten. Wie zu erwarten war, ist die Bilanz der großen Gebiete noch wesentlich ausgeglichener, als dies bei den kleinen der Fall ist.

Um zu prüfen, ob sich an diesem Bild bei Berücksichtigung des zeitlichen Verlaufs etwas ändert, müssen der gesamte Zugang von anderen Gebieten und die gesamte Abwanderung in andere Gebiete Jahr für Jahr ermittelt werden.

Dies geschah auf etwas andere Weise als bei der Erstellung der Übergangsmatrizen. Gezählt wurde nämlich nur ein Übergang vom Vorjahr ins nächste Jahr, während bei den bisherigen Übergangsmatrizen alle Übergänge zur *nächsten* Veröffentlichung unabhängig vom zeitlichen Abstand berücksichtigt wurden. Diesmal wurden auch nicht Übergänge zwischen Klassifikationscodes gezählt, sondern die Zahl der Autoren, die Übergänge vornahmen.

Die Abbildungen 39 bis 41 zeigen die so ermittelten Zu- und Abwanderungsbewegungen für die Gebiete Modelltheorie, Mengentheorie und Beweistheorie. Ganz offensichtlich ist die Wanderungsbilanz auch im Zeitablauf äußerst ausgeglichen. Die Dynamik von Zu- und Abwanderung hält Balance bis in kleine Ausschläge des Kurvenverlaufs hinein.

Wir wollen dieses Ergebnis nun anhand kleinerer Gebiete prüfen, deren Wanderungsbilanz ganz besonders auffiel. Es handelt sich hier um die algorithmische Logik, die von allen 64 wichtigen kleineren Gebieten der Logik bis 1985 den größten Wanderungsgewinn verbuchte. Genau das Gegenteil trifft auf das Thema "Auswahlaxiom" zu, das - abzüglich der Gewinne - von mehr Wissenschaftler verlassen wurde als jedes andere Gebiet.

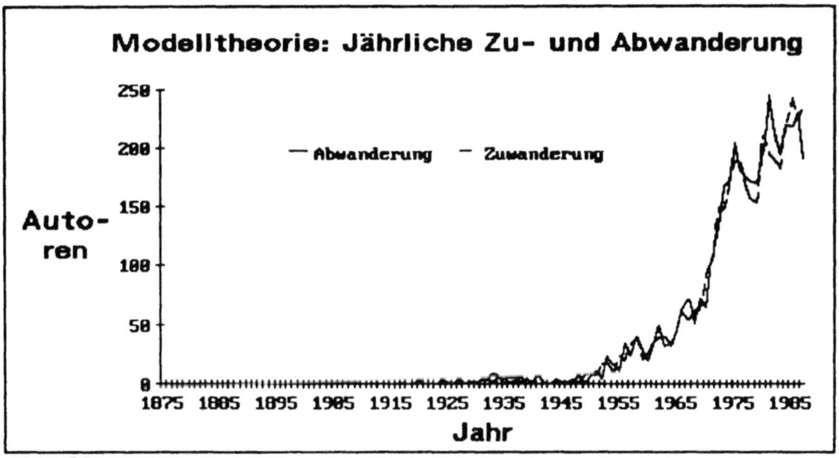

Abb. 39

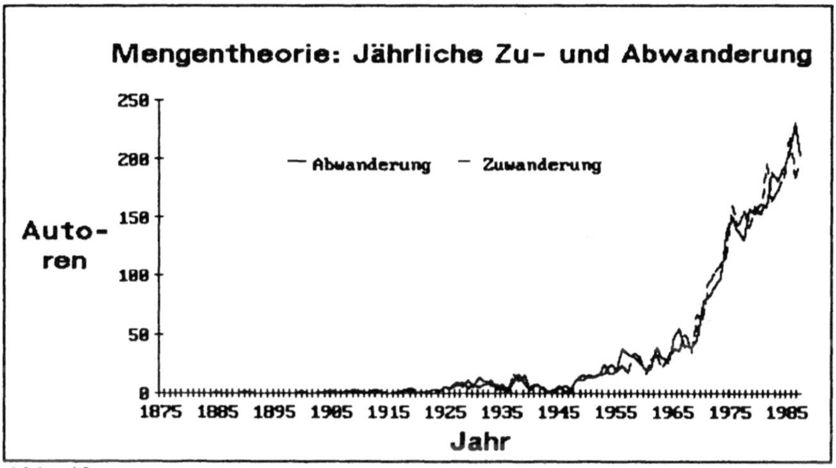

Abb. 40

Die kombinatorische Mengentheorie hingegen weist eine fast vollkommen ausgeglichene Wanderungsbilanz auf.

Diesmal werden die Übergänge im Sinne der Markov-Ketten-Annahme berechnet: Als Wechsel von irgendeinem Gebiet beispielsweise zur algorithmischen Logik im Jahre 1950 gilt, wenn ein Autor im Jahre 1950 auf diesem Gebiet und in seiner letzten Publikation davor (jedoch in beliebig großem zeitlichen Abstand) auf irgendeinem anderen Gebiet tätig war. Als Abwanderung gilt, wenn der Wechsel von der algorithmischen Logik zu irgendeinem anderen Gebiet stattfindet.

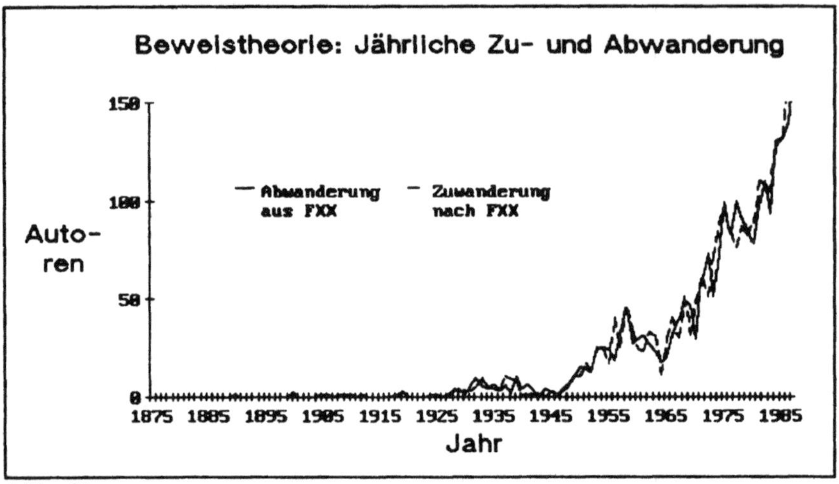

Abb. 41

Die Zahl der Übergänge stimmt hier jedoch trotzdem nicht ganz mit den Werten der 60x60-Matrix überein, weil hier Zuwanderungen aus *beliebigen* Gebieten der Logik in das in Frage stehende Gebiet, ebenso Abwanderungen *in* beliebige Gebiete der Logik berücksichtigt wurden, also nicht nur eine Auswahl[39].

Abbildung 44 (kombinatorische Mengentheorie) zeigt, daß Zu- und Abwanderungen nur leicht gegeneinander verschoben sind; die Kurven zeigen sehr ähnliches Verhalten. Bei der 60x60-Matrix betrug die Zahl der Zuwanderungen 3787, die Zahl der Abwanderungen 3794. Hier ist die Ausgeglichenheit ähnlich groß: 1858 Autoren kamen aus irgendwelchen Gebieten der Logik zur kombinatorischen Mengentheorie, 1860 Autoren wechselten in beliebige logische Gebiete[40].

Auch beim Auswahlaxiom (Abb. 42) stellen wir eine sehr weitgehende Übereinstimmung der Kurven fest, wobei erwartungsgemäß die Abwanderung zu überwiegen scheint (Matrix-Bilanz von Zu- und Abwanderung: 1885 zu 2023; hier: 1027 zu 1120).

Leichtes Übergewicht der Zuwanderung ist erwartungsgemäß Abbildung 43 (algorithmische Logik) zu entnehmen (Matrix-Bilanz von Zu- und Abwande-

---

39 Trotzdem erhält man wesentlich kleinere Übergangszahlen, da durch die globale Be trachtung von Ausgangs- sowie Zielgebieten zahlreiche Übergangsbeziehungen außer Betracht bleiben.

40 Die Werte enthalten auch Zu- und Abwanderungen ins eigene Gebiet. Der Saldo wird davon jedoch nicht berührt, weil Zu- und Abwanderung in diesem speziellen Fall stets gleich groß sind.

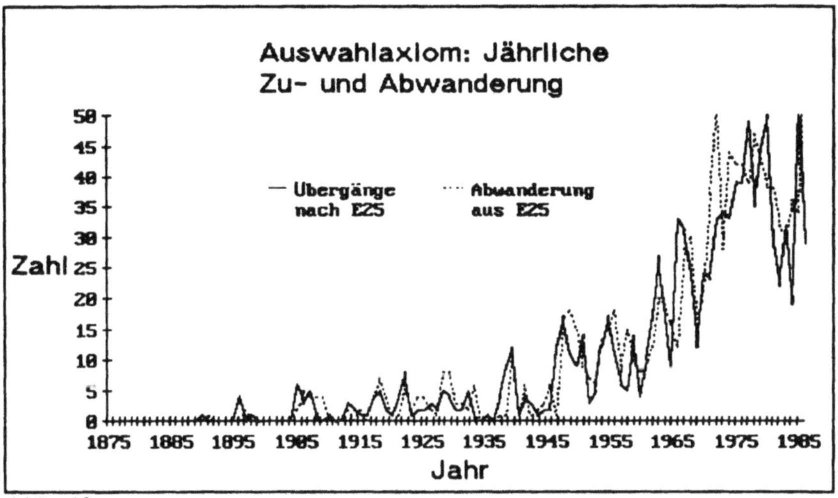

Abb. 42

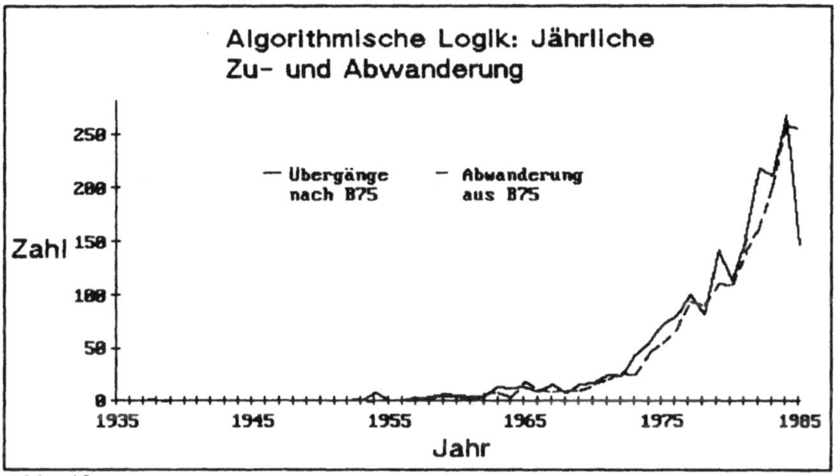

Abb. 43

rung: 2605 zu 2290; hier: 1852 zu 1757). Die Kurven verhalten sich jedoch auch hier isomorph.

Diese Isomorphie ist insofern erstaunlich, als sie bedeutet, daß den Entschlüssen von Autoren, einem Gebiet den Rücken zu kehren, stets in ähnlichem Maße Entschlüsse anderer Autoren korrespondieren, die sich diesem Gebiet zuwenden.

Man muß dabei bedenken, daß es die geringe Rückkehrwahrscheinlichkeit nach einer Abkehr von einem Teilgebiet der Logik praktisch ausschließt, daß

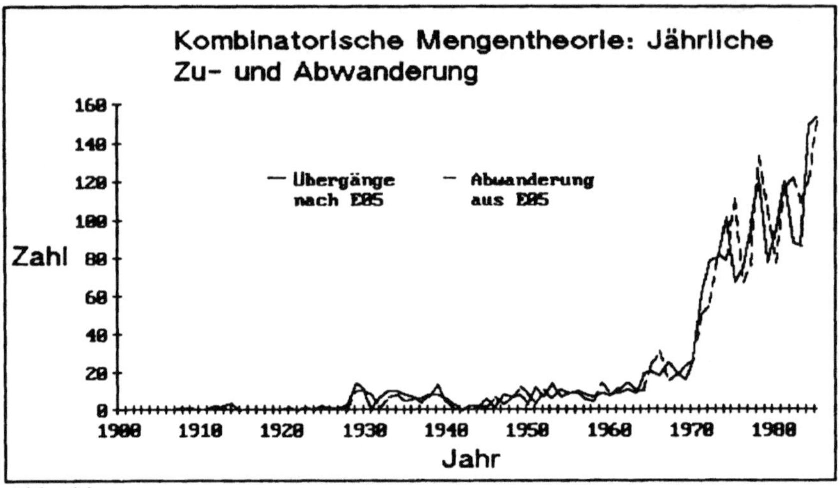

Abb. 44

im nennenswerten Umfang *dieselben* Forscher zurückkehren, die ein Gebiet einmal verlassen haben. Die Unterdisziplinen der mathematischen Logik ähneln hier eher kommunizierenden Röhren als konkurrierenden Räubern: ein Verlust wird durch sofortiges Nachfüllen der Lücke mit Hilfe anderer, bisher auf anderen Gebieten der Logik tätiger Wissenschaftler wettgemacht. Es spricht demnach auch nichts für die Ansicht beispielsweise von G. R. Ivanickij (1982), wonach Spezialisten nach Beendigung des exponentiellen Wachstums einer Teildisziplin in benachbarte Gebiete abwandern; vielmehr scheinen solche Abwanderungen die epidemische Entwicklung einer Disziplin von Anfang an zu begleiten.

8. Mobilität und Affinität; Affinität im Zeitablauf

Wir haben soeben die Rolle des Übergangsverhaltens von Wissenschaftlern bei der Entwicklung der Bestandteile einer Disziplin untersucht. Dabei stellte sich heraus, daß die Größenordnungen von Zuwanderung in und Abwanderung aus den Teilgebieten der Logik den Schluß zulassen, daß Mobilität für den Gesamtgröße eines Gebiets niemals entscheidend war - ungeachtet einer möglicherweise großen Bedeutung für den Transfer von Erkenntnissen.

Auch bei der Beobachtung des zeitlichen Verlaufs von Zu- und Abwanderung stellte sich heraus, daß die Teilgebiete eine eigentümliche Stabilität aufweisen: Verlassen Wissenschaftler irgendein Teilgebiet der Logik, um sich anderen logischen Gebieten zuzuwenden, wenden sich in etwa *gleichzeitig* Wissenschaftler aus anderen Gebieten der Logik dem Abwanderungs-Gebiet zu, so daß eine Auszehrung des Abwanderungsgebiets verhindert wird.

Man erhält insgesamt den Eindruck, daß das Übergangsverhalten stark mit der "inneren Logik" der disziplinären Entwicklung verknüpft ist, da es offenbar, sofern überhaupt von zahlenmäßiger Bedeutung, niemals destabilisierend wirkt.

Die Frage liegt daher nahe, ob sich Wissenschaftler nicht dort am ehesten von einem Gebiet der Logik zu einem anderen bewegen, wo der größte innere Zusammenhang - im folgenden auch "Affinität" genannt - zwischen diesen Gebieten besteht.

Zwei Gebiete wollen wir - einem Vorschlag von Maria Nowakowska (1984) folgend - als stärker "zusammenhängend" als andere betrachten, wenn sie in ciner Publikation häufiger als andere *zugleich* behandelt werden, gleichgültig in welcher Form dies im einzelnen geschieht. Je häufiger dies im Vergleich zu anderen Gebieten vorkommt, desto stärker die Affinität der Gebiete zueinander.

Die Affinität läßt sich jedoch nur vergleichen, wenn man berücksichtigt, daß die Gebiete unterschiedliche Stärke aufweisen. Als Maßzahl der Affinität wird daher das Verhältnis der Häufigkeit von Fällen, in denen Autoren zwei logische Bereiche in einer einzigen Publikation behandeln, zur Gesamtzahl der Autoren beider Bereiche festgelegt.

Wir müssen uns auf eine kleine Auswahl von Gebieten beschränken und vergleichen deshalb lediglich Modelltheorie, Rekursionstheorie, Mengentheorie, Beweistheorie, Algebraische Logik und Nichtstandard-Modelle. Abbildung 45 enthält alle möglichen Zweierkombinationen in der Rangfolge ihrer Affinität zueinander. Berücksichtigt sind sämtliche Beiträge der betreffenden Gebiete von 1874 bis 1990.

Jeder Logiker kann das Ergebnis mit seinem Bild dieser Disziplinen vergleichen.

Dasselbe gilt für die folgenden Untersuchungen der Affinität einiger Gebiete im Zeitablauf. Nun wurde die Affinität zweier Gebiete für jedes Jahr getrennt berechnet (siehe Abb. 46 bis 50).

Die Ergebnisse sind nicht einheitlich. Bei Rekursions- und Mengentheorie sieht man anfänglich hohe Affinität, die langsam zurückgeht. Dies würde dem nachfolgend im Abschnitt 11 dieses Kapitels über die Ortega-Hypothese erzielten Ergebnis entsprechen, demzufolge Begründer einer neuen Arbeitsrichtung zugleich auf bereits vorhandenen, traditionellen Gebieten der Logik tätig sind, die mit den neuen Gebieten vermutlich Verwandtschaft aufweisen[41].

41 Hier besteht eine Analogie zu der alten politikwissenschaftlichen Erkenntnis, daß die gefährlichsten einen Umsturz anstrebenden Gegner eines Regimes gerade dem innersten Kern dieses Regimes entspringen.

Abb. 45

Im Fall der Beziehung von Beweistheorie zur Mengentheorie jedoch gibt es eine Renaissance in der zweiten Hälfte dieses Jahrhunderts. Man fühlt sich hier an eine Hypothese R. L. Wilders bezüglich neuer Forschungsgebiete der Mathematik erinnert: Ihr Ursprung läge häufig in anderen Gebieten der Mathematik (oder benachbarter Wissenschaften) (Wilder 1981: 45). Wilder fährt fort, daß in fortgeschrittenerem Stadium des neuen Gebietes eine Konsolidierung innerhalb der traditionellen Gebiete oder sogar völlige Absorption eintreten könne.

Die Beziehungen von Beweistheorie und Algebraischer Logik intensivieren sich erst in den 70er Jahren. Erst geraume Zeit nach ihrer Entstehung erhält auch die Affinität von Modelltheorie und Mengentheorie nachhaltigeren Auftrieb.

Wir kommen nun zur Frage zurück, ob das Mobilitätsverhalten der Wissenschaftler nicht weitgehend vom Grad der Affinität der betreffenden Gebiete bestimmt wird.

Mobilität und Affinität können hier direkt verglichen werden: die Summe von Übergängen zwischen zwei Gebieten mit der Häufigkeit der gemeinsamen Behandlung beider Gebiete in einem einzigen Beitrag. Zunächst sollen nur jene Übergänge berücksichtigt werden, zwischen denen genau ein Jahr liegt. Es stellt sich heraus, daß beide Größen in hohem Maße zusammenhängen (siehe Abb. 51): Übergänge finden offenbar genau dort statt, wo die Affinität zweier Gebiete hoch ist, und dort kaum statt, wo sie niedrig ist.

Da als Übergänge im Sinne der Markovketten-theoretischen Behandlung Übergänge zum *nächsten* Beitrag unabhängig vom zeitlichen Abstand gelten,

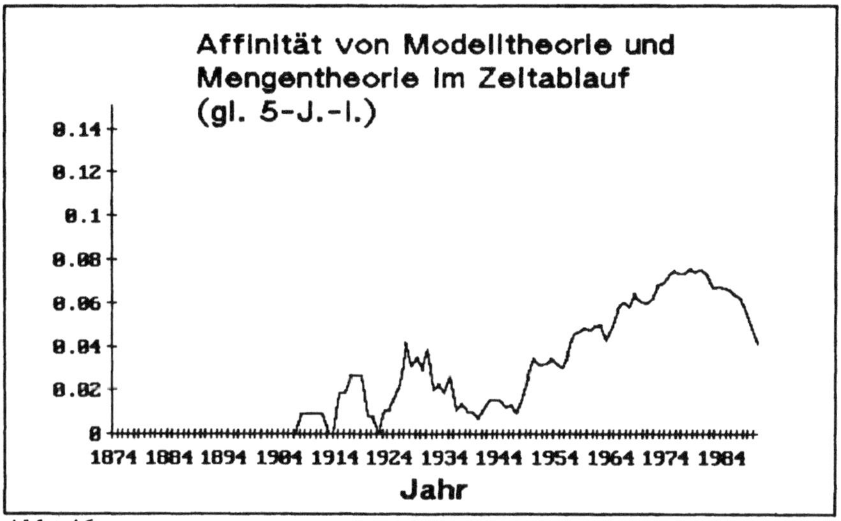

Abb. 46

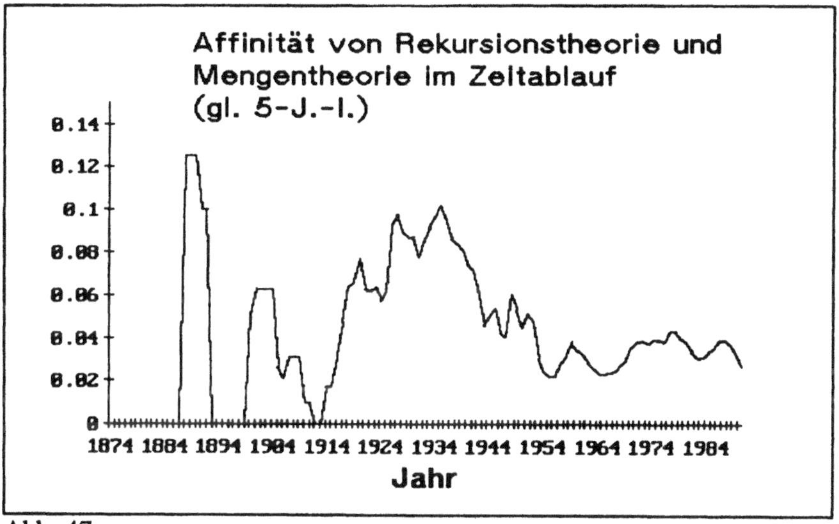

Abb. 47

wurde geprüft, ob sich an dem Sachverhalt etwas ändert, wenn man sämtliche Übergänge berücksichtigt.

Die Zahl der Übergänge nimmt gegenüber der Zahl der Übergänge mit 1-Jahres-Abstand umso stärker zu, je größer die beiden in Frage stehenden Gebiete sind. An der groben Isomorphie ändert sich jedoch nichts. Offen-

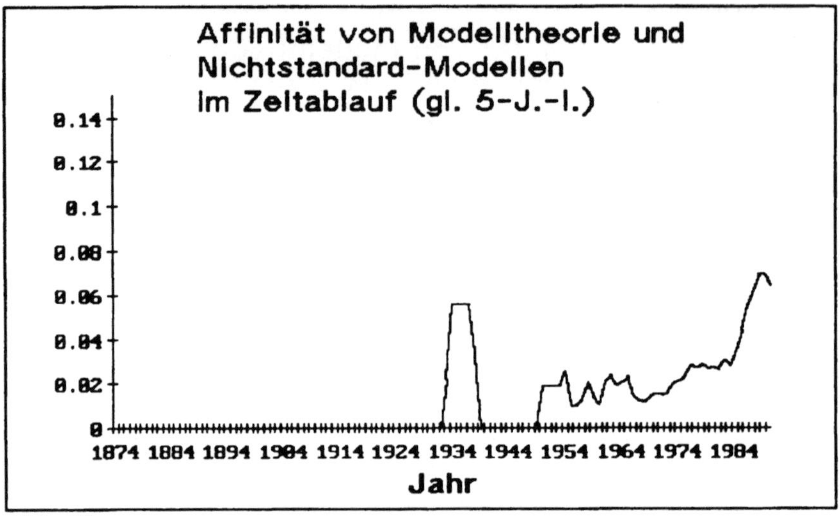

Abb. 48

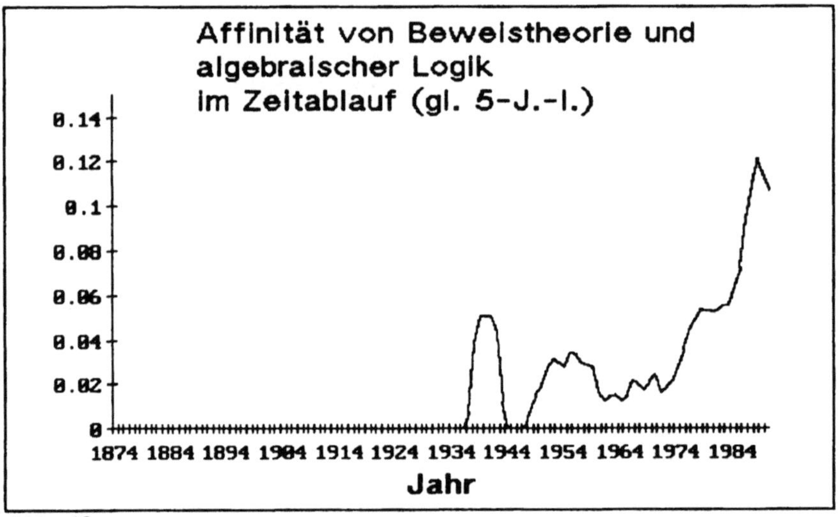

Abb. 49

sichtlich stehen Affinität und Übergänge in positivem Zusammenhang zueinander unabhängig davon, ob man letztere restriktiv oder großzügig definiert. Es ist angesichts der Analyse dieser Beispiele sowie des Mobilitätsverhaltens gut möglich, daß dieses Ergebnis auf alle Gebiete der mathematischen Logik zutrifft.

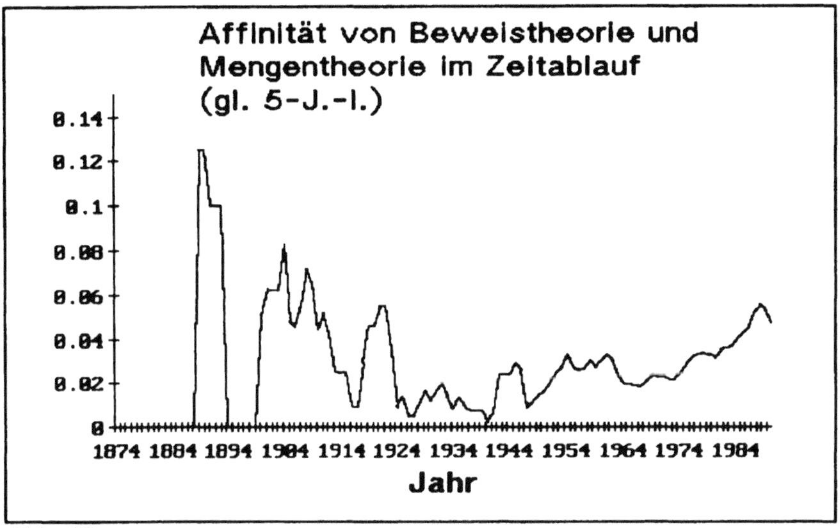

Abb. 50

D. Urban (1982) kam aufgrund einer umfangreichen Befragung zum Ergebnis, daß für die Motivation von Wissenschaftlern (verschiedener Disziplinen) für den Wechsel der Fachrichtung die Chance zur Verbesserung der individuellen ökonomisch-beruflichen Lage maßgeblich ist, während fachliche Überlegungen demgegenüber hintanstehen. Selbst wenn eine Befragung von Logikern nach den Motiven ihres Wechsels ihres Arbeitsgebiet dasselbe ergäbe, würde dies die hier erhaltenen Ergebnisse nicht in Frage stellen, nämlich daß das tatsächliche Übergangsverhalten der Wissenschaftler inneren Zusammenhängen ihrer Disziplin entspricht.

Nur so ist auch das festgestellte Gleichgewicht von Zu- und Abwanderungen zu erklären, bei dem sich wie von unsichtbarer Hand gesteuert zu jedem Zeitpunkt in etwa so viele Autoren einem bestimmtem Gebiet zuwandten wie es verließen. Im einzelnen läßt sich dies folgendermaßen verstehen. Übergänge zu einem anderen Gebiet kann man als eine schwächere Form der gleichzeitigen Behandlung zweier Gebiete auffassen. Umgekehrt ausgedrückt: Auch die gleichzeitige Behandlung zweier Gebiete in einer Publikation kann man als Übergang auffassen, da der Begriff der "Gleichzeitigkeit" eine Idealisierung darstellt, die kein Mensch tatsächlich erfüllen kann. In Wirklichkeit liegt zwischen der "gleichzeitigen" Behandlung zweier Gebiete ein Zeitraum $t > 0$, der Minuten, Stunden, Tage, Wochen oder Monate einnimmt. Wir haben es mit einem Kontinuum zu tun, das mit zeitlich nahe liegenden Übergängen der Affinität beginnt und in unserem Fall bei Übergängen endet, die durchschnittlich nicht mehr als einen Zeitraum von 2 bis 3 Jahren umspannen. Die "Gleich-

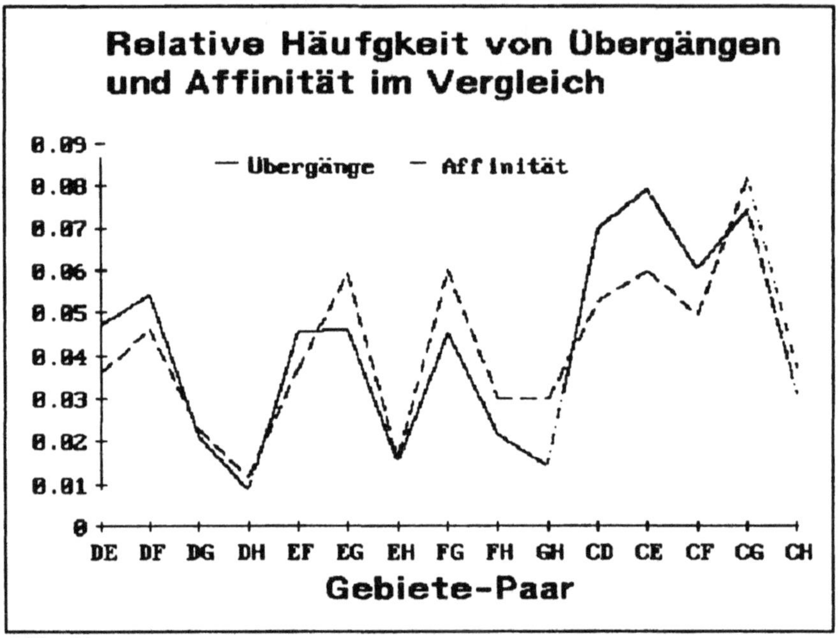

Abb. 51

gewichtigkeit" der Übergänge bedeutet, daß sich das Geflecht der Beziehungen zwischen den Gebieten, wie es im Übergangsverhalten der Forscher zum Ausdruck kommt, in diesem Zeitraum nicht einschneidend ändert.

Die Affinität von Gebieten der mathematischen Logik in den frühesten Perioden dieser Gebiete, wie sie sich an einigen Beispielen zeigte, legt die Vermutung nahe, daß ihre Entstehung kein sprunghafter Prozeß ist, sondern sich als kontinuierlicher Ablösungsvorgang vollzieht. Pointiert und mit der Einschränkung, daß mit der folgenden Aussage ausschließlich vom inhaltlichen Zusammenhang zwischen wissenschaftlichen Teilgebieten die Rede ist und nicht von etwaigen Fluktuationen in ihrer Entwicklung, könnte man sagen: Scientia non facit saltus.

9. Das Wachstum der Gesamtzahl der Teilgebiete der mathematischen Logik

Schließt man allgemeine oder rein dokumentarische Sachgebietskategorien aus, wurden die Publikationen zur mathematischen Logik von den Verfassern der Ω-Bibliographie - nach Maßgabe des ersten Klassifikationscodes - 106 Sachgebieten zugeordnet. Später als 1985 erschienene Publikationen bleiben hierbei außer Betracht, weil sie nur noch grob klassifiziert wurden. Die Größe der Gebiete schwankt von einigen wenigen bis zu Hunderten von Beitragenden.

Es handelt sich bei den dokumentarischen Kategorien um: A05: Philosophisches und Kritisches; A10: Geschichte, Biographie, Bibliographie; B/C/D/E/F/G/H98: Texbücher, Übersichten; B/C/D/E/F/G/H99: unsichere Klassifizierbarkeit; B/C/D/E/F/G/H96: Gesammelte Werke.

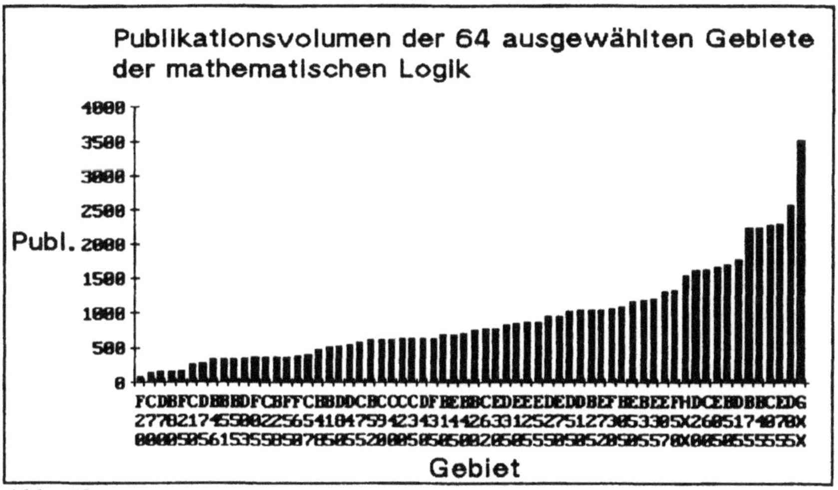

Abb. 52

Da wir es insgesamt mit 10 844 Autoren zu tun haben, entfallen auf jedes Gebiet im Durchschnitt rund 102 Autoren - eine Zahl, die vorhandenen Schätzungen der Größe wissenschaftlicher Gemeinschaften entsprechen würde, wenn sie sich nur auf die Gegenwart bezöge. Da sie aber die gesamte Existenzzeit der Gebiete umfaßt, muß man daraus folgern, daß eine Reihe von Gebieten unter der Größenordnung einer "scientific community" liegen. Die Gesamtzahl der Publikationen in den 64 wichtigsten Gebieten der Logik zeigt die Abbildung 52; auf ein Gebiet entfallen durchschnittlich 941 Publikationen[42]. Hier muß man allerdings im Auge behalten, was das dynamische Bild der Entwicklung solcher wissenschaftlicher Gemeinschaften ergab: In den Anfängen eines neuen Arbeitsgebiets können keine wissenschaftlichen Gemeinschaften *für dieses neue Arbeitsgebiet* existiert haben; vielmehr handelte es sich um einzelne Forscher, die sich neuen - möglicherweise als "ungewöhnlich" oder sogar

---

42 Wobei eine Publikation mehrere Gebiete berühren kann, in diesem Fall also mehrmals gezählt wird.

"unverständlich" betrachteten - Themen innerhalb einer existierenden scientific community zuwandten. Eine klare Zuordnung solcher Forscher zu dem später allgemein bekannten und begrifflich klar fixierten Forschungsgebiet ist nur ex post möglich. Dasselbe gilt vermutlich für die *Evaluation* der Arbeiten solcher Forscher. Hierin dürfte eine der Wurzeln für die Tatsache liegen, daß zwischen Begutachtern zeitgenössischer Arbeiten sogar dann große Differenzen auftreten können, wenn über den Wert dieser Arbeiten später Konsens besteht[43].

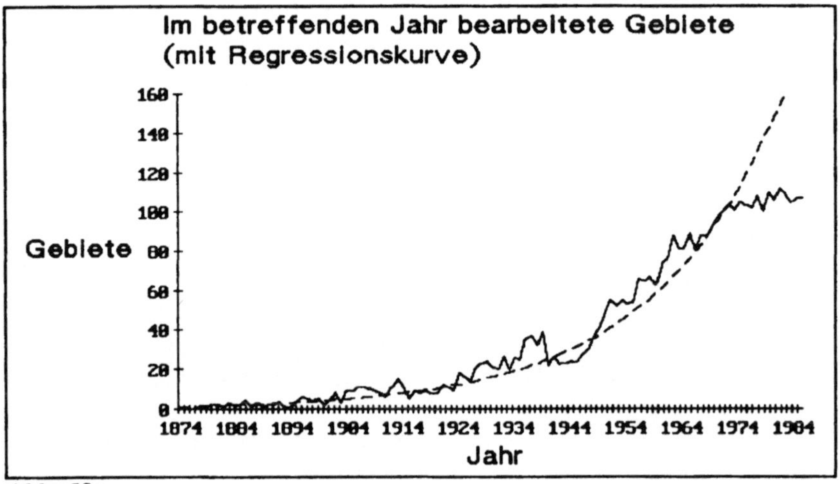

Abb. 53

Das dynamische Bild disziplinärer Entwicklungen zeigt somit, daß zwischen der soziologischen Bezugseinheit der "scientific community" und dem begrifflich faßbaren wissenschaftlichen Arbeitsgebiet unterschieden werden muß, auch wenn zwischen beiden ein enges Wechselverhältnis besteht.

Trägt man nun die Zahl der in einem Jahr von den Autoren der mathematischen Logik insgesamt bearbeiteten Gebiete auf eine Zeitachse auf, zeigen sich zwar von Beginn an stets kleinere Fluktuationen. Insgesamt aber zeigt die Kurve (schwach ausgeprägtes) exponentielles Wachstum, das Ende der 60er Jahre abbricht (siehe Abb. 53); bei der Berechnung der bearbeiteten Gebiete wurden allerdings die oben aufgeführten dokumentarischen Klassifikationscodes nicht eliminiert, was das Gesamtergebnis jedoch kaum tangieren dürfte.

43 Zahlreiche Untersuchungen gelten dem wissenschaftlichen Meinungsbildungsprozeß beim "peer review", wo massive Divergenz keine Seltenheit bildet (kritische Sichtung bei Daniel [im Ersch.]). Diese Divergenz ist gelegentlich sogar bei ein und demselben "Reviewer" zu beobachten, dem dieselben Arbeiten zweimal (beispielsweise im Abstand von einem Jahr) vorgelegt werden.

Die Wachstumskurve der Zahl der "aktiven Teilgebiete" der mathematischen Logik ist damit ein verkleinertes Abbild der Wachstumskurve der Zahl der Forscher, die sich der mathematischen Logik widmen.

Die Zahl der *erstmals* in einem Jahr auftauchenden Arbeitsgebiete weist einen deutlichen, leicht nach oben gerichteten Trend bis etwa 1955 auf, danach einen deutlichen Trend abwärts. Nachstehend werden die sechzig wichtigsten Gebiete in der Reihenfolge des Zeitpunktes ihrer erstmaligen Behandlung aufgeführt. Berücksichtigt wurde dabei nur der jeweils erste Klassifikationscode einer Publikation. Wertet man sämtliche Codes aus, fällt der Entstehungszeitpunkt häufig auf ein früheres Jahr, wie die Verlaufskurven der Gebiete im Anhang I zeigen. Viele Gebiete fristen demnach für längere Zeit nur ein "Schattendasein" als ein Aspekt von mehreren anderen Aspekten, die im Bewußtsein der Wissenschaftler möglicherweise bereits fester verankert sind.

Klassische Grundlagen der Zahlensysteme (B28): 1885
Konstruktive und intuitionistische Mathematik (F55): 1885
Auswahlaxiom (E25): 1890
Fragmente der klassischen Logik (B20): 1891
Relationen und Ordnungen (E07): 1895
Universelle Algebra (C05): 1898
Kontinuumshypothese (E50): 1904
Hierarchien (D55): 1905
Kombinatorische Mengentheorie (E05): 1908
Axiomatische klassische Mengentheorie (E30): 1908
Wortprobleme (D40): 1910
Nichtelementare Logik mit Typentheorie (B15): 1912
Elementare Logik (B10): 1913
Rewriting systems (D03): 1913
Entscheidbarkeit von Theorien und Satzmengen (B25): 1915
Modallogik, Zeitlogik (B45): 1918
Nichtklassische Mengentheorie (E70): 1918
Wahrscheinlichkeit und induktive Logik (B48): 1924
Metamathematik konstruktiver Systeme (F50): 1925
Rekursionstheoretische Modelltheorie (C57): 1926
Kategorizität und Vollständigkeit (C35): 1927
Rekursive Funktionen (D20): 1927
Arithmetik höherer Stufen (F35): 1928
Kombinatorische Logik und Lambdakalkül (B40): 1929
Arithmetik der ersten Stufe (F30): 1929
Große Kardinalzahlen (E55): 1930
Mehrwertige Logik (B50): 1931
Schnitteliminierung und Normalform (F05): 1931

Relative Widerspruchsfreiheit (F25): 1935
Quantenlogik (B51): 1936
Intermediäre Logik (B55): 1936
Automaten und formale Grammatiken (D05): 1936
Rekursiv abzählbare Mengen (D25) 1936
Sonstige infinite Logik (E75): 1937
Widerspruchsfreiheit und Unabhängigkeit (E35): 1939
Nichtstandard-Modelle (HXX): 1939
Unentscheidbarkeit (D35): 1940
Modelltheoretische Algebra (C60): 1943
Algebraische Logik (GXX): 1945
Anwendungen der Rekursionstheorie (D80): 1947
Ultraprodukte (C20): 1948
Konstruktive Rekursionsanalysis (F60): 1949
Mechanisierung von Beweisen (B35): 1950
Algorithmische und dynamische Logik (B75): 1950
Modelltheoretisches "Forcing" (C25): 1950
Modelle der Arithmetik (C62): 1951
Turing-Maschinen (D10): 1952
Konstruktivität (E45): 1952
Interpolation und Definierbarkeit (B52): 1955
Eliminierung von Quantoren (C10): 1957
Nichtklassische Modelle (C90): 1958
Komplexität von Berechnungen (D15): 1960
Infinite formale Sprachen (C70): 1963
Axiomatische Rekursionstheorie (D75): 1968
"Fuzzy" Mengen (E72): 1970

Betrachten wir nun die Zahl der Gebiete, die im Durchschnitt auf einen Forscher fallen, im Zeitablauf. Die Zahl der Gebiete der Logik, die auf einen Beitragenden (in Goffmanscher Definition) in einem Jahr fallen, sinkt kontinuierlich (siehe Abb. 54).

Man kann dies offensichtlich als Ausdruck einer voranschreitenden Spezialisierung der Logiker auffassen[44].

Da die Wachstumsrate der Sachgebiete der mathematischen Logik möglicherweise in noch stärkerem Zusammenhang damit steht, wieviel *neue* (und daher möglicherweise innovativ wirkende) Autoren zur mathematischen Logik

---

44 Ähnliches gilt beispielsweise auch für die Entwicklung der Biologie im 18. und 19. Jahrhundert (Shelishch 1982).

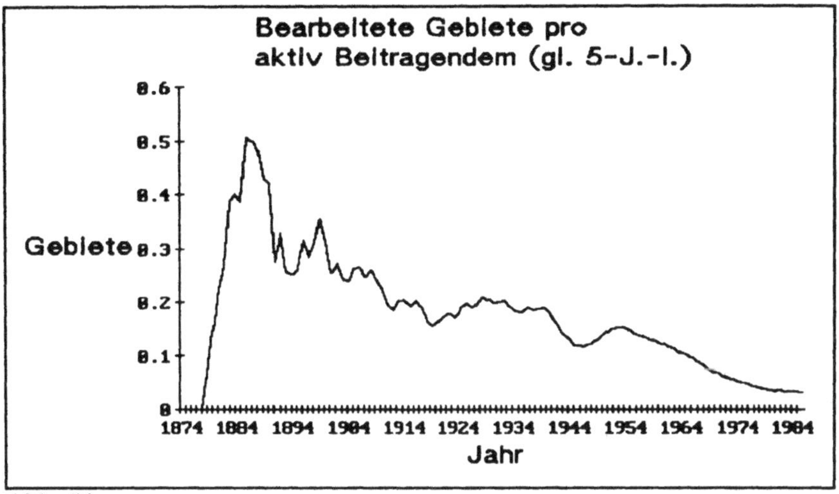

Abb. 54

beizutragen begannen, untersuchen wir nun das Verhältnis der in einem bestimmten Jahr existierenden Gebiete zur Zahl der in diesem Jahr erstmals publizierenden Autoren. Während in der obigen Darstellungsart (gemäß der Goffmanschen Definition) auch während längerer Krisenperioden "lahmgelegte" Autoren als Mitwirkende galten, zählen nun ausschließlich (erstmals) publizierende Autoren. Die Graphik 55 zeigt das Verhältnis von insgesamt "aktiven" Gebieten zu neuen Forschern im Zeitablauf.

Nun setzt ein Abwärtstrend erst um 1950 ein, der besagt, daß sich im Durchschnitt immer mehr neu hinzukommende Wissenschaftler die vorhandenen Forschungsgebiete "teilen" mußten. Davor sind größere Schwankungen zu beobachten.

Das Ergebnis kann man folgendermaßen zusammenfassen. Im Verlauf der Entwicklung der mathematischen Logik zeigt sich ein zunehmendes Auseinanderklaffen des Verhältnisses von bearbeiteten Gebieten und der Zahl der in der Logik tätigen Wissenschaftler: Immer mehr Wissenschaftler entfallen auf die Gebiete der Logik. Setzt man die Zahl der bearbeiteten Gebiete in Verhältnis zur Zahl neuer Logiker eines Jahres, setzt dieser Trend erst etwa 1945 ein.

Diese Feststellungen sind aufgrund der bibliographischen und auch bibliometrischen "Unsichtbarkeit" neuer Gebiete umso weniger verläßlich, je näher wir in die Gegenwart vordringen. Es ist nämlich keineswegs auszuschließen, daß eine in 50 Jahren erstellte Bibliographie auch für die letzten vier Jahrzehnte im Gegensatz zur heutigen Ω-Bibliographie einen Zuwachs an neuen Gebieten der mathematischen Logik verzeichnet, welcher einem konstantem Zusammenhang zwischen der Zahl neuer Forscher und neuer Gebiete entspricht.

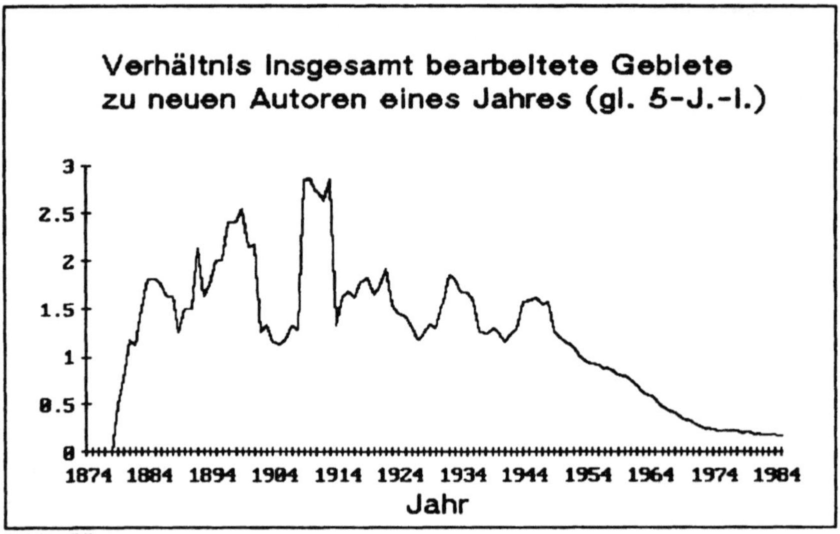

Abb. 55

Eine - aufgrund der geringen Datenmasse freilich nur eingeschränkte - Unterstützung dieser Vermutung liefert auch die Church-Bibliographie. Church, der seine Bibliographie Anfang der 30er Jahre erstellte, verzeichnet nur zwei neue Arbeitsgebiete der Logik nach 1920, alle anderen 13 Gebiete tauchen davor zum ersten mal auf, sieben davon in der zweiten Hälfte des 19. Jahrhunderts.

Wie wir aber der Ω-Bibliographie entnehmen können, waren die 20er und 30er Jahre dieses Jahrhunderts ähnlich fruchtbar für die Logik wie die Jahrzehnte davor. Für die Nachkriegszeit der gesamten Mathematik beobachtet R. L. Wilder eine "Multiplikation" neuer Gebiete (1981: 24).

Eine Überlegung des Wirtschaftsforschers G. Mensch kann man cum grano salis auch auf die Wissenschaftsforschung übertragen: Basisinnovationen, die sich in 10, 20 oder 30 Jahren als solche entpuppt und durchgesetzt haben werden, sind bereits "mitten unter uns". Im großen und ganzen ist es jedoch unmöglich, sie heute schon - es sei denn auf spekulative Weise - als solche zu erkennen. Setzt man die wissenschaftliche Grundlegung neuer Teilgebiete der mathematischen Logik - ohne Zweifel in etwas zu freizügiger Manier - mit Basisinnovationen gleich, läßt sich analog formulieren: Auch die Basisinnovationen der mathematischen Logik von morgen keimen bereits in irgendeinem "stillen" Winkel des mittlerweile weitläufig gewordenen Systems der mathematischen Logik. Wo sie zu suchen waren, werden wir jedoch erst ex post erfahren.

Es wäre in diesem Zusammenhang auch nicht auszuschließen, daß Forschungsgebiete wie die Logik in der Zeit ihrer größten Verbreitungsgeschwindigkeit zunehmend Wissenschaftler anziehen, die hier nur kurz und mit geringer Intensität verweilen, und deshalb auch kaum nachhaltig innovativ wirken können; vielleicht Wissenschaftler, die sich dann anwendungsnäheren Gebieten zuwenden. Die Daten über die durchschnittliche Produktivität, Teilnahmedauer und die Zahl der nur einen einzigen Beitrag Leistenden stützen diese Ansicht jedoch nicht.

Weitere Aufschlüsse zur Klärung dieser Fragen könnte beispielsweise eine quantitative Analyse der Mathematik des 19. Jahrhunderts erbringen, die in ihrer Größenordnung in etwa der Logik des 20. Jahrhunderts entspricht.

Die Schwierigkeiten, mit herkömmlichen bibliographischen Klassifikationsverfahren gegenwartsnahe neue wissenschaftliche Strömungen - mit anderen Worten: Vorboten epidemischer Ausbrüche neuer Aktivitäten im Strom normaler wissenschaftlicher Betätigung - zu erkennen, könnten gemildert werden, wenn man Hinweise auf innere Zusammenhänge der Arbeitsrichtung von Forschern unabhängig von Begriffen oder bibliographischen Klassifikationen erhielte. Man könnte hier wie in denjenigen Information Retrieval-Systemen vorgehen, wo begriffliche oder klassifikatorische Festlegungen durch die Ermittlung von Zitationsbezügen umgangen werden können (vgl. Ebeling/-Scharnhorst 1988, Anh.). Bei dieser mit Hilfe des Science Citation Index Eugene Garfields praktikabel gewordenen Methode wird zur Ermittlung von besonders aktiven und zusammengehörigen Forschungsgebieten auf soziometrisch-bibliometrische Verfahren zurückgegriffen. Dabei werden - epidemiologisch gesprochen - "Erreger", d.h. zitierte Arbeiten, zunächst nach Intensität ihres gemeinsamen Auftretens in zitierenden Arbeiten zu Clustern gebündelt ("Kozitation"); sodann wird die "Front" der Arbeiten, welche diese Cluster zitieren, ermittelt - dies alles ohne Zuhilfenahme von begrifflichen oder klassifikatorischen Zuordnungen (von groben, trivialen Einteilungen abgesehen). Erst anschließend werden die so ermittelten "research fronts" mit Hilfe von Stichwörtern aus den Titeln der ermittelten Aufsätze gekennzeichnet.

Es muß allerdings bezweifelt werden, ob diese Methode in den ersten "Pionierjahren" einer neuen Forschungsrichtung weiterhilft. Wenn man nämlich heutige "research fronts" bis in ihre Gründerjahre zurückverfolgt - also gewissermaßen "research backs" betrachtet -, überschreitet man irgendwann eine Schwelle, hinter der bibliometrisches Niemandsland beginnt, das heißt: Es wird unmöglich, Kozitations-Cluster zu erhalten, es sei denn, man schraubt statistische Anforderungen bis zur Absurdität zurück, indem man beispielsweise die minimale Zitationshäufigkeit der Arbeiten, deren Kozitation man analysieren möchte, von den üblichen etwa 17 oder 15 mal auf wesentlich geringere Werte verringert. Die Zahl der Cluster würde ins Unüberschaubare explodieren. Aber genau diese Unübersichtlichkeit und Unüberschaubarkeit entspricht der

Situation dessen, der das Profil neuer Forschungsrichtungen ex nunc und nicht ex post zu erkennen versucht.

Die noch folgende Analyse der Startsituation von neuen Gebieten läßt es als sehr unwahrscheinlich erscheinen, daß in den ersten Jahren oder sogar Jahrfünften der Entwicklung einer neuen Disziplin bibliometrisch gestützte Evaluationen zu einem adäquaten Bild dieses neuen wissenschaftlichen Gebiets beitragen.

Die Situation in den Anfangsjahren neuer Forschungsrichtungen nährt noch einen weiteren Verdacht: Die Richtung der disziplinären Differenzierung liegt keineswegs von Anfang an fest. Da die Zahl der Beteiligten sehr gering ist, können geringfügige Fluktuationen bestimmter disziplinärer Parameter die weitere Entwicklung entscheidend beeinflussen[45].

An dieser Stelle ist noch der Begriff des "Mikroparadigmas" zu erwähnen, den in der Szientometrie M. Nowakowska (1972/3) eingeführt hat. Auf den Begriff Mikroparadigma bezogen ist es sinnvoll, von Problemvorrat, von Lösung der gestellten Probleme und ähnlichem zu sprechen. Die Sachgebietseinteilung der Ω-Bibliographie entspricht jedoch ebensowenig solchen "Mikroparadigmen" wie diejenige der Church-Bibliographie. Es handelt sich bei den Sachgruppen dieser Bibliographien vielmehr um so etwas wie spezielle Arbeitsgebiete, die häufig durch wegweisende Gründerarbeiten geschaffen werden; zwar kann das Sinken des Interesses beobachtet werden, nicht jedoch eine vollkommene Erschöpfung solcher Arbeitsgebiete.

Eine in bezug auf den Nachweis des jeweiligen Problemvorrats wissenschaftstheoretisch überzeugende Einteilung einer Disziplin in "Mikroparadigmen" steht unseres Wissens bisher aus.

Die gebräuchlichen feineren Sachgebietseinteilungen entsprechen eher Bezeichnungen für Forschungsrichtungen. Diese entstehen, wenn Arbeiten einerseits ein genügendes Ausmaß an Problemlösungen, andererseits aber ein genügendes Ausmaß an fruchtbaren Fragestellungen bieten oder anregen können. Solche Forschungsrichtungen können prinzipiell unendlich viele offene Fragen generieren. Sie degenerieren nicht, weil offene Fragen ausbleiben, sondern weil andere Forschungsprogramme mehr neue Forscher auf sich ziehen können. Daß dies zutrifft, läßt sich daran ablesen, daß die meisten untersuchten Sachgebiete in absoluten Zahlen Steigerungen ihrer Aktivität verzeichnen, einige Stagnation, nur wenige Rückgang. Der absolute Zuwachs betrifft auch jene Gebiete, deren *Anteile* am Gesamtaufkommen stark gesunken sind. Weniger die Entwicklung der wissenschaftlichen Attraktivität des alten, als die

---

45 Hier ist jedoch kein Platz für "Finalisierungen" oder sonstigen Einfluß externer Kräfte. Da solche neuen Gebiete nur mit Mühe wissenschaftsintern wahrgenommen werden, bleiben sie Außenstehenden a fortiori verborgen.

Entwicklung neuer Forschungsrichtungen mit größerer Attraktivität (verbunden möglicherweise mit einem Rückgang der Attraktivität schon etablierter Gebiete) ist demzufolge der Hauptgrund des *relativen* Rückgangs der Aktivität auf bestimmten wissenschaftlichen Arbeitsgebieten.

Kehren wir nun abschließend noch einmal zur Betrachtung der Lotka-Verteilungen zurück. Wir können davon ausgehen, daß eine neue herausragende wissenschaftliche Leistung in einem *existierenden* Gebiet gleichbedeutend mit einer Verschiebung der auf *wissenschaftlichen Einfluß* bezogenen Lotka-Kurve nach rechts ist, was genau dann ein besonders schwieriges Unterfangen darstellen dürfte, wenn bereits zahlreiche einflußreiche Arbeiten vorliegen. Es bedarf offenbar der Anstrengung einer viel größeren Zahl von Forschern als dies in der Anfangsphase des Gebiets der Fall war. Dieser Situation steht die Situation des den traditionellen Rahmen eines Gebiets verlassenden Wissenschaftlers gegenüber: Obwohl sich dieser in eine ökologische Nische weniger großer Konkurrenz begibt, ist er mit dem Risiko konfrontiert, im konzeptuellen "Rauschen" des wissenschaftlichen Hauptstroms unterzugehen. Von einer Balance zwischen dem Grenznutzen der Aktivitäten *innerhalb* eines tradierten Forschungsgebiets und den "Innovationskosten" wissenschaftlicher "Reformen" lebt jedoch die Selbstorganisation wissenschaftlichen Erkenntnisfortschritts.

10. Lognormale szientometrische Verteilungen in dynamischer Betrachtung

Seit Jahrzehnten gehören lognormale Verteilungen zum "Standardinventar" der Wissenschaftsforschung. Die Gültigkeit der Lotka- und Bradford-Regularitäten hat sich unzählige Male zumindest annähernd bestätigt, wobei allerdings immer wieder Kurvenkrümmungen mal mehr, mal weniger voneinander abweichen, ohne daß schlüssige Erklärungen dieser Abweichungen vorliegen. Die Häufigkeit von Abweichungen hat die praktische Konsequenz, daß genaue Prognosen unmöglich sind und es daher stets risikobehaftet ist, beispielsweise bibliothekarischen Bestandsaufbau mit Hilfe der Bradford-Verteilung vorzunehmen.

Es ist schon häufiger der Verdacht geäußert worden, daß es sich bei den gerade erwähnten Variationen um die Folge des historischen Entwicklungsstandes einer Disziplin handelt. Auf diesen Entwicklungsstand wird in der Regel allerdings nicht geachtet. Die epidemiologische Analyse eines disziplinären Systems kann entsprechende Anhaltspunkte geben.

In der Entstehungsphasen der Gebiete der mathematischen Logik zeigten sich neue Gebiete als unscheinbare Aktivitäten einzelner Forscher, die zunächst in vielen Fällen innerhalb eines verwandten, traditionellen Gebiets tätig sein dürften; Aktivitäten, die zunächst einmal einen so geringen Umfang einnehmen, daß sie kaum wahrgenommen werden und prinzipiell auch wieder untergehen können. Daß dies auch tatsächlich häufiger passiert, erwies sich an den epidemiologischen Kurven zahlreicher Gebiete. In all diesen Fällen folgte dem Verschwinden, zum Teil nach vielen Jahren, der eigentliche Aufschwung. Fälle, in denen neue Ansätze für immer verschwanden, sind nur mit Hilfe von Computersimulationen nachweisbar, nicht aber durch die Analyse des Datenmaterials einer Bibliographie. Es wurde in diesem Zusammenhang schon darauf hingewiesen, daß erst der historische Erfolg einer neuen Forschungsrichtung oder eines neuen Konzepts die Identifizierung bis zu den Anfängen möglich und ihre Berücksichtigung in Bibliographien, Klassifikationen, aber auch wissenschaftsgeschichtlichen Darstellungen wahrscheinlich macht. Wie zeigen sich nun die lognormalen szientometrischen Verteilungen unserer "Epidemien" in der Retrospektive?

Das Experiment, das wir zur Klärung dieser Frage mit einem der großen Hauptgebiete der mathematischen Logik, nämlich der Rekursionstheorie, anstellen wollen, läßt sich prinzipiell auf sämtliche Gebiete der mathematischen Logik übertragen - und es spricht nichts dafür, daß sich bei anderen Disziplinen etwas anderes ergeben würde.

"Experimentell" muß man die folgende Vorgehensweise deshalb nennen, weil wir Lotka- und Bradford-Verteilungen auch für Daten feststellen, die eigentlich unter der statistischen "Schmerzgrenze" für die Mindestgröße solcher Datenmengen liegen.

Da jedoch keinerlei statistische Operationen vorgenommen, sondern nur Häufigkeiten gezählt werden, ist die Verfahrensweise aus statistischer Sicht insoweit nicht angreifbar.

Wir tragen wie üblich auf der Ordinate die Häufigkeit des Vorkommens eines Autors mit 1,2,....n Beiträgen ein, auf der Abszisse die Zahl der von jedem Mitglied der betreffenden Gruppe erzielten Beiträge, beides in logarithmischer Darstellung. Die Anzahl der Autoren wird nicht in Prozentzahlen umgerechnet, so daß die absoluten Größen in realistischer Weise zum Ausdruck kommen. Betrachtet werden fünf Etappen in der Enwicklung der Rekursionstheorie: die Situation bis zum Jahre 1910; bis 1930; bis 1950; bis 1970; bis 1990.

Bis 1910 existieren drei Autoren, von denen einer zwei Beiträge beisteuerte. Im Jahre 1930 existieren bereits 18 Autoren, die einen Beitrag lieferten; 12 Autoren haben nun schon zweimal oder öfter publiziert. Die Lotka-Kurve verschiebt sich langsam im Verlauf der Entwicklung der Rekursionstheorie nach rechts. Offenbar wachsen nach und nach Autoren heran, die so etwas wie "Konzentratoren" ihres Fachs darstellen. Gleichzeitig wächst die Zahl derjenigen, die nur eine geringere Zahl von Beiträgen aufweisen (siehe Abb. 56). Bemerkenswert ist die geringe Varianz der Kurvenneigung.

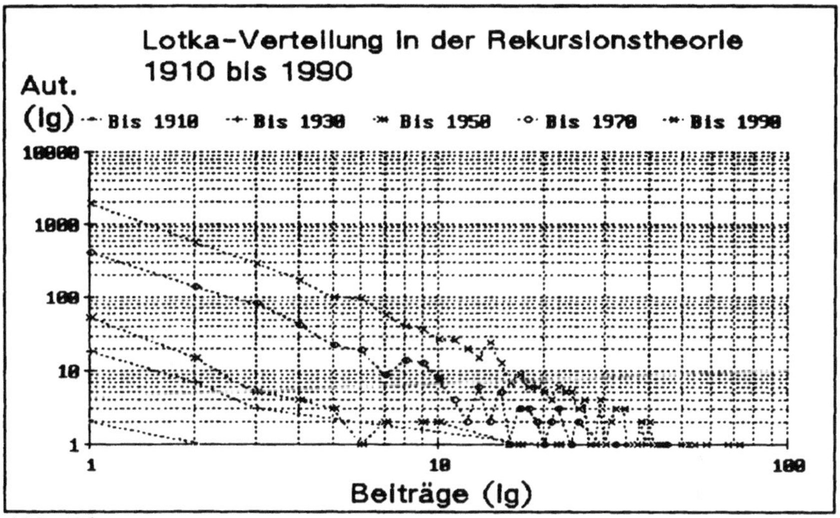

Abb. 56

Die "Konzentratoren" eines Forschungsgebiets haben wir hier anhand des elementaren bibliometrischen Indikators des Publikatinsoutputs seiner Autoren gemessen. Das Beispiel der Bewertung der Arbeiten zur mathematischen Logik durch Church zeigte, daß statistisch damit ein nicht unbeträchtlicher Anteil aller für das betreffende Fach bedeutenden Autoren erfaßt wird.

Der Sachverhalt der langsamen Verschiebung der Lotka-Kurve würde sich daher auch nicht ändern, wenn wir in der Lage wären, den Einfluß von Forschern auf ihr Gebiet *direkt* zu messen (was vermutlich niemals geschehen wird). Auch die Heranziehung anderer Indikatoren als der Publikationszahl würde nichts ändern - beispielsweise, wenn man die Zahl der Zitierungen messen würde, welche die betreffenden Autoren erhalten[46]: Am Beginn der Entwicklung einer Disziplin würden nur einige wenige Autoren existieren, die nur wenige Zitationen erhalten - wenn überhaupt. Wie sollten sie auch häufig zitiert werden, wenn nicht einmal eine Mindestmasse zitierender Autoren existiert, die sich mit ähnlichen Themen beschäftigen? Erst nach und nach schälen sich die Autoren der Rekursionstheorie heraus, auf die sehr häufig verwiesen wird, und jene vielen anderen, auf die weniger oft Bezug genommen wird. In diesem Zusammenhang ist die Feststellung von A. I. Jablonskij (1980) von Interesse,

46 Price kommt in seiner Theorie kumulativer Prozesse zur Annahme einer Lotka-Verteilung auch für Zitierungen eines längeren Zeitraums (1976: 301). Vgl. Kretschmer (1982).

daß die Herausbildung hyperbolischer szientometrischer Verteilungen in der Regel mit *Entropieverminderung* des Systems verbunden ist.

Wir haben bei der Analyse der zeitlichen Verteilung der von A. Church als herausragend betrachteten Arbeiten festgestellt, daß die Zahl solcher Arbeiten (bestenfalls) als Wurzel aller Arbeiten wächst bzw. daß der Anteil solcher Arbeiten am Publikationsvolumen exponentiell sinkt. Nichts anderes besagt die Verschiebung der Lotka-Kurve nach rechts: Um einen einzigen weiteren herausragenden Autor zu "erhalten", muß die Zahl sonstiger Beitragender exponentiell wachsen.

Weiter oben hatten wir Goffman-Harmons Konzept der Abfolge von Zuständen der mathematischen Logik vorgestellt. Die Zustandsbeschreibungen wurden mit Hilfe dreier Bewertungen vorgenommen, nämlich der Vergabe keines, eines oder zweier Sternchen. G. Kröber (1983: 45f.) hat auf dieser Basis folgende möglichen Zustände des Systems der mathematischen Logik untersucht:

Z_1: keine Arbeit mit einem Stern, keine mit zwei Sternen;
Z_2: eine Arbeit mit einem Stern, keine mit zwei Sternen;
Z_3: einige Arbeiten mit einem Stern, keine mit zwei Sternen;
Z_4: keine Arbeit mit einem Stern, aber eine mit zweien;
Z_5: eine Arbeit mit einem Stern, eine Arbeit mit zwei Sternen;
Z_6: einige Arbeiten mit einem Stern, eine mit zweien;
Z_7: keine Arbeit mit einem Stern, einige mit zwei Sternen;
Z_8: eine Arbeit mit einem Stern, einige mit zwei Sternen;
Z_9: einige Arbeiten mit einem, einige mit zwei Sternen.

Als allgemeinste Ergebnis der Betrachtung einer 9-dimensionalen Matrix stellte sich heraus, daß Zustände geringerer Produktivität höhere Wahrscheinlichkeit des Andauerns besitzen als Zustände hoher Produktivität, ferner daß Zustände mit hoher Produktivität mit größerer Wahrscheinlichkeit in einen Zustand geringerer Produktivität übergehen als in andere Zustände. Produktivität wird hier als das Vorhandensein von Sternchen-Arbeiten aufgefaßt. Dieses Ergebnis stimmt mit dem Gesetz abnehmenden Grenzertrags oder zunehmenden Aufwands überein.

Die Zahl der Arbeiten in der Anfangszeit einer neuen Disziplin oder Forschungsrichtung, und erst recht derjenigen Arbeiten, die sich als grundlegend herausstellen, ist jedoch so gering, daß man kaum vom Fehlen des Einflusses von Zufällen ausgehen kann, zumal sich das Übergangsverhalten einzelner Autoren als von sehr großer Unsicherheit geprägt erwies. Da zudem einzelne Beispiele von bedeutenden Arbeiten, die eine Epidemie angeblich zum Rückgang brachten, kaum überzeugten, gelangt man zu folgender alternativen Betrachtung.

Die Bedeutung und den Einfluß von Arbeiten sollte man als fließend abstufend von den bedeutendsten bis hin zu trivialen Arbeiten betrachten. Am

Beginn der Entwicklung eines neuen Arbeitsgebiets oder einer neuen Disziplin ist der Anteil bedeutender Arbeiten des Gebiets größer als später. Wegen ihrer anfänglich geringen absoluten Anzahl unterliegt das Auftreten bedeutender Arbeiten größeren Schwankungen. Grundlegende und innovative Arbeiten bewirken über einen längeren Zeitraum betrachtet stets eine epidemische Ausbreitung der neuen Arbeitsrichtung, wenn das Potential prinzipiell interessierbarer Wissenschaftler ausreichend groß ist.

W. Goffman und K. Warren (1980: 137ff.) haben die Literatur des biomedizinischen Spezialgebiets der Schistosomiasis-Forschung einer epidemiologischen Analyse auch der von Experten aus etwa 10 000 bibliographischen Einträgen als besonders wichtig ausgewählten Arbeiten unterzogen.

Klares Ergebnis war, daß Änderungen in der Gesamtzahl der Beitragenden mit den Änderungen der Zahl "ausgewählter" Autoren korrelierten. Die Änderungen sind jedoch stets unterproportional; das heißt, wie gemäß der Regel abnehmenden Grenzertrags zu erwarten ist, die Zahl herausragender Autoren steigt nicht proportional der Zahl aller Autoren. (Eine Darstellung des Prozentsatzes ausgewählter Arbeiten an allen Arbeiten für jedes Jahr fehlt jedoch.) Ein weiteres Ergebnis war, daß die epidemische Kurve der ausgewählten Autoren schon fiel, während die Zahl aller Beitragenden noch wuchs.

Die Goffman-Warrensche Deutung dieser beiden Ergebnisses als "bandwagon"-Effekt, demzufolge nach Aufschwung eines wissenschaftlichen Gebiets "mittelmäßige" Autoren auf das wissenschaftliche Trittbrett springen, um es zu verlassen, wenn sich die Elite längst abgewandt hat, ist nach unseren Ergebnissen jedoch zweifelhaft.

Wenn wir die Lotka-Verteilung - wie schon begründet - als eine Verteilung deuten, die sich ebenso auf die Bedeutung von Beiträgen wie auf den Einfluß dieser Arbeiten bezieht, kann man für das Anfangsstadium einer Disziplin, in der das Kollektiv Beitragender noch klein ist, vermuten, daß sich die zusätzliche Zahl von Beitragenden, die nötig ist, um eine weitere wichtige Arbeit zu erzielen, viel geringer ist, als in einem späteren Stadium.

Daß weniger zeitgenössische Autoren zu den "gewählten" Autoren gehörten, dürfte nicht daran liegen, daß sich die Elite "abgegrastem" Terrain abwendet, sondern am Prinzip des abnehmenden Grenznutzens. Zusätzlich ist zu berücksichtigen, daß der Wert des Beitrags zeigenössischer Autoren noch nicht zweifelsfrei erkennbar ist, teilweise vielleicht sogar aus *zwingenden* Gründen nicht beurteilt werden kann, weil er von *zukünftigen Entwicklungen* des Fachgebiets abhängt. Es handelt sich um die bibliometrische "Grauzone", von der bereits die Rede war, in der die Ideen für die Wissenschaft von morgen keimen.

In der vorangehenden Betrachtung haben wir die Herausbildung der Lotka-Kurve als gleichförmig voranschreitenden Prozeß analysiert.

Erinnern wir uns nun an das durch Thomas Kuhn berühmt gewordene Diktum Max Plancks, der einmal sagte, wissenschaftliche Gebiete stürben nicht aus, weil sich ihre Hypothesen und Theorien als falsch erwiesen, sondern weil ihre Vertreter ausstürben.

Der Fortfall von für ein Arbeitsgebiet bedeutenden Beitragenden wäre mit einem Zusammenbruch der Lotka-Verteilung gleichbedeutend. Natürlich bricht nicht die Verteilung der Publikationshäufigkeiten zusammen, da ja üblicherweise auch die Publikationen Ausgeschiedener berücksichtigt werden. Die Lotka-Verteilung von Publikationen kann jedoch als Indikator tiefer liegender Einflußstrukturen gelten. Daß der Zusammenbruch solcher Einflußstrukturen durch den Fortfall der Aktivitäten bedeutender Beitragender eine wissenschaftliche Disziplin in eine fundamentale Orientierungskrise versetzen kann, ist demnach nicht weiter verwunderlich.

Wir haben bisher anhand der Lotka-Kurve eine Verteilung untersucht, deren Bezugspunkt individuelle menschliche Kapazitäten sind. Nun wollen wir *Institutionen* untersuchen, die bei dem Prozeß der Ausbreitung einer Forschungsrichtung eine Rolle spielen, genauer: institutionelle Informationsüberträger.

Traditionellerweise werden hier ausschließlich Zeitschriften betrachtet. Der Dokumentar S. C. Bradford wies erstmals darauf hin, daß die zusätzliche Zahl der Zeitschriften, die man heranziehen muß, um eine bestimmte Zahl n von zusätzlichen Beiträgen eines Fachgebiets zu erhalten, exponentiell wächst.

Wir wählen hier jedoch eine andere Darstellungsweise der sogenannten "Bradford-Verteilung" als üblich, wo die Zahl der Beiträge einer Zeitschrift kumulierend auf der Ordinate, die Zahl der für diese Beiträge benötigten Zeitschriften logarithmisch auf der Abszisse abgetragen wird. Um die strukturelle Ähnlichkeit der Lotka-Verteilung und der Bradford-Verteilung hervorzuheben, gehen wir genauso vor wie bei der Darstellung der Lotka-Verteilung von Autoren vor: Jeder "Institution" wird die Zahl der von ihr herausgebrachten Publikationen zugeordnet[47].

Einbezogen werden als weitere Institutionen, die am Verbreitungsprozeß teilnehmen, *Verlage*, soweit sie Informationen in Buchform verbreiten, sowie *Kongresse* als wichtige multiplikative Institutionen[48].

Im einzelnen vergleichen wir - für bessere Übersichtlichkeit in getrennten Diagrammen - die Situationen in den Jahren 1910, 1940 und 1970 in Abbildung 57; die Kurve für die gesamte Rekursionstheorie bis 1990 findet sich in Abbildung 58.

---

47 Bei diesen "bibliographischen" Institutionen scheinen nicht Beiträge, sondern Publikationen die passendere Bezugsgröße zu bilden.

48 (Fach-)Verlage mit Zeitschriften gleichzusetzen, mag etwas "unfair" scheinen, weil letztere stets mehr beisteuern werden als Verlage. Die informationelle Bedeutung von Zeitschriften spiegelt sich hier freilich zutreffend wider. Unbefriedigend ist es, einzelne Buchpublikationen formal wie Zeitschriften zu behandeln.

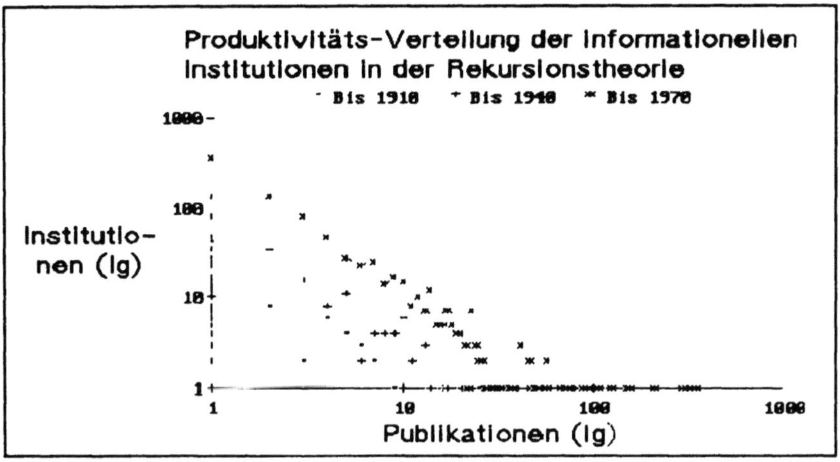

Abb. 57

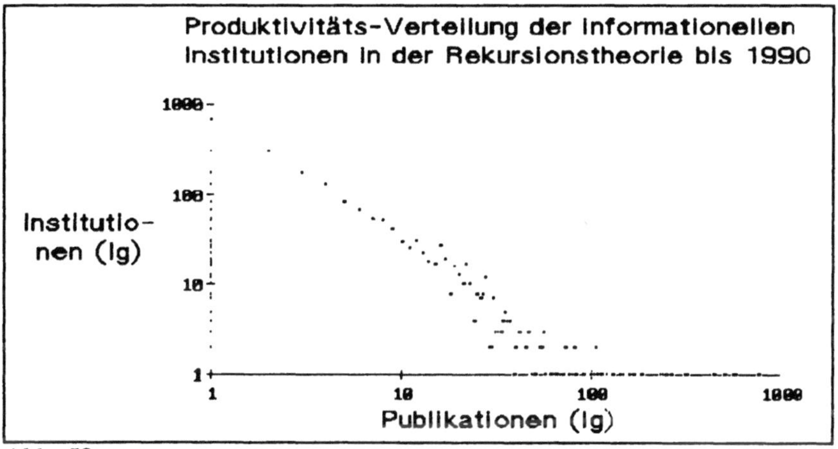

Abb. 58

Es zeigt sich nun dasselbe Bild wie bei der Lotka-Kurve. Am Anfang existieren keine überragenden Institutionen. Mit Fortschritt der Entwicklung der Disziplin verschiebt sich die Kurve nach rechts: Die Zahl der Institutionen, die eine größere Zahl von Publikationen beisteuerten, wächst, ebenso wie die (absolute) Zahl derjenigen, die nur eine oder wenige Publikationen beitrugen.

Der Anteil wiederum der informationellen Institutionen, die nur eine Publikation beisteuerten, sinkt kontinuierlich von 60 Prozent im Jahre 1910 auf 34 Prozent 1990; umgekehrt bildet sich eine Spitze sehr ausgeprägt beitragender Institutionen.

Der Konzentrationsprozeß ist insgesamt deshalb intensiver als bei Lotka-Verteilungen, weil die Kapazität einer größeren Institution wesentlich elastischer ist als die individuelle menschliche Arbeitskapazität, deren Spitzenwerte ja die obere Grenze einer Lotka-Verteilung bilden.

Bis jetzt haben wir Verteilungsregularitäten betrachtet, die auf Individuen oder singuläre Institutionen zutreffen. Wir wollen diese Betrachtung nun auf die Sachgebiete der mathematischen Logik ausdehnen, die man auch *intellektuelle Institutionen* nennen könnte. Die Unterschiedlichkeit dieser Institutionen zeigte sich bereits, als wir ihre Gesamtgröße anhand sämtlicher Publikationen darstellten, die sie bisher auf sich vereinigten.

A. F. J. van Raan hat die These geäußert, daß die Größenverteilung der wissenschaftlichen Forschungsgebiete Ausdruck eines - bisher noch wenig verstandenen - informationellen Gleichgewichts darstellt. Dieses in Form einer konstanten lognormalen Verteilung erscheinende Gleichgewicht stellte er auf zwei verschiedenen Aggregationsebenen von Kozitations-Clustern des Science Citation Index fest, nämlich auf einer Ebene, die den Literaturbestand (im Jahre 1986) in 1371 Cluster (C2) aufteilt, sowie auf der nächsthöheren Ebene, in der nur noch 179 (C3) Cluster entstehen (van Raan 1990, 1991). Der Vergleich der Größenverteilung dieser Cluster in doppellogarithmischer Darstellung zeigte lognormale Verteilung jeweils eines mittleren Abschnittes in beiden Fällen[49]. Die Kurven der Formel $g(r) = k\, r^{-\gamma}$ mit g als Clustergröße des Rangs r weisen eine Neigung γ von 1,09 (C3) und 0,71 (C2) auf.

Wir wollen versuchen, van Raans Betrachtung auf die Gebiete der Logik, d.h. auf eine mikro-disziplinäre Ebene zu übertragen[50]. Ein Teil dieser Gebiete erfreut sich großer Bekanntheit, großen Zustroms und weitgehender Differenzierung; andere wiederum sind sogar unter Logikern nur wenig bekannt. Man könnte erwarten, daß sich auf dieser Ebene wiederholt, was wir als Lotka-Struktur der Verteilung von Einfluß *innerhalb* eines logischen Gebiets bezeichneten.

Um dies festzustellen, ermittelten wir die Größenverteilung der 90 größten aller 106 Gebiete der Logik kumuliert bis 1985 (vgl. Kapitel V, Abschnitt 9). Abbildung 59 zeigt das Ergebnis in doppellogarithmischer Darstellung.

---

49 Die fraktale Dimension der Cluster wird hier ausgeklammert.

50 Wobei der Unterschied zwischen durch Zitationscluster-Analysen und durch Klassifikation erhaltene Forschungsgebiete zu beachten ist.

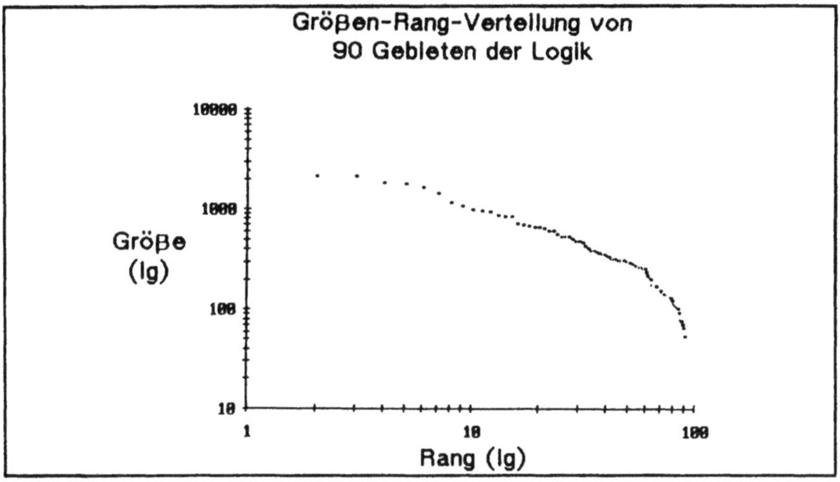

Abb. 59

Zu sehen ist eine schwach ausgeprägte schiefe Vereilung etwa von Rang 10 bis 60[51]; die Kurvenneigung beträgt allerdings nur etwa 0,04 und ist damit um Größenordnungen geringer als bei den SCI-Clustern. Ohne Zweifel ist es zur fundierten Beurteilung des Befundes nötig, weitere Größenkompositionen sowohl auf mikro- als auch auf makrodisziplinärer Ebene zu untersuchen; erst dann wohl lassen sich mögliche Regularitäten auch mathematisch abschätzen.

Das Einsetzen der Krümmung am unteren Ende der Rangskala[52] kann man als Beginn des bibliometrischen und bibliographischen "Niemandslandes" interpretieren, das im folgenden noch einmal zur Sprache kommt.

11. Cole-Hypothese, Ortega-Hypothese und die Genese von Forschungsgebieten

Ortega y Gasset hielt die Masse der namenlosen Wissenschaftler, die eher bescheidene Beiträge - in den Bahnen der Kuhnschen "normal science" arbei-

51 Was gemäß der "theory of breakage" auch grundsätzlich zu erwarten wäre, wenn man sie auf eine Theorie der Klassifikation überträgt (vgl. Aitchison/Brown 1973: 26f.). Woran die "Zersplitterungs-Theorie" ansetzt, wenn es sich um Vorgänge der Natur handelt, könnte man in Analogie zum kumulativen Wachstumsprozeß als kumulativen Schrumpfungsprozeß bezeichnen. Die erste formale Beschreibung lieferte Aitchison/Brown zufolge wohl A. N. Kolmogoroff mit seiner Arbeit "Über das logarithmisch normale Verteilungsgesetz der Dimensionen der Teilchen bei Zerstückelung", erschienen 1941.

52 In van Raans Verteilung deutlicher.

tend - beisteuert, zumindest in den experimentellen Wissenschaften für das Ferment des wissenschaftlichen Fortschritts.

Jonathan und Stephen Cole verglichen zur Prüfung dieser Hypothese das Informationsverhalten einer Auswahl besonders herausragender Physiker mit dem Informationsverhalten durchschnittlicher Physiker, die 1965 aktiv waren, mit Hilfe der in den Publikationen der beiden Gruppen zu findenden Zitate (J. Cole/S. Cole 1972). Es stellte sich heraus, daß sich die erstgenannte Gruppe häufiger auf gleichfalls herausragende Physiker bezog - viel stärker als auf andere Physiker. Diese wiederum griffen häufiger auf Ergebnisse von Physikern der gleichen "Schicht" zurück.

Die Bezeichnungen "durchschnittlich" und "herausragend" wurden anhand der Zahl der Zitierungen, die ein Wissenschaftler im Science Citation Index auf sich vereinigen konnte, vergeben.

An den Befunden scheinen keine Zweifel angebracht zu sein[53]. Die Realisierung von Überlegungen, die als Konsequenz aus diesen Befunden angeboten werden (neuerdings auch: Holub/Tappeiner/Eberharter 1991), hätte jedoch vermutlich langfristig für die Wissenschaft selbstzerstörerische Folgen. Dabei ist hier nur von Folgen in bezug auf Erkenntnisfortschritt im Sinne der Cole-Brüder die Rede; außer acht gelassen werden zahlreiche andere Tätigkeiten von Wissenschaftlern wie Ausbildung von Nachwuchs oder wissenschaftsadministrative Tätigkeiten.

Die Folgerung der Coleschen Analyse des Informationsverhaltens von Wissenschaftlern lautet: Man könnte auf die vielen Wissenschaftler verzichten, die keine herausragenden Beiträge leisten, ohne den Erkenntnisfortschritt zu gefährden, denn ihre Erkenntnisse werden von den bedeutenden Wissenschaftlern nicht benötigt.

Man könnte dies auch folgendermaßen ausdrücken: Die Lotka-Kurve kann auf der Ordinate nach oben verschoben werden, ohne sie auf der Abszisse bewegen zu müssen.

Cole/Cole haben zeitlichen Gesichtspunkten keine Aufmerksamkeit gewidmet. Das heißt, sie maßen dem Entwicklungszustand der Disziplin, die sie für ihre Untersuchung heranzogen, keine Bedeutung zu.

Wir wenden uns wieder den 64 Teilgebieten der mathematischen Logik zu. Zumindest bei all jenen Gebieten, die eine gewisse Eigenständigkeit innerhalb der Logik erhalten haben, dürften sich die Befunde der Cole-Brüder bei einer entsprechenden Prüfung ohne weiteres bestätigen lassen: Die Produktivsten

---

53 Handelt es sich bei dem Befund, daß Autoren mit ähnlichem Status einander bevorzugt zitieren und bevorzugt miteinander kooperieren, um das Ergebnis einer universellen Regularität (gemäß einer bibliometrischen Theorie von H. Kretschmer), ist dies zu erwarten. "Durchschnittliche" Autoren tendierten in der Cole-Studie jedoch etwas stärker dazu, herausragende Autoren zu zitieren als vice versa.

bleiben im großen und ganzen unter sich, soweit sie - über Zitate erkennbar - Erkenntnisse anderer Mathematiker oder Logiker heranzieht. Dies ist schon wegen der Verteilung des Literaturaufkommens wahrscheinlich: Von Logikern, die nur einen einzigen Beitrag beisteuerten, stammt nur etwa ein Siebtel aller Beiträge.

War das jedoch immer so? Gilt der Cole-Befund für jedes Stadium in der Geschichte eines Forschungsgebiets?

Betrachten wir die Situation in den 64 wichtigsten Forschungsgebiete der mathematischen Logik *in den ersten 10 Jahren* ihrer Existenz.

Wie etwa bei einem Drittel der epidemischen Kurven der logischen Teilgebiete zu beobachten, flackert in den Anfangsjahren eines Forschungsgebiet für kurze Zeit schwache Aktivität auf, um danach für einige Zeit wieder zu versiegen, bevor endlich ein kontinuierlicher Aufschwung erfolgt. Da wir Forschungsgebiete mit einem Minimum an Stabilität heranziehen wollen, betrachten wir sie daher mit dem Beginn *kontinuierlicher* Aktivität, das heißt: von dem Zeitpunkt an, von dem an es stets aktiv Beitragende des betreffenden Forschungsgebiets gab. Mit einer Ausnahme[54] darf die Aktivität nicht einmal für ein einziges Jahr unterbrochen sein, um als "kontinuierlich" gelten zu können.

In diesen ersten zehn Jahren entstanden in den 64 Gebieten der mathematischen Logik nicht mehr als 926 Beiträge - verfaßt von 623 Autoren (siehe Abb. 60)[55]. Diese 926 Beiträge machen nur 2,6 Prozent der mehr als 35 000 Veröffentlichungen aus, die bis zum Jahre 1985 noch auf diesen 64 Gebieten der Logik entstehen.

Im Durchschnitt entfallen damit nur 1,5 Beiträge auf jeden der innovativen Autoren und knapp 15 Beiträge auf jedes Gebiet, die im Durchschnitt in diesem Zeitraum auf gerade 10 Autoren kommen. Die Verteilung ist jedoch sehr ungleich. Mehr als die Hälfte aller Gebiete weist nicht mehr als 3 Autoren auf; nur ein Fünftel der Gebiete kann mehr als 10 Autoren anlocken. Wie nicht anders zu erwarten, beschäftigen sich mit der Hälfte der Gebiete jeweils weniger als fünf, nur mit einem guten Fünftel mehr als 15 Veröffentlichungen.

Auffällig ist, daß für ein Gebiet überhaupt kein Beitrag nachgewiesen wurde, obwohl die Voraussetzung kontinuierlicher Aktivität gilt. Die Ursache liegt darin, daß als Aktivität auf einem neuen Gebiet auch zählte, wenn der neue Aspekt nur einer von mehreren eines Beitrags darstellte, mit anderen Worten:

---

54 Die Ausnahme betrifft die Gruppe HXX, Nichtstandard-Modelle der Logik, wo nach anhaltender Aktivität ein Jahr "Pause" eintrat.

55 Mit Hilfe der gedruckten Omega-Bibliographie kann man sich auf einfache Weise darüber informieren, um welche Publikationen es sich handelt, da die Titel der einzelnen Gebiete unter anderem chronologisch angeführt werden.

wenn der Klassifikationscode des neuen Gebiets nur ein Code unter mehreren eines Beitrags war. Beim Zählen der Publikationsfälle jedoch beschränkten wir uns auf die Berücksichtigung des ersten Codes.

Würde man die beiden größten "Ausreißer", nämlich die Gebiete "fuzzy" Mengen und Mechanisierung von Beweisen, auslassen, entfielen auf die ande-

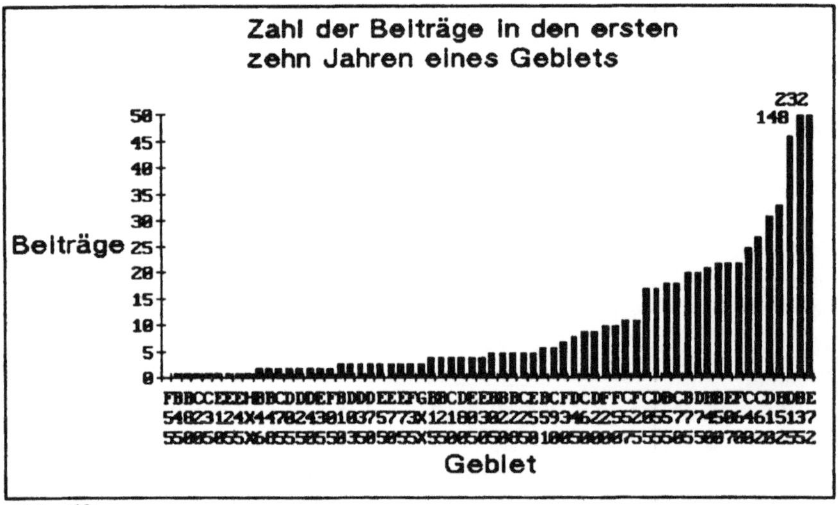

Abb. 60

ren Gebiete in den ersten 10 Jahren *insgesamt* nur durchschnittlich 8,8 Beiträge.

Nennen wir die erstmalige Bearbeitung neuer Forschungsfelder "innovative Aktivität" (was selbstverständlich die Möglichkeit innovativer Aktivität innerhalb bereits etablierter Forschungsgebiete nicht ausschließen soll). Aus den bisher dargestellten Befunden läßt sich schließen, daß innovative Aktivität von Autoren ausgeht, denen überwiegend keine Merkmale einer Coleschen Elite anhaften können. Möglicherweise haben sich diese Autoren aber außerhalb ihrer innovativen Aktivität bereits besonders hervorgetan. Das bisherige Ergebnis lautet daher nur, daß die Elite eines *zukünftigen, neuen* Forschungsgebiets nicht sichtbar oder auffindbar ist im Rahmen der bibliometrischen Methoden, die Cole et al. verwendeten. Der Versuch, innovative Forschungsleistungen in diesem Stadium beispielsweise mit der Analyse von Zitationen zu ermitteln, ist daher vermutlich zum Scheitern verurteilt. Wie Untersuchungen des Zitationsverhaltens bei wissenschaftlichen Entdeckungen belegen, ist hier starke Selbstzitierung ein häufiges Phänomen: angesichts der Kargheit einschlägiger Literatur auf dem innovativen Feld nicht weiter verwunderlich, auch wenn es wahrscheinlich ist, daß zusätzliche Literatur aus dem traditionellen Umfeld des neuen Gebiets zitiert wird - schon allein deshalb, um wissenschaftlichen Gepflogenheiten Genüge zu leisten. "The advantages of being obliterated" (Garfield 1977) betreffen nicht nur Arbeiten im Stadium ihrer abschließenden Integration, die als Quellen eines festen Wissensbestandes nicht mehr im einzelnen genannt werden müssen; in einer ersten Phase nicht oder kaum zitiert zu werden kann auch ein charakteristisches Merkmal innovativer Arbeiten sein.

Um nun den Standort innovativer Autoren *außerhalb* ihrer eigentlich innovativen Aktivität zu untersuchen, ermittelten wir, in welchem Ausmaß sich die Autoren bis zum erstmaligen kontinuierlichen Auftauchen des neuen Gebiets mit anderen Gebieten der Logik beschäftigten. Es handelt sich um 1178 Beiträge; im Durchschnitt fallen somit 1,9 Beiträge auf einen Autor (siehe Abb. 61). Bis zum Entstehungszeitpunkt des neuen Gebiets weisen die künftig innovativ tätigen Forscher somit eher geringe wissenschaftliche Erfahrung auf.

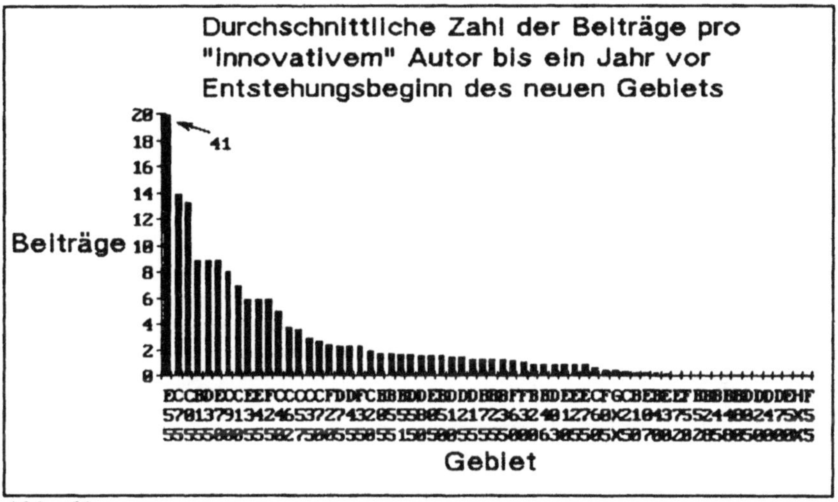

Abb. 61

Nun zählten wir sämtliche Veröffentlichungen, welche Autoren in den ersten 10 Jahren ihrer innovativen Aktivität tätigten, unabhängig vom behandelten Gebiet der mathematischen Logik. Es ergaben sich 4632 Beiträge, also 7,4 für jeden Autor. Am Vergleich mit der Zahl der Beiträge auf dem *neuen* Gebiet (nämlich 1,5) zeigt sich, daß die neuen Gebiete keineswegs im Zentrum der Aktivitäten stehen, ihnen sogar von der Seite der Autoren selbst nicht die Hauptaufmerksamkeit gilt.

Man kann daraus folgern, daß neue Gebiete häufig in Verbindung mit bereits bestehenden Gebieten entstehen, vermutlich Gebiete, zu denen sie besonders große Affinität besitzen.

Unterstellt man, daß die innovative Aktivität innerhalb der gesamten 10 Jahre schrittweise voranschreitet, also nicht "auf einen Schlag" zu Ergebnissen führt, werden jedes Jahr 0,15 Prozent eines publikationswürdigen Ergebnisses erarbeitet (10 Jahre dividiert durch die durchschnittliche Zahl von Publikationen auf dem neuen Gebiet pro Autor). Mit anderen Worten: Die Autoren müssen knapp 7 Jahre aktiv sein, um ihre erste Arbeit auf einem neuen Forschungsgebiet zu veröffentlichen. Dann haben sie *insgesamt* etwas mehr als 5 Beiträge verfaßt. Auch hier handelt es sich allerdings um eine schiefe Verteilung: Für die meisten Gebiete müssen diese Zahlen nach unten korrigiert werden. Immerhin gehören diese Autoren dann zu jenen 20 Prozent der Autoren der mathematischen Logik, die 5 oder mehr Arbeiten beisteuerten - und insoweit zu einer "Elite". Etwa 7 Prozent der Autoren der 64 wichtigsten Gebiete der mathematischen Logik gehören zu den 623 Autoren, die sich an der Neuformierung eines Forschungsgebiets in seinen ersten 10 Jahren beteiligen[56].

Es ist durchaus möglich, daß sich dieses Merkmal einer "gemäßigten" Elitezugehörigkeit noch etwas vergrößern würde, wenn man nicht nur die Beiträge zur mathematischen Logik, sondern beispielsweise zusätzlich sämtliche Beiträge zur Mathematik heranziehen würde, welche "Innovatoren" geliefert haben.

Würde man jedoch lediglich die ersten 5 Jahre der Entstehung einer neuen Forschungsrichtung heranziehen, müßte man von einer entsprechenden Verringerung der jeweiligen Zahlen ausgehen: Die Autoren würden dann beispielsweise im Durchschnitt weniger als 4 Beiträge zur Logik aufweisen.

Bisheriges Hauptergebnis ist die anfängliche "bibliometrische Unsichtbarkeit" innovativer Autoren. Es könnte also immer noch so sein, daß man ohne Schaden für die Wissenschaft auf nicht der Elite zugehörige Forscher verzichten könnte.

Stellen wir uns einen beliebigen Zeitpunkt t in der gesamten Entwicklung der mathematischen Logik vor. Zu jedem Zeitpunkt t werden sämtliche Forscher entfernt, die nicht zur Elite gehören, beispielsweise Forscher, die kaum Arbeiten zur Logik beitrugen. Ausschließlich Eliteangehörige im Coleschen Sinn werden als Forscher akzeptiert. Die Folge wäre, daß die Autoren, die beispielsweise im Jahre 1943 auf dem Gebiet der modelltheoretischen Algebra zu arbeiten begannen, nicht zum Zug kommen würden. Dasselbe würde mit den meisten der 64 untersuchten Gebiete der Logik geschehen. Würde man diese

56 Dabei wurde unterstellt, daß es unter den 623 Autoren der ersten 10 Jahre eines neuen Forschungsgebiets keine Überschneidungen gibt. In Wirklichkeit ist die Zahl der Autoren etwas geringer. Etwas größer würde die Zahl ausfallen, wenn man - anders als hier geschehen - nicht nur den ersten, sondern auch weitere Klassifikationscodes einer Publikation berücksichtigen würde.

Praxis auf die mathematische Logik als Ganzes übertragen, wiederholte sich dasselbe auf höherer Ebene: nun wäre die innovative Aktivität einiger Mathematiker oder Philosophen des 19. Jahrhunderts zum Erliegen gebracht worden, die begannen, sich mit Ideen der mathematischen Logik zu beschäftigen.

Es besteht jedoch genügend Anlaß zur Vermutung, daß diejenigen, welche die ersten Publikationen einer neuen Forschungsrichtung liefern, aus einer inhaltlich-wissenschaftlichen Perspektive zu den wichtigen Autoren ihres Gebiets gehören. Sucht man nämlich jeweils die erste Publikation auf einem der 15 anhand von Churchs Bibliographie festgestellten Gebiete der mathematischen Logik heraus, von Autoren also, die sich gewissermaßen allein auf weiter Flur befanden, stellt man folgendes fest: Knapp zwei Drittel ihrer Publikationen, nämlich 9 von 15 erhielten ein oder zwei Sternchen zugesprochen. Dies belegt, daß die von uns "innovative Aktivität" genannte Publikationstätigkeit auf neuen Forschungsfeldern tatsächlich häufig zu den bedeutenden Leistungen eines Fachs gehört.

Die Cole-Hypothese mißachtet den Gesichtspunkt der *Entwicklung* in langfristiger Perspektive Bedeutendes Beitragender. Gleichzeitig mißachtet sie dasselbe Phänomen, nun übertragen auf ganze Forschungsgebiete.

Die Antwort auf die Frage "...whether the important discoveries could or could not have been made if only the work of eminent scientists had been considered" (J. R. Cole/S. Cole 1972: 372) lautet zumindest für die mathematische Logik vermutlich: Viele, wenn nicht die meisten Entdeckungen wären nicht gemacht worden.

Die Verfechter der Cole-Hypothese negieren Lotka-Verteilungen: der lange rechte Teil der Kurve könnte ohne weiteres abgeschnitten werden, würde man ihren Schlußfolgerungen folgen.

Dies würde eine der bestbewährten Regularitäten der Wissenschaftsforschung in Frage stellen. Die epidemischen Kurven nähmen absurde Formen an - etwa die Form eines auf den Kopf gestellten "L".

Aus der Gültigkeit der Lotka-Verteilung ergibt sich das Gegenteil dessen, was Cole/Cole für möglich halten: Je größer das Kollektiv, auf das sich diese Verteilung bezieht, desto stärker muß die Zahl der nur schwach Beitragenden wachsen, um nur eine kleine Vergrößerung der Zahl in besonderem Maße Beitragender zur Folge zu haben. Genau dies ist ja der Hintergrund des Gesetzes abnehmenden Grenzertrags wissenschaftlicher Bemühungen, von dem in Kapitel IV die Rede war.

In einem fortgeschritteneren wissenschaftlichen Arbeitsgebiet ist die Situation also folgende: Wir haben es mit einer - gegenüber einem früheren Stadium dieses Gebiets - wesentlich größeren Anzahl "einfacher" Wissenschaftler zu tun; daneben auch mit einer größeren Zahl von Informationsquellen. Die Zahl herausragender Beiträge wächst, anteilsmäßig betrachtet, wesentlich geringer als die Zahl einfacher Wissenschaftler. In ökonomischen Kategorien gesprochen: Der Grenznutzen zusätzlicher wissenschaftlicher Anstrengungen auf dem in Frage stehenden Fachgebiet sinkt rapide. (Genau dies ist vermutlich der psychologische Hintergrund für die Klage beispielsweise W. Quines [1974] über die Flut ihm kaum lesenswert erscheinender philosophischer Veröffentlichungen.) Wir können jedoch davon ausgehen, daß inmitten dieser Situation ein - in seinen Konturen noch kaum erkennbarer - Differenzierungsprozeß stattfindet, der aus der Retrospektive stets sichtbar wird.

Bei der Gegenüberstellung der Ortega- mit der Cole-Hypothese wurde bisher immer unterstellt, daß man bei der Frage der Wichtigkeit der Arbeiten weniger eminenter Autoren den Blick nach hinten richten muß: Eminente Autoren beschäftigen sich vor allem intensiv mit den Ergebnissen anderer eminenter Autoren. Man muß dabei aber auch bedenken, daß sich mit bedeutenden Entdeckungen häufig ein ganzes Heer von Autoren in folgender Weise beschäftigt: Diese Autoren erklären und verbreiten die neuen Ideen, führen Nachprüfungen, Modifikationen und in der Innovationsforschung "Verbesserungsinnovationen" genannte Arbeiten durch und wenden die Ideen auf neue Fragestellungen an. Ohne diese *nachfolgende*, möglicherweise epidemische Formen annehmende Beschäftigung mit den neuen Ideen würden die Anstrengungen der Coleschen Elite buchstäblich im Nichts verpuffen.

12. Das Verhalten der "Elite" im Vergleich zu anderen Autoren beim Aufstieg und Fall von Forschungsgebieten

Es ist eine häufiger geäußerte These, daß herausragende Forscher sich dadurch auszeichnen, daß sie die Chancen fruchtbarer neuer Forschungsgebiete besonders frühzeitig wahrnehmen. Sie würden demnach zu den ersten gehören, die sich solchen Gebieten zuwenden. Autoren geringerer Produktivität hingegen würden sich erst dem Gebiet zuwenden, wenn - überspitzt gesagt - die interessantesten Probleme bereits behandelt seien, die Elite wiederum bereits vielversprechende andere Forschungsfelder ansteuert (vgl. z.B. Goffman/Warren 1980: 139ff.).

Man könnte diesen Sachverhalt auch so ausdrücken: Die Pioniere einer neuen Forschungsrichtung, die nach den bisherigen Ergebnissen ohne Zweifel in hohem Grade zur "Elite" zählen, arbeiten eine Zeitlang erst einmal allein, bevor weitere Autoren das neue Terrain betreten. In der Tat stellte sich heraus, wie wenige Autoren sich zunächst mit einem neuen Gebiet befassen; und dies sogar nicht mit "aller Kraft", sondern in Zusammenhang mit Aktivitäten auf althergebrachten Wissenschaftsgebieten.

Wir wollen nun der Frage nachgehen, ob sich Pioniere *schneller* einem neuen Gebiet zuwenden als andere Autoren. Dies müßte sich darin zeigen, daß die Beteiligung dieser Autoren am neuen Gebiet schneller beginnt als die Beteiligung anderer Autoren, ihr Engagement nach einem erfolgten Aufschwung des Gebiets aber auch schneller wieder zurückgeht.

Wie schon an anderer Stelle verwenden wir auch hier die Zahl der Beiträge, die ein Wissenschaftler im *gesamten* Zeitraum seiner Beschäftigung mit der Logik erzielte, als ein grobes Kriterium seiner Expertise. Wir können davon ausgehen, damit eine hinreichend große Zahl bedeutender Autoren der Logik zu erfassen. Wir ermittelten nun, wie der Anteil der Beiträge dieser Autoren sich im Vergleich zum Anteil durchschnittlicher Autoren in einem bestimmten Gebiet entwickelte. Wenn ihr Anteil früher einsetzt und früher zurückgeht als der Anteil anderer Autoren, würde dies für die Richtigkeit der Goffman-Warren-Sicht sprechen.

Beginnen wir mit der Beweistheorie (einschließlich Intuitionismus) und betrachten zwei Gruppen von Autoren: solche, die während der gesamten Zeit ihrer Eigenschaft als aktiv Beitragende nicht mehr als 4 Beiträge zur mathematischen Logik beisteuerten (also in etwa nicht mehr als der gesamte Durchschnitt), und Autoren, die 20 mal oder öfter publizierten.

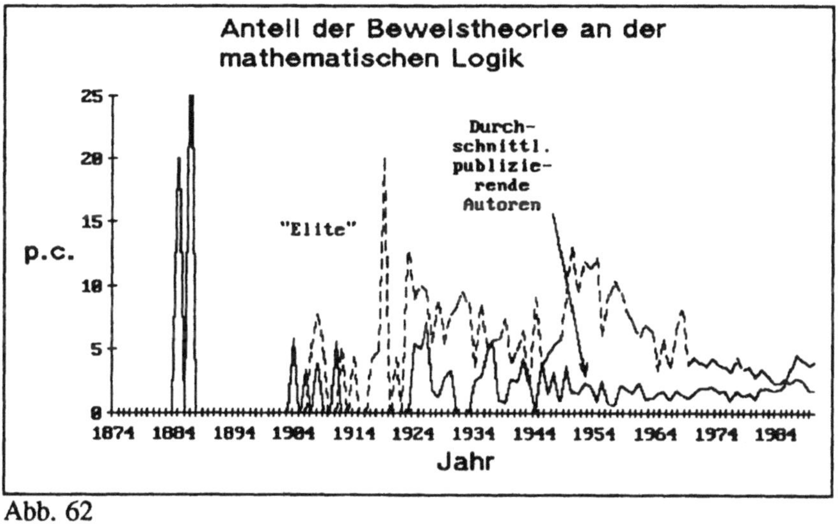

Abb. 62

Man stellt dabei erwartungsgemäß fest, daß der Anteil der zweiten Gruppe fast immer beträchtlich über dem Anteil der erstgenannten Gruppe liegt (siehe

Abb. 62[57]). Nur in der ersten Phase, etwa von 1900 bis 1915, spielen beide Gruppen eine ähnliche Rolle. Der Anteil der "Elite" wächst dann bei Aufschwung dieses Sachgebiets Anfang der 20er Jahre zunächst deutlich früher; der folgende Rückgang des Beitrags der Elite-Autoren wird jedoch von der Vergleichsgruppe mitvollzogen. Eigenartig ist eine etwa 15jährige Hausse zwischen 1950 und 1965 der Beschäftigung der Elite-Autoren mit Beweistheorie und Intuitionismus, die von den Autoren mit maximal 4 Publikationen nicht mitvollzogen wird.

Gegen Ende der Entwicklung laufen beide Kurven wieder aufeinander zu. Der Grund liegt darin, daß mit zunehmender Gegenwartsnähe der relative Anteil vielpublizierender Autoren abnimmt - das Phänomen des künstlichen Schnitts, den jede abgeschlossene Bibliographie machen muß. Nur in der Retrospektive läßt sich der Anteil von Autoren, die viel publizieren, mit ausreichendem Abstand zum Berichtsende der Bibliographie realistisch ermitteln. Dieses gegenwartsnahe Stadium einer wissenschaftlichen Disziplin zeigt sich damit hinsichtlich der *innovativen Aktivitäten*, die es enthält und die zu neuen Forschungsgebieten führen, erneut als ein - vergrößertes - Spiegelbild des Anfangsstadiums: Es ist charakterisiert durch eher vereinzelte Publikationsaktivitäten von Autoren, die mit einigen wenigen Beiträgen starten.

Auch auf dem Gebiet der Mengentheorie (Abb. 63) spielen beide betrachteten Gruppen anfangs eine ähnliche Rolle. Die Elite-Autoren vergrößern erst langsam ihren relativen Anteil, bis sie das schon oben bemerkte Übergewicht gegenüber der anderen Gruppe der Autoren einnehmen. Was den zeitlichen Aspekt des Verhaltens angeht, zeigt sich deutlich, daß der relative Abschwung der Mengentheorie um 1920 herum von den Elite-Autoren später vollzogen wird als von der Gruppe der anderen Autoren, die wiederum eine kleine Renaissance mengentheoretischer Arbeit in der Mitte dieses Jahrhunderts früher vollziehen als die Elite-Autoren.

Auch in der Rekursionstheorie (Abb. 64) ändert sich das Bild nicht wesentlich: Zunächst für kurze Zeit ähnliche Bewegung beider Gruppen; dann bauen die Elite-Autoren ihren Anteil gegenüber dem Anteil der Autoren mit höchstens 4 Publikationen aus. Die Fluktuationen werden von beiden Gruppen im großen und ganzen gleichsinnig vollzogen.

Nicht ganz in das bisherige Bild paßt das Verhalten der Modelltheoretiker. Die Beschäftigung mit der Modelltheorie entwickelt sich bis Ende der 40er Jahre dieses Jahrhunderts nur sehr schwach. Diesmal sind es die Eliteangehörigen, die einige Jahre früher beginnen (Abb. 65). Der rapide Aufstieg der Modelltheorie um die Mitte dieses Jahrhunderts herum wird zwar von beiden

57 Alle Anteilswerte der Diagramme dieses Abschnitts sind in gleitenden 5-Jahres-Intervallen dargestellt.

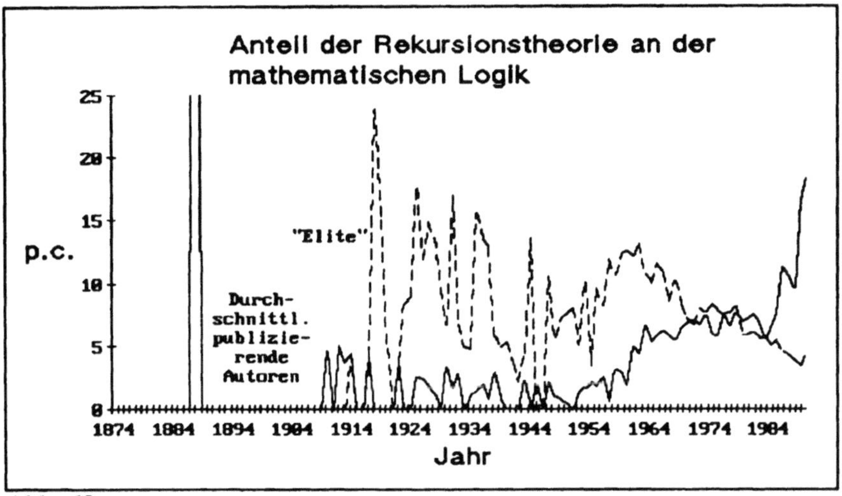

Abb. 63

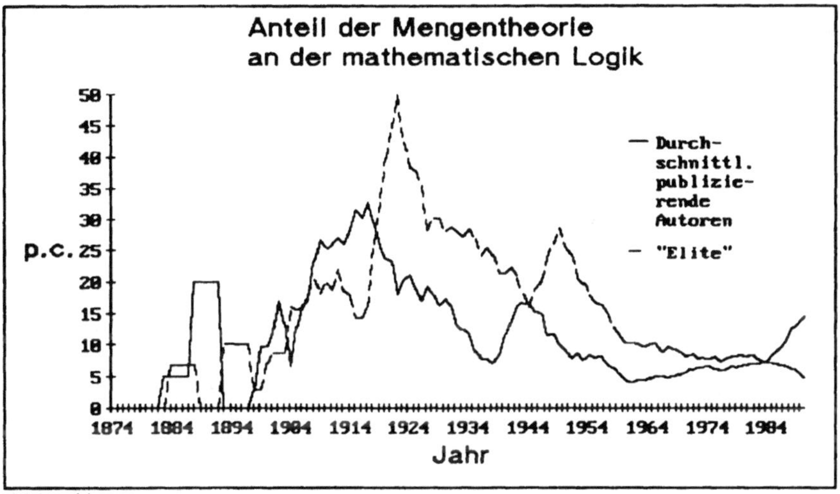

Abb. 64

Gruppen vollzogen, von den Erstgenannten jedoch viel intensiver, wobei das Maximum bereits um 1955 herum erreicht wird.

Die bisher vorgetragenen Beispiele lassen nur vorsichtige Interpretationen zu. Daß die "Elite" generell das oben beschriebene "Pionierverhalten" zeigt, ließ sich nur in Einzelfällen nachweisen. Insgesamt war es eher so, daß sich beide Gruppen in etwa gleichzeitig einem neuen Gebiet zuwenden. Erst dann folgt eine Differenzierung in der Intensität der Beschäftigung mit der jeweiligen

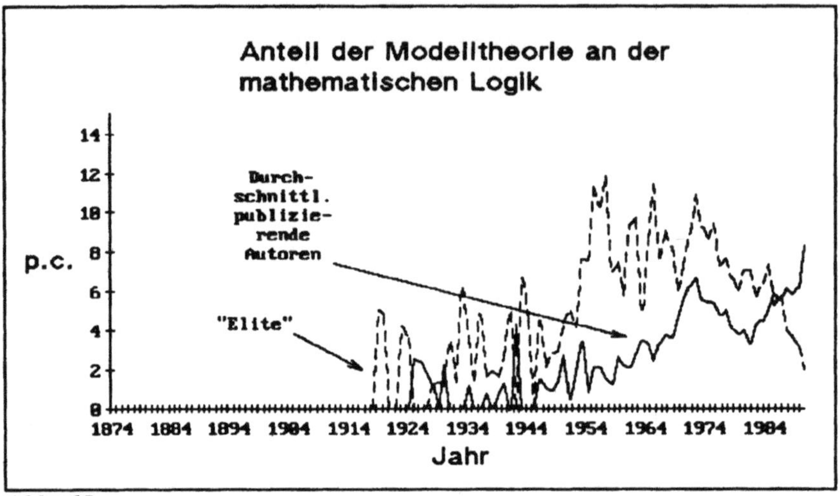

Abb. 65

Gebiet. Dabei steigt das Gewicht besonders herausragender Autoren langsam, mit anderen Worten: ihr Anteil am Publikationsvolumen des Gebiets beginnt zu steigen[58].

Überraschend ist nicht nur das Ausmaß der Ähnlichkeit des Verhaltens der beiden Autorengruppen (ablesbar in den Ausschlägen der Kurven), sondern auch das eher geringe Ausmaß der Auseinanderentwicklung der Anteile beider Gruppen an allen Publikationen. Man kann dies als Indiz dafür werten, daß sich Lotka-typische Verteilungen frühzeitig einstellen und recht stabil verhalten.

Da es überwiegend von außerhalb der mathematischen Logik kommende Personen sind, die zu diesen ersten Autoren gehören, ist es nicht die Spürnase "alter Hasen", die manche Autoren früher als andere ahnen ließe, wo wissenschaftliches Neuland liegt, sondern ihr besonderer Erfolg bei der Behandlung von neuen Themen, die sie zusammen und etwa zeitgleich mit anderen zu verfolgen beginnen.

Eine besonders schnellen Abwanderung der "Elite"-Autoren aus im Niedergang befindlichen Gebieten war in der Vergangenheit bei keinem der

58 Ein Widerspruch zum Befund von H. Parthey und W. Schuetze (1991) liegt jedoch nicht vor. Hier wurde anhand einer umfangreichen Erhebung festgestellt, daß sich besonders produktive Autoren schneller neuen, vielversprechenden Forschungsthemen zuwandten als weniger produktive Autoren. Dieser Tempounterschied zwischen Wissenschaftlern besteht jedoch *innerhalb von Instituten*. Gemäß den hier, d.h. in der Logik gemachten Beobachtungen müßte sich bei einer Betrachtung des gesamten in Frage stehenden Forschungsgebiets tendenziell eine Lotka-Verteilung der Wissenschaftler-Produktivität herausstellen.

Beispiele zu beobachten. Wie kommt der scheinbare Widerspruch zum Ergebnis Goffman-Warrens zustande, die in mehreren Fällen beobachteten, daß nach einem epidemischen Aufschwung überdurchschnittlich Beitragende schneller als andere Beitragende das Gebiet zu verlassen schienen?

Von diesen Autoren wurden besonders bedeutende Wissenschaftler der betreffenden Disziplin anhand einer schriftlichen Expertenbefragung ermittelt. Dabei kommen zwei Phänomene zusammen: Erstens besteht die Vermutung, daß Experten fachliche Beziehungen in besonderem Maße mit anderen Experten pflegen. Die Experten von morgen sind heute unbekannte Wissenschaftler, die sich der Aufmerksamkeit der Experten entziehen. Diesem Sachverhalt entspricht, was wir bibliographische und bibliometrische Unsichtbarkeit nannten. Zweitens ist damit zu rechnen, daß ein neuer fundamentaler Beitrag in einem schon größeren Wissenschaftsgebiet, also im fortgeschrittenem Stadium einer epidemischen Entwicklung, seltener geschehen wird als in früheren Phasen dieses Gebiets. Daß der Anteil bedeutender Arbeiten eines Gebiets aus der Sicht von Experten früher größer war als in späteren Phasen des Gebiets, ist demnach zu erwarten, hat jedoch nichts mit Abwanderung von Forschern zu tun.

VI. Szientometrische Perspektiven: Das Simulationsmodell wissenschaftlicher Entwicklungen von E. Bruckner, W. Ebeling und A. Scharnhorst

1. Hauptkomponenten eines makroskopischen Evolutionsmodells wissenschaftlicher Entwicklung

Mit bibliometrischen oder szientometrischen Methoden gewonnene Ergebnisse der Wissenschaftsforschung waren bisher eher statistische Zustandsbeschreibungen. Tiefere Analysen der Zustandsdynamik waren wohl auch deshalb selten anzutreffen, weil unter den Hunderten von großen Online-Datenbanken keine einzige existierte, die weit genug in die Vergangenheit zurückreichte. Die zunehmende Verbreitung von CD-ROM-Datenträgern, die herkömmliche Datensammlungen auf Computern lauffähig machen, mag hier einer Trendwende den Weg bereiten.

Eine Trendwende ist jedoch auch in der szientometrischen Methodik erkennbar. Denn der Übergang von eher deskriptiver Statistik zu quantitativer Modellierung unter Zuhilfenahme von Rechenmaschinen erlaubt nun einen Sprung von *Gedankenexperimenten*, auf die Wissenschaftstheorie und -forschung bisher beschränkt blieben, zu *Simulationsexperimenten*, in denen komplizierte mathematische Zusammenhänge berücksichtigt werden können (vgl. Nowakowska 1973). Diese Simulationsexperimente können bisher unverständliche dynamische Phänomene wie beispielsweise Fluktuationen wissenschaftlicher Aktivitäten einem prinzipiellen Verständnis näherbringen. Daß Experimente mit wissenschaftlichen Prozessen, d.h. Wissenschaftlern, nicht in der Realität durchführbar sind, steht wohl außer Zweifel. Wir wollen nun den Versuch machen, konvergierende Tendenzen der Wissenschaftsforschung zu schildern, die unter anderem auch Simulationsmodellen den Boden bereiteten. Im Anschluß daran stellen wir das unseres Wissens erste[59] makroskopische Simulationsmodell vor, das in der Wissenschaftsforschung entwickelt wurde.

Einige Wissenschaftsforscher haben - teilweise unabhängig von Goffman und unabhängig voneinander - Konzepte entwickelt, die in vielem Goffmanschen Ideen ähneln. Es handelt sich vor allem um die Arbeiten von E. Bruckner, W.

59 Nicht gezählt wurden bei dieser Behauptung *Vorschläge* für die Erstellung von Simulationsmodellen.

Ebeling und A. Scharnhorst (Bruckner/Ebeling/Scharnhorst 1989, 1990; Ebeling/Scharnhorst 1988) und Maria Nowakowska (1984)[60].

Zu nennen sind in diesem Zusammenhang auch von der Synergetik kommende Wissenschaftler wie G. Haag und W. Weidlich. Zwar sind Fragestellungen der Wissenschaftsforschung von ihnen nur kurz erwähnt worden. Die beiden genannten Autoren entwickeln jedoch in ihrer grundlegenden Einführung in die quantitative (d.i. nicht gleichbedeutend mit: statistische) Soziologie ein soziogeographisches Modell interagierender Populationen, das auch für die Wissenschaftsforschung von Interesse ist. Am Schluß des einschlägigen Kapitels äußern die Autoren die vermutlich zutreffende Vermutung, daß das dort entwikkelte Modell auch der Analyse wissenschaftlicher Entwicklungsprozesse zugutekommen kann.

Wenn man diese neuen und Goffmans schon nicht mehr ganz so neuen Ideen auf einen gemeinsamen Nenner zu bringen versucht, kristallisiert sich ein Kernbestand eines makroskopischen Evolutionsmodells wissenschaftlicher Disziplinen heraus, das aus folgenden Hauptelementen besteht:

1.) Wachstums- und Zerfallsprozesse: Rekrutierung derjenigen, die zu wissenschaftlichen Entwicklungen aktiv beitragen. Dies entspricht den Begriffen "Selbstreproduktion" und "Verfall" bei Bruckner/Ebeling/Scharnhorst sowie den "birth-death"-Vorgängen bei Weidlich/Haag. Bei Goffman handelt es sich um den Prozeß der "Ansteckung" mit wissenschaftlichen Ideen und der Beendigung der wissenschaftlichen Beschäftigung mit diesen Ideen, festgestellt mit Hilfe des Faktums erstmaliger und letztmaliger Publikation auf dem betreffenden Gebiet.

2.) Systeminterne Austauschprozesse: Abwanderung von Wissenschaftlern in andere Teilgebiete eines disziplinären Systems (Migration bei Weidlich/Haag, nicht-kooperativer Austausch, gemessen als Mobilität bei Bruckner/Ebeling/-Scharnhorst, Übergang bei Goffman und Nowakowska). Wichtigstes mathematisches Werkzeug ist hier die Theorie der finiten Markov-Ketten.

3.) Kohäsion und gegenseitige Beeinflussung von Teilgebieten eines disziplinären Systems. Jedes Teilgebiet kann von den Ideen und Erkenntnissen anderer Teilgebiete profitieren; es handelt sich um Informations-Transfer, den Bruckner et al. kooperativen Austausch oder etwas pejorativ "Imitation" nennen. Es kann sich um die Übernahme von Methoden, die Verwendung empirischer Erkenntnisse und die Rezeption von Ideen und Konzepten anderer Wissenschaftsgebiete handeln. Bruckner et al. haben diese Vorgänge mit Hilfe einer nichtlinearen Übergangsrate modelliert, die den Extremfall abbildet, daß das rezipierende Gebiet mit dem Sendergebiet im Ausmaß seiner Rezeption verschmilzt. Als eine Möglichkeit, eine globale bibliometrische Kennziffer der

---

60 Sehr ähnlich auch Ivanickij 1982.

Kohäsion oder Affinität zu erhalten, wurde von M. Nowakowska die Häufigkeit des gemeinsamen Auftretens von Klassifikationsmerkmalen von Publikationen vorgeschlagen. Ebenso denkbar ist der Einsatz von Zitationsanalysen und ähnlichen bibliometrischen Verfahren.

Goffman hat die Dynamik gerichteter oder ungerichteter Austauschprozesse nicht einbezogen. Der epidemiologische Ansteckungskoeffizient q_P für ein bestimmtes Wissenschaftsgebiet in einer Menge von Empfänglichen kann jedoch als globale, lineare Übergangsrate interpretiert werden, wenn als Empfängliche all jene gelten, die sich mit irgendeinem Zweig des übergeordneten Gebiets beschäftigen.

Innerdisziplinäre Austauschvorgänge kann man als Lotka-Volterra-Prozeß interpretieren (Ivanickij 1982), dessen formale Behandlung weitgehend der Behandlung epidemischer Prozesse ähnelt. Einige Gebiete wachsen durch "Auszehrung" anderer Gebiete, indem sie Wissenschaftler aus diesen Gebieten absorbieren. Hier äußert sich Konkurrenz um wissenschaftliche Kapazität. Gleichzeitig profitiert das "räuberische" Gebiet aber auch von Erkenntnissen, die auf dem alten Gebiet gewonnen wurden. Eine zu starke Auszehrung der Gebiete, aus denen der Transfer erfolgte, gefährdet damit auch den Bestand des zunächst von den Übergängen profitierenden Gebiets, da der unter Umständen lebensnotwendige Zustrom von Erkenntnissen aus anderen Gebieten ausbleibt.

Die Vermehrung eines "Räubers" durch ungebremste Vereinnahmung des Beutetierbestands kann einen bestimmten Punkt nicht überschreiten, hinter dem das Wachstum der Räuber zusammenbricht.

Daß die Intensität der Konkurrenz um wissenschaftliche Kapazität vermutlich mit der wissenschaftlichen Verwandtschaft in Zusammenhang steht, zeigt der positive Zusammenhang zwischen der Affinität von Gebieten, also ihren symbiotischen Eigenschaften, und Mobilität. Die empirische Analyse solcher Informationsflüsse steckt allerdings wohl noch in den Kinderschuhen.

Die Verwendung des epidemiologischen Instrumentariums zielte darauf ab, die Ausbreitung wissenschaftlicher Ideen, oder, was fast gleichbedeutend ist, die Verbreitung wissenschaftlicher Forschungsrichtungen mit Hilfe deterministischer, nichtlinearer Differentialgleichungen makroskopisch zu modellieren. Der Begriff deterministisch darf hier nicht mißverstanden werden: ihm ist allein dadurch schon Genüge getan, daß entsprechende Differentialgleichungen verwendet werden können. Determinismus hat hier nichts mit irgendeiner Art innerer "Vorherbestimmtheit" wissenschaftlicher Entwicklungen zu tun. Bruckner et al. betrachteten die Ergebnisse solcher Differentialgleichungen als Approximationen mehrerer stochastischer Durchläufe eines Systems.

Dieses Instrumentarium schien bis zu einem gewissen Grade kurzfristige Prognosen zu ermöglichen; eine abschließende Beurteilung ist diesbezüglich noch nicht erfolgt, zumal in der Rezeption die mathematische Behandlung bisher ausgeklammert wurde.

Die Goffmansche *Interpretation* des Systems nichtlinearer Differentialgleichungen als Modellierung eines epidemischen Prozesses ist jedoch erst dann überzeugend, wenn die "Übertragung" von Ideen nicht nur plausibel gemacht, sondern tatsächlich nachgewiesen wird[61], was bei Goffman nicht geschah. Ungeachtet dieser Einschränkung ist Goffman zugutezuhalten, daß man sich in der modernen Epidemiologie intensiv auch mit nicht-infektiösen "Verbreitungs"-Prozessen beschäftigt. Insofern ist das Goffmansche Modell kompatibel zur einfachen Darstellung des quantitativen Entwicklungsverlaufs eines disziplinären Systems.

Der zentrale Unterschied zwischen dem epidemiologischen Modell und dem Modell Bruckners et al. besteht darin, daß nur im epidemiologischen Modell die Abhängigkeit der Entwicklung eines wissenschaftlichen Gebiets von einem *Potential* von Wissenschaftlern modelliert wird, ohne das wissenschaftliche Ideen zwingend im Sande verlaufen müssen, weil es niemanden gibt, der sie aufgreift. Dieser Gedanke und seine mathematische Formulierung werden durch das szientometrische Modell Bruckners et al. nicht überflüssig gemacht. Die Einbeziehung erweist sich jedoch in praxi deshalb als höchst schwierig, weil die Gruppe der Empfänglichen nur retrospektiv aus der Summe aller Infizierten abgelesen werden kann, die Prognostizierung ihrer zukünftigen Entwicklung jedoch nur schwer möglich scheint[62].

Im nicht-epidemiologischen Modell wird der Bezug auf eine Menge von externen Empfänglichen durch eine Zuflußrate ϕ hergestellt, die jedoch nicht wie die externe Zufuhrrate q_{I+} des epidemiologischen Modells in die Berechnung von Schwellenwerten und ähnlichem einbezogen wird. Auf diese Weise wird die Zufuhr aus dieser Menge einfach mit Hilfe einer summarischen Zugangsrate mathematisch beschrieben. Davon unterschieden wird eine Wachstumsrate A_i, mit der die Selbstreproduktion durch Nachwuchsrekrutierung und Schulenbildung modelliert wird. In den eigentlichen Simulationen wird die summarische Zufuhrrate ϕ nicht mehr berücksichtigt. Die Wachstumsrate A_i deckt vielmehr die gesamte Zufuhr ab.

Wanderungen von Autoren zwischen einzelnen Gebieten der Logik werden bei Goffman zwar Markovketten-theoretisch umfassend behandelt; ihre Dynamik während des untersuchten Zeitraums geht jedoch nicht in das epidemiologische Modell ein. Angesichts der möglichen Sensitivität wissenschaftlicher Prozesse für Mobilitätsvorgänge besteht hierin wohl eine entscheidende Lücke.

61 So schon Kochen 1970.

62 Dies ist wohl auch - neben anderem - der Grund dafür, daß Goffman/Warren später (1980: z.B. 58f.) lediglich einzelne epidemische "Wellen" herausgriffen und als Wachstumszyklen mit begrenzten Ressourcen modellierten. Damit findet man sich beim altbekannten Gedanken logistischen Wachstums wissenschaftlicher Gebiete wieder. Prognosen beispielsweise über weitere epidemische Aufschwünge erfolgten nicht mehr.

Die explizite Modellierung solcher Austauschprozesse zwischen den Gebieten stellt eine Verbesserung dar, die umso stärker ins Gewicht fällt, je größer diese Abhängigkeit wird, was generell mit steigendem Auflösungsgrad bei der Betrachtung eines disziplinären Systems der Fall sein wird.

Zu Recht weisen Bruckner et al. darauf hin, daß epidemiologische Modelle die Entstehung neuer Arten bzw. Klassen oder Gebiete in Disziplinen als solche voraussetzen müssen (1990: 22). Auch in ihrem Modell ließ sich dies jedoch nicht vermeiden, da die Entstehung einer neuen Art oder Klasse als Zufallsergebnis eines stochastischen Prozesses nur vorausgesetzt wird.

2. Simulationsergebnisse und tatsächliche Entwicklungen von Gebieten der Logik

E. Bruckner et al. haben unter Anwendung der Methoden der nichtlinearen statistischen Mechanik und der Synergetik ein Evolutionsmodell sozialer und biologischer Prozesse herangezogen, dessen mathematische Grundstruktur bereits in den Modellen der präbiotischen Evolution zu finden ist[63]. Auf diese Weise gelang es ihnen, begriffliche Analogien zu Evolutionsprozessen, welche in den Darstellungen der Wissenschaftsforschung dominieren (z.B. Holton 1930; Oeser 1987, 1988; Krohn/Küppers 1989), einer genaueren und empirisch nachprüfbaren Interpretation zu unterziehen.

Dieses Modell konkretisierten sie anhand eines fingierten Systems wissenschaftlicher Teilgebiete, deren "Koevolution" sie auf diese Weise untersuchten.

Das Modell beschäftigt sich mit Größen einer makro-wissenschaftstheoretischen oder kürzer, *makroskopischen* Ebene der Betrachtung wissenschaftlicher Entwicklungen. Simulationsexperimente sind jedoch in neuerer Zeit auch auf einer mikro-wissenschaftstheoretischen Ebene durchgeführt worden (Langley et al. 1987). Hier wurde ein Simulationsmodell derjenigen kreativen Prozesse erarbeitet, die zu neuen wissenschaftlichen Hypothesen führen.

Wir stellen die Hauptgleichung des Modells[64] vor (Bruckner/Ebeling/Scharnhorst 1989: 179):

$$\dot{x}_i = (A_i^{(0)} - D_i^{(0)})x_i + (A_i^{(1)} - D_i^{(1)})x_i^2 - D_i^{(2)} x_i^3 +$$

63 Den Kern bildet die sogenannte Fisher-Eigen-Schuster-Gleichung. Eine sehr empfehlenswerte inhaltliche Einführung findet sich in Kapitel V, Abschnitt 3 (Die Evolutionstheorie der Materie von M. Eigen) von W. Stegmüller 1979.

64 Eine Einführung in das Verständnis von und den Umgang mit "Mastergleichungen" der Synergetik gibt Haag 1990.

$$+ \sum_{j=1}^{z} (M_{ij}x_j + B_{ij}x_ix_j - C_{ij}x_ix_j) + \phi$$

$$+ \sum_{j=1}^{z} [(A_{ij}^{(0)} + A_{ij}^{(1)} x_i)x_j - (A_{ji}^{(0)} + A_{ji}^{(1)} x_j)x_i]; \quad i = 1, 2, 3,..., z$$

Die in Klammern hochgestellten Koeffizienten (0), (1), (2) bedeuten im ersten Fall Linearität, im zweiten und dritten Fall Nichtlinearität.
x_i: Stärke der Aktivität auf dem Gebiet i, ausgedrückt in der Zahl aktiver Wissenschaftler
A_i, D_i: Selbstreproduktion und "Zerfall" auf dem Gebiet i
M_{ij}: Hiermit soll die Wahrscheinlichkeit gemessen werden, daß als Ergebnis von Mutationen ein Element von i von einem Element in j "irrtümlich" erzeugt wird ("error reproduction").
B_{ij}: "Katalytische" Erzeugung von Elementen in i durch Wechselwirkung mit anderen Gebieten.
C_{ij}: Entspricht der "katalytischen" Erzeugung mit umgekehrten Vorzeichen.
A_{ij}, A_{ji}: Übergangsrate von j nach i bzw. von i nach j[65].
ϕ_i: Zufuhr von außen ("spontaneous generation")

Eine Reihe von Termen enthalten keine in den Simulationsläufen tatsächlich benützten Parameter, sei es, weil keine Anhaltspunkte für realistische Werte ermittelt werden konnten, oder weil die empirische Interpretation generell Schwierigkeiten bereitet. Dies gilt für die drei Größen B (sponsoring), M (error reproduction), C (suppression), ferner für die zweite nichtlineare Zerfalls- sowie die externe Zufuhrrate, so daß sich das Modell stark vereinfacht und die tatsächlich durchgeführten Simulationen auf die Berechnung der drei oben genannten zentralen Größen eines Evolutionsmodells beschränken.

In der Form, die der Simulation entspricht, lautet die Gleichung:

$$\dot{x}_i = (A_i^{(0)} - D_i^{(0)})x_i + (A_i^{(1)} - D_i^{(1)})x_i^2$$

$$+ \sum_{j=1}^{z} [(A_{ij}^{(0)} + A_{ij}^{(1)} x_i)x_j - (A_{ji}^{(0)} + A_{ji}^{(1)} x_j)x_i]; \quad i = 1, 2, 3,..., z$$

65 Bei den Ausdrücken x_i und x_j in den Übergangs-Termen wurden im Original die Koeffizienten i und j vertauscht, was zu fehlerhaften Ergebnissen führt. Den von Bruckner et al. durchgeführten Simulationen liegt jedoch offenbar die korrekte Darstellung zugrunde.

Die Rate des kooperativen informatorischen Austauschs wurde von Bruckner et al. als nichtlineare Übergangsrate A_{ij} = Im * A_i approximiert, wobei Im eine Konstante und A_i die Infektion (Selbstreproduktion) auf dem Gebiet i ist.

Zu diesem mit der Affinität von Gebieten in Zusammenhang stehendem Transfer von Erkenntnissen paart sich noch die "ungerichtete Diffusion", die hier mit Hilfe der linearen Übergangsrate ausgedrückt wird.

Betrachtet man die in Frage stehenden wissenschaftlichen Gebiete als *unverbunden*, hat man es nur mit Werten für die Zahl von Wissenschaftlern zu tun, die zu einem bestimmten Zeitpunkt aktiv Beitragende werden, sowie Werten für die Beendigung der Aktivität von Wissenschaftlern auf dem betreffenden Gebiet. Das Resultat ist bei entsprechender Größe von A_i und D_i *logistisches Wachstum.*

Wir wollen nun Resultate des Simulationsmodells von Bruckner et al. anhand eigener, im einen oder anderen Punkt etwas abweichender Simulationsläufe vorstellen sowie gegebenenfalls mit den hier vorgelegten empirischen Befunden zur Entwicklung der mathematischen Logik *phänomenologisch*, d.h. ohne Einsetzung von in den vorangehenden Kapiteln gefundenen Parameterwerten, vergleichen.

Die Autoren simulierten über einen Zeitraum von 100 Jahren ein disziplinäres System mit 5 Gebieten, die mit jeweils 100 Wissenschaftlern starten, und einem weiteren Gebiet, das neu mit einem Wissenschaftler startet.

Alle von ihnen herangezogenen Werte beruhen auf Schätzungen, denen bibliometrischen Daten der Literatur zugrundeliegen. Wir führen zunächst einige Standardeinstellungen auf.

Beim Vorgang des Ausscheidens von Wissenschaftlern wurde die nichtlineare Komponente zwischen 0,0001 und 0,0004 angesetzt, die lineare mit 0,05. Die nichtlineare Komponente ergab sich aus der angenommenen Höchstgrenze für die Größe wissenschaftlicher Gemeinschaften von 120 bis 160 Personen.

An der Größe zahlreicher Gebiete der mathematischen Logik zeigt sich allerdings, daß *intellektuelle* wissenschaftliche Gemeinschaften sehr unterschiedlichen Umfang haben können, so daß die Annahme dieser Werte als Höchstgröße problematisch scheint.

Gebiete Nr. 2 bis 6 weisen Wachstumsraten A_i zwischen 0,069 und 0,065 auf. Die lineare Übergangsrate beträgt 0,001, die "Imitations"-Konstante 0,005, woraus sich die nichtlineare Übergangsrate ergibt. Das Gebiet Nr. 1 weist eine etwas höhere Wachstumsrate (0,10) und eine etwas geringere Maximalgröße (entsprechend einer nichtlinearen Zerfallsquote von 0,0004) auf als die anderen 5 Gebiete.

Als Ausgangswerte für die Größe der Gebiete nahmen wir 1, 10, 50, 120, 150 und 250 Wissenschaftler an, der Simulationszeitraum wurde auf von 100 auf 120 Jahre erweitert.

Bei der Stochastisierung beschränkten wir uns auf die Selbstreproduktionsraten A_i. Bei jeder fünften Ableitung wurden zufällige Größenänderungen von A_i zwischen - 0.0099 und 0.0099 vorgenommen; zusätzlich wurden von jeweils 10 Ableitungen zwei zufällig ausgewählt, bei denen Variationen von A_i in derselben Größenordnung durchgeführt wurden, es sei denn, es handelte sich bereits um eine stochastisierte Ableitung. Die Werte für A_i einer Ableitung wurden bis zur nächsten Zufallsvariierung beibehalten[66].

Das Resultat der ersten von uns durchgeführten Simulation mit den beschriebenen Werten läßt sich Abb. 66 entnehmen.

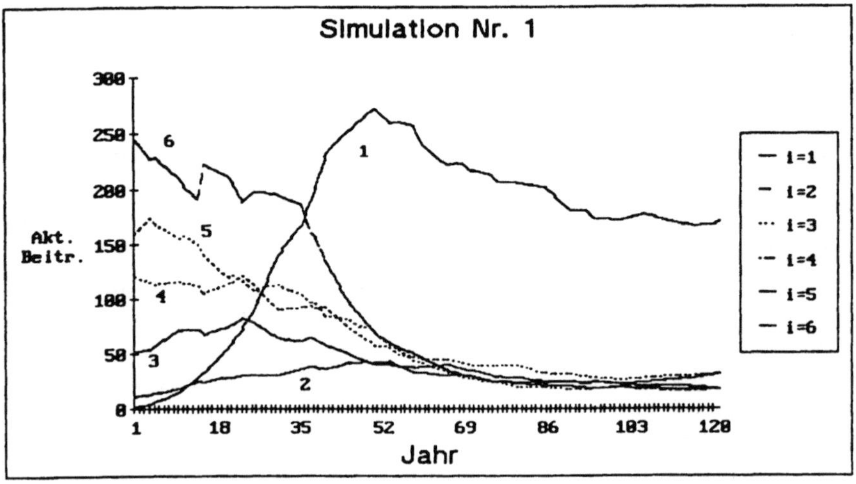

Abb. 66

Man erkennt klar die Dominanz desjenigen Gebiets, dessen Wachstumsrate etwas höher ist als die der übrigen Gebiete. Nach Eintritt des Dämpfungseffekts beginnen sich die anderen Gebiete wieder zu erholen. Die Beendigung der Expansionsphase ist mit charakteristischen Fluktuationen verbunden, auf die später noch eingegangen wird.

Wir betrachten nun den Effekt einer höheren nichtlinearen und einer niedrigeren linearen Übergangsrate: der Imitationsfaktor wird verdoppelt, die lineare Rate halbiert, während alle anderen Parameter unverändert bleiben. Auf diese Weise lassen sich Mode- und Imitationseffekte simulieren, die besagen, daß von Gebieten mit vergleichsweise großen Wachstumsraten eine Sogwirkung auf

66 Insbesondere durch die Beschränkung auf A_i liegt damit weniger starke Stochastisierung vor als bei Bruckner et al., soweit per Augenschein erkennbar (die Verfahrensweise wurde dort nicht genauer beschrieben).

andere Gebiete ausgeübt wird, der "normale" Austausch durch Übergänge jedoch schwach entwickelt ist. Es zeigt sich eine Verschärfung des Selektionsprozesses der ersten Simulation sowie eine starke Auszehrung aller anderen Gebiete (siehe Abb. 67).

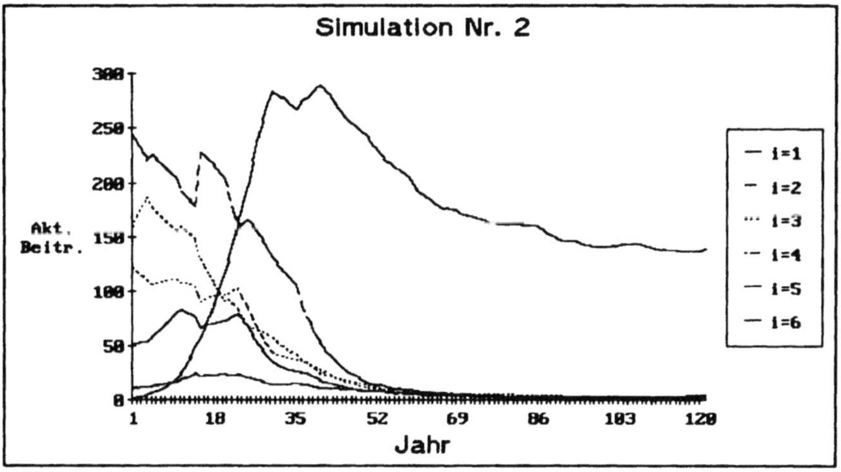

Abb. 67

Das folgende Beispiel verdeutlicht die Folgen einer weitgehenden Isolation einer Forschungsrichtung von ihrer disziplinären Umgebung, die in extrem kleinen Übergangsraten zum Ausdruck kommt: Der Imitationsfaktor im wird ebenso wie die Übergangsrate A_{ij} auf 0.00005 heruntergeschraubt. Die Folge ist viel langsameres Wachstum des in den ersten beiden Simulationen expansiven Gebiets (siehe Abb. 68).

Wie an zahlreichen epidemischen Kurven von Gebieten der Logik sichtbar, flackern Aktivitäten häufig zunächst kurz auf, um anschließend wieder zu versiegen; erst dann setzt - oft sehr langsam - ein Wachstumsprozeß ein. Diesen Effekt demonstrierten Bruckner et al. in ihren Simulationsexperimenten allein dadurch, daß sie die lineare Übergangsrate von 0,001 für alle 6 Gebiete auf 0,00005 verringerten: Die Folge war die Verzögerung des Aufstiegs von Gebiet Nr. 1 um mehrere Jahrzehnte.

Aufgrund des geringeren Grades an Stochastisierung steht dieses Gebiet in unseren Simulationen zwar am Rande des Abgrunds, verschwindet jedoch nie zur Gänze.

Man kann das Ergebnis der Verringerung der linearen Übergangsrate folgendermaßen interpretieren: Ohne ein Minimum an Verwobenheit von Innovatoren mit traditionellen wissenschaftlichen Betätigungsfeldern ist die Chance, neue Ideen einzuführen, gering.

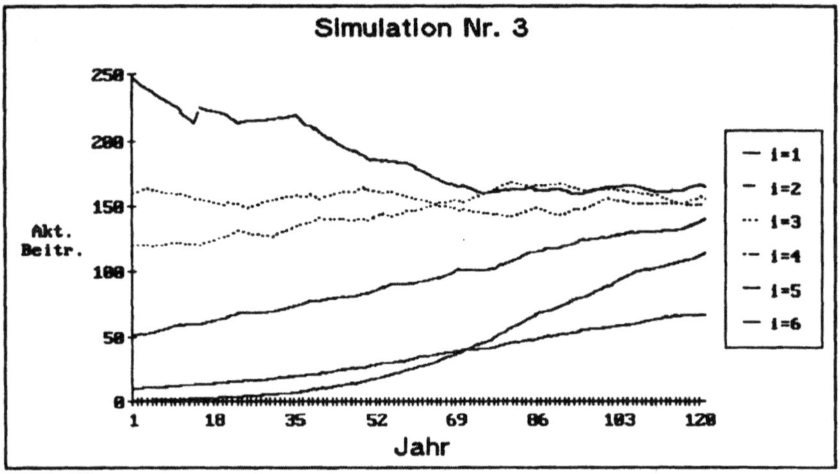

Abb. 68

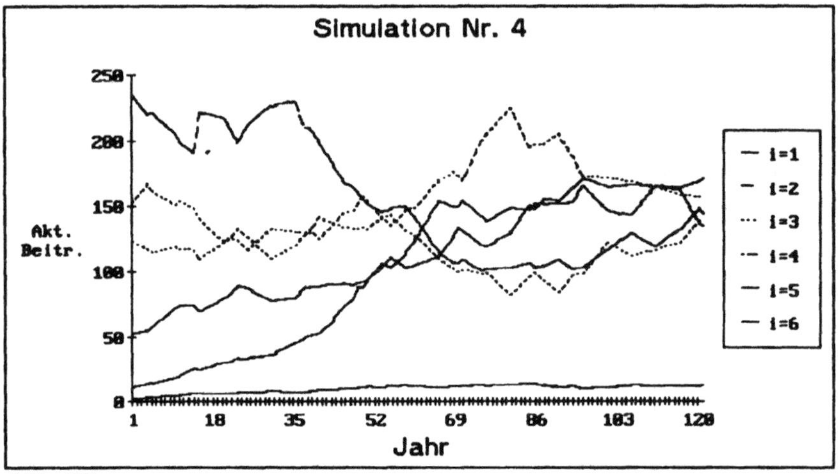

Abb. 69

Verringert man die Selbstreproduktionsrate auf 0,05 bei ansonsten "normalen" Werten (einschließlich der Übergangsraten), fehlt jedwede Expansion; das Gebiet fristet seine bescheidene Existenz nur durch Übergänge aus anderen Gebieten. Dem entspricht beispielsweise das Erscheinungsbild der klassischen Grundlagen der Zahlensysteme (B28) (siehe Abb. 69).

Eine beträchtliche Erhöhung der linearen Übergangsrate von 0,001 auf 0,05 führt zu starker Nivellierung aller sechs Gebiete trotz unterschiedlicher Ausgangssituation (siehe Abb. 70).

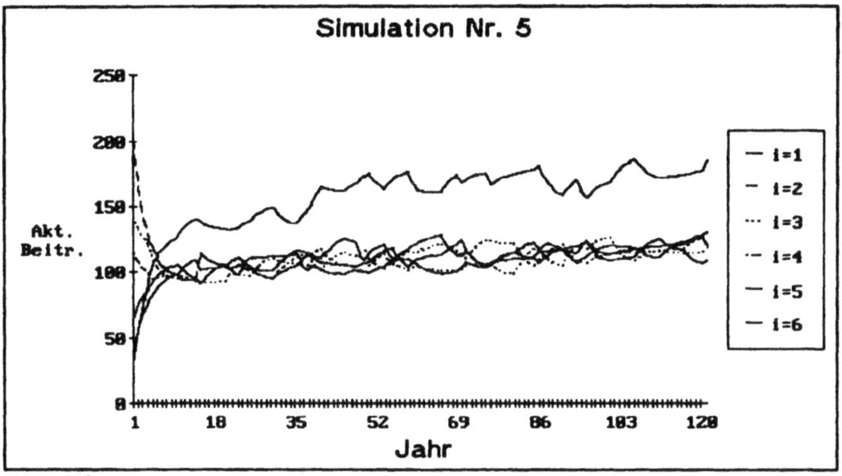

Abb. 70

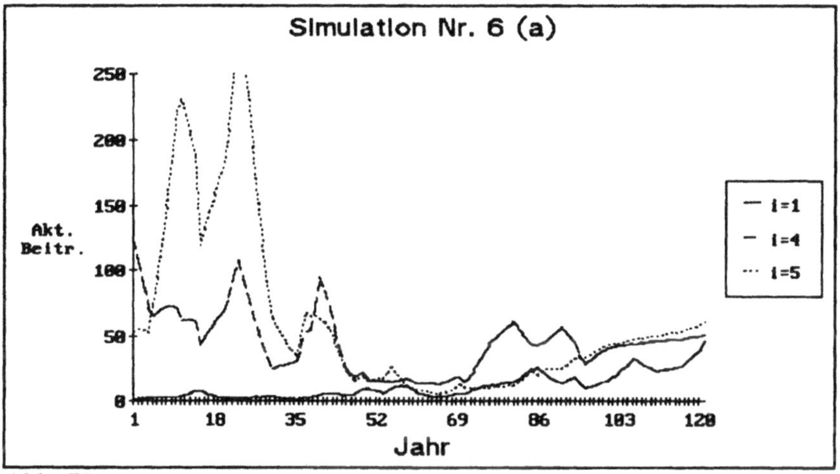

Abb. 71

Genau das Gegenteil ist der Fall, wenn man die lineare Übergangsrate mit 0,0005 recht gering ansetzt, den Imitationsfaktor und damit die nichtlineare Übergangsrate mit im = 0,05 jedoch hoch sowie die Selbstreproduktionsrate von Gebiet i mit 0,066 den anderen Gebiete angleicht und als Ausgangsgröße 0,3 setzt, mit anderen Worten annimmt, daß die Beschäftigungsintensität anfangs nur zum Teil einem neuartigen Gebiet gilt. Dies unterscheidet sich von der Simulation Nr. 2 durch einen höheren Imitationsfaktor sowie eine nur durchschnittliche Reproduktionsrate des ersten Gebiets.

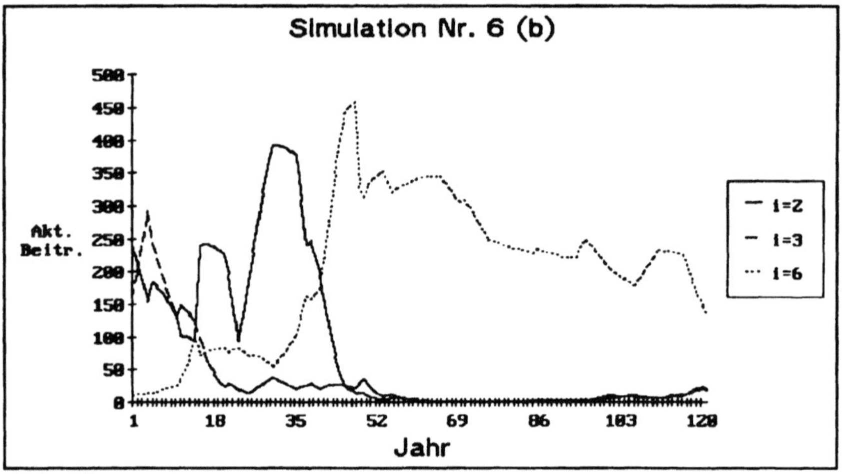

Abb. 72

Nun ist das Gebiet mit dem größten Wachstum Gebiet Nr. 6, das sich nach völlig unübersichtlicher Entwicklung in den ersten 35 Jahren schließlich als "Gewinner" entpuppt (siehe Abb. 71 und 72).

3. Phasenübergänge

Wie einige der Simulationen sowie zahlreiche epidemische Kurven des Anhangs deutlich machten, sind Fluktuationen der Zahl der Wissenschaftler auf Gebieten, die sich in einer Phase starken Wachstums befinden, in viel geringerem Maße zu beobachten als in der darauf folgenden Phase zeitweiliger Stagnation, die bei schon länger bestehenden Gebieten auftritt, deren Expansionsphase abgeschlossen ist. Dies stimmt mit der von D. Price schon vor dreißig Jahren gemachten Beobachtung überein, daß nach einer Phase exponentiellen Wachstums wissenschaftlicher, aber auch technologischer Aktivitäten die S-Kurve in unruhige Flatterbewegungen übergeht: Die Zahl beispielsweise der auf einem bestimmten Gebiet tätigen Wissenschaftler beginnt zu fluktuieren.

Dieses Phänomen trat nicht nur in der mathematischen Logik auf, sondern auch auf zahlreichen anderen wissenschaftlichen Gebieten etwa seit Anfang der 70er Jahre (vgl. Archibald/Line 1991)[67]. Wir prüften bei der Modelltheorie, ob der Vorgang sich auf alle Arten von Autoren erstreckt, d.h. auch auf Autoren,

67 Dies erinnert an die in der Wirtschaftswissenschaft gemachte Beobachtung des "clustering of saturation" (vgl. Grübler 1990; Nakicenovic 1990).

die als Experten ihres Gebiets gelten können[68]. Zu diesem Zweck verglichen wir die Aktivität derjenigen Logiker, die insgesamt 20 oder mehr Publikationen beitrugen, mit Logikern, die nicht mehr als 4 Publikationen aufwiesen. Die Aktivitäten beider Gruppen fluktuieren gleichermaßen (siehe Abb. 73 und 74), bei der letztgenannten Gruppe allerdings deutlich schwächer.

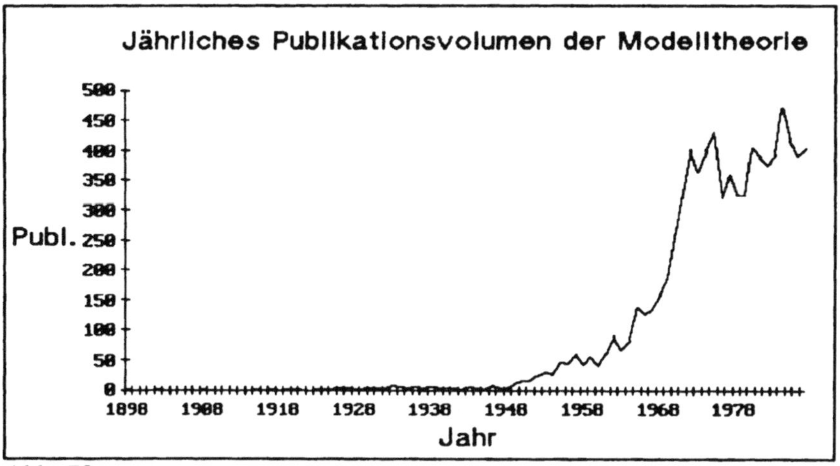

Abb. 73

G. Kröber (1991) vermutet als die Ursache solcher Fluktuationen am Ende von Wachstumsprozessen, daß Wissenschaftler in dieser wissenschaftlichen "Krise" erhöhte Mobilität zeigten bzw. die wissenschaftlichen Aktivitäten aufgrund der Neuorientierung des Gebiets nicht mehr präzise zu klassifizieren seien. Wie wir jedoch in der Mobilitätsanalyse der mathematischen Logik sahen, spricht nichts dafür, daß das Ausmaß der Übergänge als solches in diesen Phasen zu erheblicheren ruckartigen Bestandsänderungen führt; die Mobilität schien vielmehr vollkommen der Gesamtbewegung eines Gebiets zu entsprechen.

Daß die präzise Klassifizierbarkeit geringer ist als in der Wachstumsphase, läßt sich nur aufgrund empirischer Erhebungen bei denen, die solche Klassifikationen vornehmen, nachprüfen. Es ist durchaus möglich, daß diese These zutrifft, und zwar am Ende exponentiellen Wachstums aus ähnlichen Gründen wie in der Anfangsphase, wo wir von der "bibliographischen und bibliometri-

68 Bei diesen Autoren wird es sich in der Regel um langfristig angestellte Wissenschaftler handeln, die keinen kurzfristigen hochschul- oder wissenschaftspolitischen Konjunkturen ausgeliefert sein dürften.

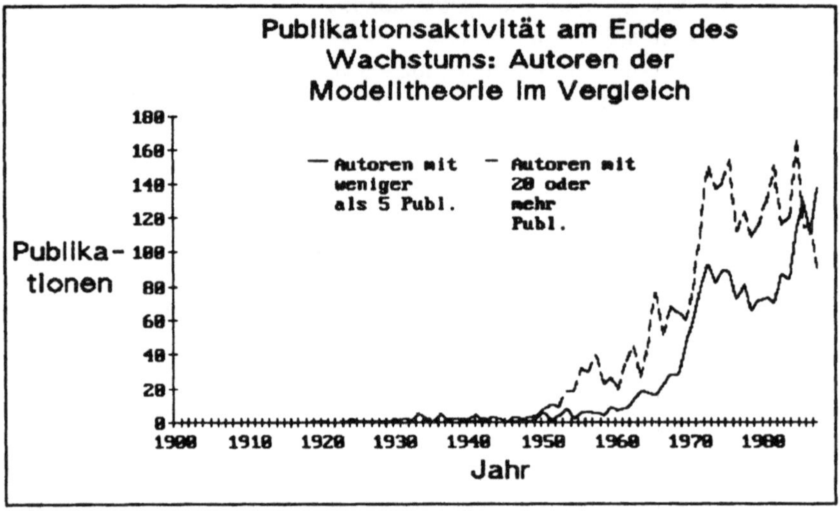

Abb. 74

schen Unsichtbarkeit" neuer Gebiete in ihrem Anfangsstadium sprachen. Wir argumentierten, daß sich erst in der Retrospektive die Konturen eines Gebiets bis zu den Anfangsgründen rekonstruieren lassen.

Auf einem Gebiet, dessen exponentielle Wachstumsphase abgeschlossen ist, sind, wie die Erfahrung zeigt, häufig Innovationen zu erwarten, die seinen Charakter grundlegend verändern können. Diese Innovationen, als schwache, periphere Aktivitäten innerhalb des alten Gebiets beginnend, werden langsam zur Herausbildung eines neuen Gebiets führen. Es spricht viel dafür, daß dieser Vorgang von Zeitgenossen häufig nicht klar identifizier- und klassifizierbar ist und sich erst in der Retrospektive sichere Beurteilbarkeit einstellt.

D. Price hatte wohl die richtige Intuition, als er schrieb, daß die Fluktuationen nach Beendigung der Phase exponentiellen Wachstums nach der Einführung von grundlegenden Neuerungen in eine neue Wachstumsphase übergehen könnten. In der Synergetik wird das Ende einer "geordneten" Entwicklung folgendermaßen beschrieben: "Fluktuationen sind ... notwendigerweise mit einem Phasenübergang verbunden und nehmen in gewisser Weise das Entstehen neuer Strukturen und das Verschwinden alter vorweg" (Haag 1990: 129).

Goffman würde diese Flukutationen epidemiologisch zu deuten und zu behandeln versuchen. Es ist jedoch nach den Simulationsergebnissen äußerst unwahrscheinlich, daß längerfristige Prognosen möglich sind, da es sich offenbar um irreguläre, stochastische Fluktuationen handelt. Dies entspricht auch der Tatsache, daß in keinem Fall außer der mathematischen Logik von Goffman oder anderen epidemiologischen Wissenschaftsforschern *"reguläre"* epidemische Fluktuationen beobachtet wurden. Auch P. Sorokin oder A.

Kroeber wurden trotz Sichtung äußerst umfangreichen Materials bei ihrer Suche nach Regelmäßigkeiten nicht fündig. Regelmäßige Fluktuationen wie in der Anfangsphase der mathematischen Logik stellen offenbar eine Ausnahme dar.

Verzichtet man auf die mathematisch-epidemiologische Behandlung solcher Fluktuationen, braucht man jedoch keineswegs auf eine (schwache) inhaltliche Deutung zu verzichten, derzufolge die epidemiologischen Kurven der Modelltheorie (wie aller Kurven des Anhangs) etwas über den Verlauf der Beschäftigung mit bestimmten wissenschaftlichen Ideen aussagen. Diese Beschäftigung tendiert am Ende einer geradlinig-expansiven Phase offenbar dazu, unvorhersehbaren Schwankungen zu unterliegen. Diese Schwankungen können nicht einmal von den an diesem Prozeß beteiligten Forschern selbst vorhergesehen werden. Demzufolge ist es auch äußerst unwahrscheinlich, daß dieser Prozeß von irgendeinem externen oder internen Akteur gesteuert werden kann[69]. Bereits einfache epidemische Prozesse oder nichtlineare exponentielle Wachstumsvorgänge können bei bestimmten Parameterkonstellationen in deterministisches Chaos übergehen[70]. Benützt man beispielsweise nur den ersten Teil der obigen Gleichung und setzt A_i mit 2,62 sowie die nichtlineare Zerfallsrate mit 0,003 an, ist nach wenigen Zeitschritten chaotisches Geschehen

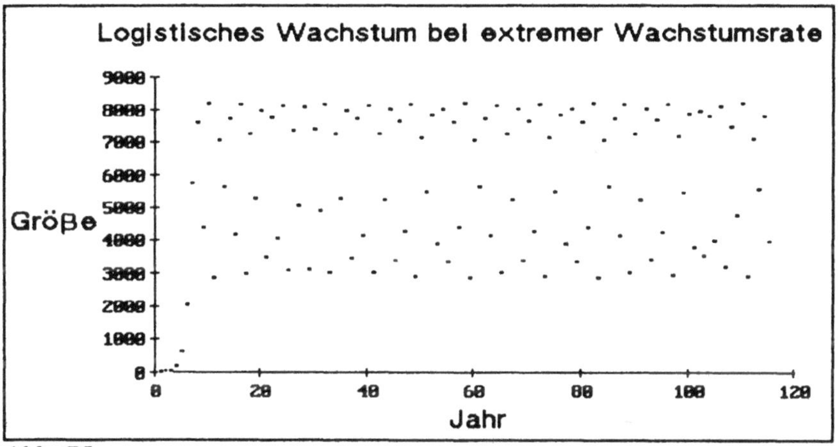

Abb. 75

69 In der Perrowschen Klassifikation der Komplexität von Systemen handelt es sich um den komplexesten Typ (Perrow 1984). Perrow hat jedoch technische Systeme im Auge, deren mangelnde Steuerbarkeit er behauptet. Was in technischen Systemen als unwillkommene Unfälle auftaucht, sind in Wissenschaftssystemen jedoch überraschende Entdeckungen oder neue Ideen.

70 Für Epidemien gehört zu den ersten Arbeiten Schaffer/Kot 1985, für nichtlineare Wachstumsvorgänge R. M. May 1975.

zu beobachten, obwohl in diesem Fall keine Stochastisierung der Parameter vorgenommen wurde (siehe Abb. 75).

G. Kröber (1991) vermutet - allerdings unter der bisher nicht wirklich überzeugend belegten Annahme der Anwendbarkeit der mathematischen Theorie epidemischer Prozesse in der Wissenschaftsforschung -, daß ähnliches auch in wissenschaftlichen Prozessen auftauchen wird. Es wäre zwar in der Tat überraschend, wenn in einem Bereich, der wie wenig andere von Selbstorganisation und Entwicklung geprägt ist, Phänomene wie Phasenübergänge, Fluktuationen und irreguläres Verhalten fehlen würden. Die völlig wirklichkeitsferne Höhe der Reproduktionsrate zeigt jedoch, daß exakte empirische Nachweise auf dem Gebiet der Wissenschaftsforschung noch mehr dem theoretischen Aufzeigen dieser Möglichkeit hinterherhinken als etwa in der Biologie oder Ökonomie. Auch in diesen Bereichen scheinen noch theoretische Betrachtungen und Modelle bei weitem zu überwiegen, in denen - gelegentlich unter durchaus plausiblen, aber doch empirisch nicht klar nachweisbaren Modellannahmen - die Möglichkeit irregulären Verhaltens bei gleichzeitigem Vorliegen deterministischer Gesetzmäßigkeiten aufgezeigt wird[71].

Eine offene Frage ist auch die exakte Darlegung der Unterschiede zwischen den scheinbar allgegenwärtigen Oszillationen jährlicher Publikationsvolumina und den Fluktuationen des Indikators "aktiv Beitragende eines Wissenschaftsgebiets".

Unterstellt man annähernde empirische Adäquatheit, lassen sich jedoch bereits aus den Experimenten mit dem vorgestellten einfachen Simulationsmodell bestimmte wissenschaftstheoretische Folgerungen ziehen, aus denen ein Beispiel herausgegriffen werden soll. Wenn minimale Änderungen bestimmter Parameter wie der Übergangsrate massive Folgen für einzelne Gebiete haben, die bis zur jahrzehntelangen Verzögerung und Verhinderung nennenswerten Wachstums gehen können, bedürfen die Ansichten über das, was als "innere Logik" der Entwicklung eines wissenschaftlichen Gebiets gilt, einer Revision. Denn wenn die Entwicklung von Aktivitätsfeldern von nichtlinearer Dynamik bestimmt ist, die Entwicklung solcher Felder wiederum auch die innere, inhaltliche Entwicklung widerspiegelt, dann hängt diese von logischen Imponderabilien ab[72]. Die Entwicklung der Forscheraktivitäten ist damit jedoch nicht irrationaler Natur; die Prinzipien der internen Entwicklung verhalten sich lediglich *kompatibel* zur nichtlinearen Dynamik der Aktivitäten.

Auch wenn es sich bei diesen Experimenten um erste Versuche auf einem neuen methodologischem Terrain handelt, zeigen sie auf einer makroskopischen

---

71 Beispiele aus der Ökonomie finden sich bei H. Albach 1988.

72 Ein interessantes kommunikationstheoretisches Modell hierzu, das stochastische Eigenschaften der Entwicklung von Netzwerken einbezieht, findet sich in Nowakowska (1984: 93ff.).

Ebene Möglichkeiten der Präzisierung traditioneller Fragestellungen der Wissenschaftsforschung auf, die J. Sneed auf einer mikroskopischen Ebene der Simulationsexperimente für die Wissenschaftstheorie sieht (Sneed 1987). Angesichts eines Erkenntnisstandes im Bereich der *Genese* wissenschaftlicher Theorien, den man wohl ohne zu große Übertreibung als Ausdruck der Kapitulation der analytischen Wissenschaftstheorie einerseits wie der Wissenschaftssoziologie andererseits auffassen kann, könnten hier Ansätze zu einer Verbesserung des unbefriedigenden Zustands liegen. Die logische Rekonstruktion wissenschaftlicher Entwicklungen und Theorien, die Beschäftigung mit dem Inhalt und den Produkten wissenschaftlicher Betätigung also, würde auf diese Weise ergänzt durch experimentell-empirische Methoden der Analyse vor allem des Entstehungszusammenhangs wissenschaftlicher Entwicklungen und Theorien (Mainzer 1986)[73].

Wir sind ans Ende des empirischen Teils unserer Untersuchung angekommen und wollen versuchen, ein Resümee zu ziehen.

Fluktuationen sind in kognitiven Systemen möglicherweise unvermeidbare Folge eines gekoppelten, nichtlinearen Wachstumsprozesses. Die größeren Wellenbewegungen wiederum sind Folge des logistischen Wachstums bestimmter Aktivitäten, die sie insoweit von anderen, weniger stark wachsenden Aktivitäten herausheben. Den innovativen Prozeß kann man epidemiologisch als die Einführung grundlegender neuer Ideen deuten, die sich, ihre Konkurrenten überflügelnd, in Wissenschaftlerpopulationen als "Basisinnovationen" häufig mit exponentiellem Wachstum und unter Gültigkeit lognormaler Verteilungsregularitäten (Lotka, Bradford) verbreiten. Die epidemiologische Analyse solcher Verbreitungsprozesse kann mit Methoden der nichtlinearen statistischen Mechanik und Synergetik sowie mit Simulationsexperimenten bereichert werden.

Wie sich gezeigt hat, gelang es Bruckner et al. mit Hilfe ihres Evolutionsmodells, die ganze Bandbreite epidemiologischer Phänomenologie der mathematischen Logik einzufangen. In den Simulationsläufen wurden irreguläre Fluktuationen an den Endpunkten einer "großen" Fluktuation, ferner in von Stagnation geprägten Phasen wissenschaftlicher Entwicklungen erzeugt. Die Wachstumswelle zwischen Anfangs- und End-, oder genauer: Übergangsstadium in der Entwicklung einer Disziplin ist am ehesten gleichbedeutend mit dem, was Goffman unter einem epidemischen Prozeß verstand. Daß die irregulären

73 Das Verhältnis von moderner, wissenschaftstheoretisch orientierter "Naturphilosophie" und Naturwissenschaften ist nicht durch Unterordnung einer der beiden Disziplinen gekennzeichnet, sondern durch Gleichberechtigung; es wäre insbesondere unakzeptabel, wenn sich die Naturphilosophie dem naturwissenschaftlich erreichten Wissensstand zu entziehen versuchte (Kanitscheider 1988). Warum sollte dies nicht auch für das Verhältnis von *Wissenschafts*philosophie und (empirischer) Wissenschaftsforschung angestrebt werden?

Fluktuationen hingegen mit der mathematischen Theorie epidemiologischer Prozesse behandelt werden können, ist fragwürdig.

Naheliegender scheint es, sie als allgemeines Merkmal strukturbildender Prozesse zu interpretieren, deren Wirkung in der präbiotischen Evolution beginnt und bei wissenschaftlichen Entwicklungen offenbar nicht endet.

VII. Horizontale Differenzierung, vertikale Differenzierung und Expansion der Wissenschaft: Ein Ausblick

Die Entwicklungsgeschichte der mathematischen Logik ist ein Beispiel für die ungeheure Expansion der Investition in die Gewinnung abstrakter Erkenntnisse, die das 20., aber auch das 19. Jahrhundert europäischer und nordamerikanischer Geschichte kennzeichnet. Betrachtet man die einzelnen Gebiete der expandierenden Logik, zeigt sich, daß einige davon im Zentrum des Zustroms von Forschern standen; andere wiederum befanden sich eher an der Peripherie eines breiten Spektrums von Wachstumsgeschwindigkeiten, das von Stagnation bis zu hyperexponentiellem Wachstum reicht.

Wenn wir vom exponentiellen Wachstum der Logik insgesamt sprechen, beziehen wir uns demzufolge auf einen *Durchschnitt* einer asymmetrischen Verteilung von Wachstumsgeschwindigkeiten. Dabei handelt es sich nur um ein Spiegelbild der Produktivitätsverteilung der Forscher, von denen wenige viel und viele wenig beitragen: Wenige Gebiete der Logik tragen viel zu ihrer Entwicklung bei, zahlreiche Gebiete nur wenig. Ob diese Asymmetrie deutlicher würde, wenn man sich von bibliographisch-pragmatischen Gegebenheiten einer begrifflichen Klassifikation lösen und die Intensität der Beschäftigung der Logiker mit den verschiedenen Teilgebieten direkter messen könnte, bleibt dahingestellt.

Der disziplinäre Differenzierungsprozeß zeigt sich in der "Fulguration" neuer logischer Teilgebiete. Er ist möglicherweise nur ein Spiegelbild des Differenzierungsprozesses der gesamten neuzeitlichen Wissenschaft, wie er in der Wissenschaftsgeschichte wohlbekannt ist, wenn auch kaum in seinen quantitativen Charakteristiken. Es wäre Aufgabe der Wissenschaftsforschung, diese Form von Differenzierung auch an weiter zurückliegenden Fällen zu untersuchen. Dabei bietet sich die Mathematik des 19. Jahrhunderts an, die in ihrer Größenordnung, d.h. gemessen an der Zahl beteiligter Forscher, in etwa der Logik des 20. Jahrhunderts entspricht, wie erste Abschätzungen ergaben[74]. Zugleich kann hier die Wechselwirkung zwischen Mathematik und Logik genauer untersucht werden, die in dieser Studie aufgrund einer kaum bewältigbaren Datenmasse im Dunkeln bleiben mußte.

---

74 Die Abschätzungen beruhen auf Vorbereitungen der Verfasser für eine entsprechende Analyse.

Logisch-mathematische Ideen reiften im Laufe von Jahrhunderten heran: Katalysatoren des formalen Denkens, das die moderne Logik verkörpert, liegen zwar beispielsweise in den Booleschen und Fregeschen Arbeiten des 19. Jahrhunderts; ihre Wurzeln aber sind wesentlich weiter zurückzuverfolgen, wie die 38 Publikationen zeigen, welche die Churchsche Bibliographie von 1638 dem Erscheinungsjahr der "Logica Hamburgensis" von Joachim Jungius[75], bis 1846 verzeichnet. Ein weniger früh einsetzender, aber strukturell ähnlicher und etwas schwächerer "Vorlauf" bis zur eigentlichen Expansion der mathematischen Logik ergab sich auch aus der zeitlichen Analyse der Ω-Bibliographie. Genau dasselbe Bild ergab sich wiederum bei der Analyse der quantitativen Entwicklung einzelner Gebiete der mathematischen Logik. Auch für die Mathematik des 19. Jahrhunderts sind diese Formen quantitativer Entwicklung zu erwarten. Bei der Betrachtung der ersten Jahre der Entstehung eines logischen Forschungsgebiets zeigte sich, wie schwach ausgeprägt und fragil die Aktivitäten der Logiker auf diesen Gebieten jeweils sind.

Die Vorsicht, die aufgrund dieser Ergebnisse den Vorschlägen der Cole-Hypothese gegenüber angeraten zu sein scheint, läßt sich daher vermutlich auf das disziplinäre Gefüge der Mathematik übertragen.

Eine solche Untersuchung müßte ein weiteres Ziel verfolgen, nämlich die Klärung der Frage, ob es sich bei den typischen szientometrischen asymmetrischen Verteilungen um ein zeitbedingtes Phänomen oder um das Ergebnis des Wirkens universeller Regularitäten handelt. Ergeben sich nur geringfügige Abweichungen der Verteilungen von klassischen Idealformen, lassen sich Folgerungen für die theoretischen Hintergründe des Entstehens der bekannten Verteilungsmuster ziehen.

D. Price hat diese Verteilungen in einer "allgemeinen Theorie bibliometrischer und anderer Prozesse kumulativen Vorteils" mathematisch zu vereinheitlichen versucht (Price 1976). Der Begriff Vorteil trübt jedoch den Blick für zumindest denkbare theoretische Zusammenhänge: Die fraglichen Verteilungen entstehen nicht nur bei der Kumulation von Vorteilen, sondern auch von Nachteilen (z.B. bei der Kumulation abweichenden Verhaltens bei Individuen). Auch kann die bloße Spezialisierung eines Logikers im Laufe seiner wissenschaftlichen Entwicklung als kumulativer Prozeß verstanden werden; diese Spezialisierung führt jedoch noch nicht automatisch zu hyperbolischen Verteilungen innerhalb einer Gruppe von Wissenschaftlern einer Arbeitsrichtung. Typische szientometrische Verteilungen beruhen zudem sehr häufig auf einem Selektionsprozeß, der sich spezialisierende Wissenschaftler zu zentralen Figuren einer "kognitiven Institution" macht und der sich in Zitierungshäufigkeiten, aber auch in vielen anderen Arten von Selektionsvorgängen äußern kann. Erst dieser

75 Ein heute in Vergessenheit geratenes Werk, das aber unter anderem Leibniz beeinflußte.

Selektionsprozeß führt zu einem Übergang von "ungeordneten" zu "geordneten" Zuständen einer Menge wissenschaftlicher Informationen, um in der Goffmanschen Begriffsbildung zu bleiben; ein Übergang, der vermutlich von einem Rückgang der (informationellen) Entropie begleitet ist. An irgendeinem Punkt dieser Strukturbildung wird sich auch ein begrifflicher Konsens über die Existenz einer (Sub-)Disziplin einstellen.

Es handelt sich bei diesem Prozeß um fundamentale Prinzipien der Wissensorganisation von Gesellschaften, die zunehmend als "Informationsgesellschaften" charakterisiert werden, Prinzipien also, deren Bedeutung vermutlich noch zunehmen wird. Es scheint eine Aufgabe der Wissenschaftsforschung zu sein, in Verbindung unter anderem mit informationswissenschaftlichen Gesichtspunkten zur Aufklärung über *makroskopische* Wirkungsmechanismen menschlicher Informationsverarbeitung beizutragen.

Nur aufgrund solcher Analysen lassen sich Antworten auf die informationelle "Eutrophierung" entwickeln, die der Vergeudung menschlicher Informations-Ressourcen langfristig gegensteuern können.

Da, wie D. Price einmal bemerkte, die Analyse von Wissenschaften im Gegensatz zur Analyse vieler Gegenstandsbereiche in den Gesellschaftswissenschaften ein erstaunliches Ausmaß von Gesetzesförmigkeit insbesondere in bezug auf Häufigkeitsverteilungen zutage brachte, könnten szientometrische Untersuchungen sogar anregend auf Untersuchungen in anderen sozialwissenschaftlichen Untersuchungsfeldern wirken.

Während die horizontale Differenzierung der Wissenschaften ein vertrautes und in seinen Umrissen wohlbekanntes Phänomen ist, trifft dies nicht auf die *vertikale Differenzierung* zu. Mit dieser Form der Differenzierung wird nicht die Herausbildung neuer wissenschaftlicher Gebiete und die Spezialisierung von Forschern auf solche Gebiete angesprochen, sondern eine andere Form der "Arbeitsteilung": Die Differenzierung in theoretische Bereiche wissenschaftlicher Betätigung einerseits, praxisbezogene Bereiche andererseits. Für dieses Gegensatzpaar existieren zahlreiche und zum Teil nicht besonders glücklich gewählte Bezeichnungen; gängig ist beispielsweise die Unterscheidung von Grundlagenforschung und angewandter Forschung. Die Schwierigkeiten, die mit der analytischen Trennung dieser Forschungstypen verbunden sind, sind so groß, daß schon der Vorschlag gemacht wurde, ganz von einer Unterscheidung abzusehen (Mayr 1976). In der Szientometrie wird als die praktikabelste Unterscheidungsmöglichkeit oft die institutionelle Zuordnung von Forschung zu Universitätseinrichtungen einerseits und zu Einrichtungen der Industrie andererseits herangezogen. Für manche Zwecke ist dies ausreichend, obwohl in einigen Industriebranchen in beträchtlichem Ausmaß auch echte Grundlagenforschung betrieben wird. Vertikale Differenzierungsprozesse sind demnach auch auf innerbetrieblicher Ebene zu beobachten.

Eine andere, wissenschaftsnähere Möglichkeit der Zuordnung beruht jedoch auf der Untersuchung von Informationsflüssen. Ein Wissensgebiet trägt in dem Maße zu anderen Wissensgebieten bei, wie die dort erzeugten Informationen auf anderen Wissensgebieten genutzt werden. Hierbei handelt es sich um interdisziplinären Informationsfluß, wenn der Austausch von Informationen zwischen verschiedenen Forschungsgebieten oder Disziplinen stattfindet. Die Informationsflüsse zwischen Grundlagenforschung und anwendungsnäherer Forschung sind durch eine *Asymmetrie* gekennzeichnet, die darin besteht, daß das anwendungsnahe Gebiet Informationen des Grundlagengebiets heranziehen oder verwenden kann, dies jedoch nicht oder nur in geringem Umfang in umgekehrter Richtung möglich ist oder stattfindet.

Es gibt zweifelsohne wissenschaftliche Bereiche, wo beide Ebenen der Erkenntnissuche wenig Bezug zueinander finden, aber auch Bereiche, wo - wenn man die Betrachtung auf einen genügend großen Zeitraum ausdehnt - gewisse vollkommen theoretische und anwendungsferne Forschungsergebnisse später in kaum vorhersehbarer Weise eine fundamentale Rolle im technologischen Bereich spielten. Bibliometrisch erfaßbar ist hier ein Spektrum, das von verschiedenen Formen akademischer Forschung bis zur Erarbeitung von Patenten und Gebrauchsmustern als am stärksten in technologische Bereiche hineinragende wissenschaftlich-technische Betätigung reicht.

Nur wenige Untersuchungen beschäftigen sich in empirischer Weise mit dieser Art der Differenzierung, noch weniger Untersuchungen auch unter Heranziehung statistischer Daten. Ein berühmt gewordenes Aperçu Eugene Wigners über die Anwendbarkeit der Mathematik artikuliert das Unwissen, das hier herrscht, mit den Worten über "unreasonable effectiveness of mathematics in the physical sciences". Damit wird die Tatsache angesprochen, daß zunächst völlig anwendungsferne und "zweckfreie" mathematische Theorien auf kaum nachvollziehbare Weise und oft in langem zeitlichen Abstand praktische Anwendungen fanden.

Alles, was hier existiert, sind vereinzelte fragmentarische Fallstudien sowie sehr rohe Betrachtungen, beispielsweise über den finanziellen Anteil, den Grundlagenforschungen und angewandte Forschungen im Wissenschaftsetat einer Nation einnehmen sollten und ähnliches (z.B. Price 1976a).

Es wäre nicht überraschend, wenn sich auch bei der Untersuchung der Informationsflüsse zwischen theoretischen und anwendungsnahen Bereichen wissenschaftlicher Betätigung bekannte Verteilungsregularitäten auffinden ließen. Beispielsweise kann man davon ausgehen, daß im allgemeinen in theoretischen Wissenschaften nur sehr wenige Erkenntnisse Verbreitung über das enge Entstehungsgebiet hinaus erlangen, während die allermeisten Erkenntnisse nur innerhalb des betreffenden Spezialgebiets Anwendung finden - und auch hier nur in beschränktem Maße. Hierfür sprechen neben zahlreichen szientometrischen Studien auch die Ergebnisse der im Anhang III abgedruckten

Übergangsmatrix, sofern man die wissenschaftliche Mobilität als grobes Spiegelbild der Informationsbeziehungen zwischen Forschungsgebieten betrachtet. Wenn sich der Gesamtprozeß statistisch modellieren läßt, ist zu erwarten, daß ein gewisser Anteil von Erkenntnissen auch in Gebiete diffundiert, die mit dem Quellgebiet nur sehr geringe Affinität aufweisen. Ebenfalls zu erwarten ist, daß ein gewisser Teil des "Reservoirs" abstrakter Erkenntnisse - vielleicht über viele Umwege und Modifikationen hinweg - auch in Wissensdomänen fließt, die starke technologische Relevanz besitzen, so daß einzelne, besonders rätselhafte Fälle in der Gesamtbetrachtung als Extrempunkte einer kontinuierlichen Verteilung erscheinen.

Man könnte sich das Entstehen von anwendungsbezogenem Wissen im Umfeld von theoretischen Erkenntnissen auch ähnlich wie bei der Analyse der Lotka- und Bradford-Verteilungen im Zeitablauf als Verschiebung einer Kurve vorstellen. Die Ordinate bezeichnet den Grad der Theoretizität der Probleme und Erkenntnisse, mit denen sich Wissenschaftler einer Disziplin beschäftigen, die Abszisse den Grad der Anwendungsbezogenheit und Anwendbarkeit. Jedes Forschungsgebiet läßt sich zu jedem Zeitpunkt durch die Verteilung der Wissenschaftler auf einen Punkt im Kontinuum zwischen reiner Grundlagenforschung und anwendungsbezogener Forschung charakterisieren. Im Verlauf der Entwicklung einer Disziplin können sich Verschiebungen der Kurve sowohl zugunsten theoretischer als auch zugunsten praktischer Zielrichtungen ergeben, wobei Basisinnovationen anfangs durch das Übergewicht theoretischer Arbeiten gekennzeichnet sein werden.

Hier soll noch ein Nebeneffekt einer Verschiebung der Kurve zugunsten anwendungsbezogener Forschungen erwähnt werden. Da der Stellenwert und die Bedeutung des Publizierens mit zunehmender Anwendungsnähe wissenschaftlicher Betätigung abnehmen, bedeutet eine Vergrößerung der Zahl der anwendungsnah Tätigen und die entsprechende Verschiebung der Kurve, daß sich die Gesamtproduktivität der überhaupt beispielsweise auf dem Gebiet der Logik Publizierenden kaum ändert, da zugleich der Anteil der nur geringfügig in publizierbaren Arbeiten engagierten Logiker steigt, obwohl sich die Produktivität der Logiker in den theorienahen Bereichen vergrößert. Erweisen sich die theoretischen Bereiche einer Disziplin als ausgeschöpft oder die Produktivität der "Theoretiker" als konstant, müßte sich die durchschnittliche Gesamtproduktivität verringern, was H. W. Menard für längere Phasen der Geologie, Physik und Chemie dieses Jahrhunderts feststellte (Menard 1971: 70ff.).

Auch das Verhältnis zwischen Grundlagenforschung und angewandter Forschung wird möglicherweise von einem Prinzip abnehmenden Grenzertrags regiert, demzufolge die wechselseitige Fruchtbarkeit ab einem gewissen Punkt bei weiterer Erhöhung des Einsatzes in einem der zwei Bereiche exponentiell abnimmt.

Blickt man auf die Geschichte der mathematischen Logik zurück, so ist unschwer zu erkennen, daß sie zunächst auf einer höchst theoretischen und abstrakten Seite der Mathematik und Modellbildung angesiedelt war. Erst in den 40er Jahren dieses Jahrhunderts begann sich so etwas wie anwendungsbezogene logische Forschung zu entwickeln. Bei diesen Anwendungen stand die Konstruktion erster Computermodelle im Mittelpunkt. Der Zusammenhang zwischen mathematischer Logik und Anwendungen in Form von Computern ist so stark, daß die Jahrzehnte später etablierte Informatik schon als "angewandte Logik" bezeichnet wurde.

Obwohl die bibliometrischen Daten, die sich aus der Analyse der einschlägigen Publikationsmengen ergeben, naturgemäß nur denjenigen kleinen Teil technologischer Aktivitäten beleuchten können, der sich in Veröffentlichungen niederschlägt, scheinen sie doch grundsätzlich dazu geeignet zu sein, Licht auf bestimmte quantitative Relationen zu werfen, beispielsweise: In welchem Ausmaß beschäftigten sich Logiker auch mit technologienahen logischen Problemen und Theorien? In welchem Ausmaß zogen Wissenschaftler, die auf dem Gebiet der Computerforschung arbeiteten, Ergebnisse der mathematischen Logik heran? Welche Gebiete der Logik standen dabei im Mittelpunkt? Entspricht das Ausmaß der Fruchtbarkeit logischer Forschungsgebiete für die Computerforschung der Größenordnung dieser Gebiete (existiert eine Lotka-Verteilung der Produktivität der logischen Gebiete)? Gab es dabei so etwas wie einen Schwellenwert des Entwicklungsstands eines logischen Gebiets, der überschritten werden mußte, bevor Ergebnisse der logischen Forschung Eingang in die Computerforschung fanden? Wie kontinuierlich oder diskontinuierlich ist der Informationsfluß von der Logik in die Computerforschung?[76]

Solche Fragen sind keineswegs nur von wissenschafts- oder technikgeschichtlichem Interesse. Sie berühren vielmehr zentrale theoretische Probleme des sogenannten Technologietransfers, allgemeiner des Informationstransfers. Beim horizontalen Technologietransfer geht es um die Vermittlung von -'meist innovativen - Technologien zwischen Branchen oder geographischen oder sachlichen Einsatzbereichen. Beim vertikalen Transfer geht es um die Diffusion von wissenschaftlich erarbeitetem, technologisch nutzbarem Wissen oder von Prototypen in wirtschaftsnahe Anwendungsbereiche.

Von Interesse ist dabei insbesondere auch die Klärung der Frage, in welchem Ausmaß eine personelle Verflechtung zwischen Logikern auf der einen und Computerforschern auf der anderen Seite vorlag. Die personelle Verflechtung zwischen theoretischer und anwendungsnaher wissenschaftlicher Tätigkeit ist ein aus der Technik- und Wissenschaftsgeschichte des 19. Jahrhunderts

---

76 Die Verfasser bereiten eine entsprechende Untersuchung vor.

bekanntes Phänomen. Pioniere wie beispielsweise Rudolf Diesel, Justus Liebig und andere führten oft sowohl technologische Arbeiten als auch damit in Zusammenhang stehende theoretische Analysen durch; die in einer einzigen Person verkörperte Forschungs- und Entwicklungsarbeit dieser Pioniere ist ein Phänomen, das auch bei einer Reihe von Logikern und Mathematikern dieses Jahrhunderts zu beobachten ist, die sich wie A. Turing oder John von Neumann mit theoretischen und insbesondere logischen Grundlagen formaler Operationen einerseits, mit der technischen Realisierung von "Rechenmaschinen" andererseits beschäftigten.

Es ist davon auszugehen, daß diese Formen der "Personalunion" nicht nur bei Pioniergestalten zu finden sind, sondern in einer kontinuierlichen Intensitätsverteilung bei einer größeren Zahl von Logikern, so wie sie bei anderen bibliometrisch erfaßbaren Merkmalen der wissenschaftlichen Produktivität auftrat.

Man kann diese Verbindung verschiedener Informationsströme, die in einer Person stattfinden, personalen Informationstransfer nennen, da davon auszugehen ist, daß die jeweiligen Kenntnisse auf dem einen Gebiet in die Tätigkeit auf dem anderen einfließen. Die schon angesprochene Asymmetrie des Erkenntnisflusses beim vertikalen Informationstransfer bleibt jedoch auch dann bestehen, wenn der Informationsfluß in einem Individuum stattfindet: Erkenntnisse der Logik können in der Computerforschung verwendet werden, nicht jedoch umgekehrt Erkenntnisse der Computerforschung in der Logik, soweit sie nicht von vornherein rein logischer Natur sind. Ein Erkenntnisrückfluß wäre allerdings möglich, wenn der herkömmliche logisch-mathematische Beweisbegriff erweitert werden würde.

Beim personalen Informationstransfer spielen Wissensformen wie disziplinäres Hintergrundwissen, heuristische Prinzipien, die Kenntnis zentraler Probleme und Arbeitsmethodiken und ähnliches eine wichtige Rolle, oft sehr informelles Wissen also, dessen Verwendungsweise beim derzeitigen Stand der Wissenschaftsforschung in diesem Bereich wohl kaum präzisierbar ist und das auch nur in geringem Umfang in Zitaten der von den betreffenden Forschern verfaßten wissenschaftlichen Literatur nachweisbar ist. Genau dieses "Hintergrundwissen" steht beim Informationsfluß von anwendungsnahen Bereichen wissenschaftlicher Forschung in theoretische Bereiche im Mittelpunkt. Bibliometrisch läßt sich diese Form von Wissenstransfer also weniger durch Zitationsanalysen als durch Analysen der Mobilität von Forschern beispielsweise zwischen Logik und Computerforschung nachweisen.

Nicht erst in unseren Tagen sind die bereits angesprochene Abstraktheit und "Wirklichkeitsferne" mancher wissenschaftlicher Erkenntnisse Zielscheibe von Kritik. Aber es ist keineswegs auszuschließen, daß die heutige Anwendungsvielfalt und Anwendungsbreite wissenschaftlicher Erkenntnisse mit der Vergrößerung der Abstraktheit wissenschaftlicher Erkenntnisse in einem unlösbaren Zusammenhang stehen, der sich sogar quantitativ nachweisen läßt.

Wir sprachen davon, daß sich der disziplinäre Differenzierungsprozeß der mathematischen Logik des 20. Jahrhunderts formal in ganz ähnlicher Weise beispielsweise in der Mathematik des 19. Jahrhunderts finden lassen wird. Aber auch der *vertikale* Differenzierungsprozeß, von dem soeben die Rede war, könnte sich in derselben Form in der Mathematik des 19. Jahrhunderts abspielen. Wir wissen, daß der Mathematik des 19. Jahrhunderts eine starke theoretische Vertiefung und Untermauerung widerfuhr, sich andererseits aber ein eigenständiges Gebiet mathematisierter Forschung entwickelte, nämlich die Physik. Genauer müßte man hier sagen: Es handelt sich um die Entdeckung der Anwendbarkeit mathematischer Theorien auf den Gegenstandsbereich der Physik; die Physik selbst ist schließlich keine Errungenschaft des 19. Jahrhunderts.

Horizontaler wie vertikaler Differenzierungsprozeß sind Ausdruck der Selbstorganisation der Wissenschaft, mit Hilfe dessen sich wissenschaftliche Disziplinen in von Wissenschaftlern und Wissenschaftlergemeinschaften traktier- und überschaubare Einheiten auflösen. Dieser selbstorganisatorische Prozeß steht im engen Wechselspiel mit der Entdeckung neuer Zusammenhänge und Gesetzmäßigkeiten, die ja häufig Kristallisationsspunkt und Grundstock einer neuen Forschungsrichtung bilden. Analysen dieses Wechselspiels sind nicht nur von theoretischem Interesse, sondern können möglicherweise auch die Rahmenbedingungen der Forschung zu verbessern helfen.

Um erfolgreich Wissenschaft zu betreiben, war jedoch, wie die Wissenschaftsgeschichte zeigt, kein tieferes theoretisches Verständnis der Funktionsweise des Wissenschaftssystems erforderlich. Aber es ist nicht nur der Erkenntniswert eines solchen Verständnisses, der Wissenschaftsforscher zu motivieren vermag, sondern auch die Krise ihres Untersuchungsobjekts, von der hier zwei Aspekte genannt werden sollen.

Die Wissenschaft scheint in eine doppelte Legitimationskrise geraten zu sein: Zum einen wird ein Grundbestand rationaler Prinzipien in Zweifel gezogen, welche beispielsweise einer Entscheidung zugunsten oder zuungunsten sich widersprechender Erklärungen desselben Sachverhalts zugrundeliegen. Solche Zweifel münden in der Meinung, daß irrationale Kriterien zur faktischen Durchsetzung einer der in Frage stehenden Erklärungen führten.

Eine andere, weitverbreitete Kritik bezieht sich auf unheilvolle technologische Anwendungen und Nebenwirkungen wissenschaftlicher Erkenntnisse.

Beide Ansätze der Kritik trugen ohne Zweifel dazu bei, eine zweifache Mystifikation ins Wanken zu bringen. Die erkenntnistheoretische Mystifikation der Wissenschaft verführte zum Glauben an ein logisches Paradies der Gewinnung von Erkenntnissen. Die soziale Mystifikation führte zum naiven Glauben an einen Automatismus der Koppelung von Erkenntnisfortschritt mit der

Verbesserung der Lebensverhältnisse. Das andere, negative Extrem dieser letztgenannten Einschätzung bildet die Meinung, wissenschaftliche Erkenntnisse seien für die Verbesserung der Lebensverhältnisse generell schädlich.

Aber auch erkenntnistheoretische Relativisten oder Skeptizisten sowie Kritiker der Bedeutung, welche institutionalisierten und elaborierten Methoden der Wissensgewinnung heute in den meisten menschlichen Gesellschaften eingeräumt wird, und Kritiker der technologischen Folgen wissenschaftlicher Erkenntnisse beziehen sich häufig auf Erkenntnisse über Erkenntnisprinzipien und Erkenntnisse über eben diese unwillkommenen Auswirkungen. Wenn daher Wissenschafts- und Technikforscher zur schonungslosen "Selbsterhellung" der Voraussetzungen, Mechanismen und Auswirkungen wissenschaftlicher Erkenntnisbemühungen beitragen, werden sie, so scheint uns, sogar in den Augen der schärfsten Wissenschafts- und Technikkritiker ihrer gesellschaftlichen Verantwortung gerecht.

Anhang I

8 Hauptgebiete und 62 Untergebiete der mathematischen Logik: Aktiv Beitragende und Anteile am gesamten Publikationsvolumen

Vorbemerkung. Die folgenden Abbildungen enthalten - meistens auf dem oberen Teil der Seite - die absolute Zahl der aktiv Beitragenden eines Teilgebiets der mathematischen Logik von 1874 bis - in der Regel - 1980. (Jemand gilt als aktiv Beitragender vom ersten bis zum letzten Jahr seiner Publikationstätigkeit, vgl. oben S. 30.) Die Aussagefähigkeit der Daten verringert sich ab diesem Zeitpunkt zunehmend, weil immer mehr Beitragende nur mit ihrem ersten Beitrag verzeichnet sind, obwohl sie in Zukunft weitere Beiträge leisten werden.

An den Jahreswerten wurden keinerlei Glättungen vorgenommen; berücksichtigt wurden alle Klassifikationscodes eines Beitrags.

Auf dem unteren Teil einer Seite finden sich die Anteile eines Gebiets an den Publikationen der mathematischen Logik eines Jahres. Die Prozentzahl sagt aus, in wieviel Prozent der Publikationen zur mathematischen Logik eines Jahres das jeweils genannte Gebiet behandelt wurde. Da viele Publikationen mehr als ein Gebiet behandeln, übersteigt die Summe der Anteile 100 Prozent beträchtlich. Alle Kurven wurden in gleitenden 5-Jahres-Intervallen dargestellt.

Die Kurven für die Anteile reichen bis 1985, bei einigen Gebieten bis 1990, da die Aussagefähigkeit vom absoluten Rückgang des erfaßten Materials gegen Ende des Erfassungszeitraums einer Bibliographie unabhängig ist.

Zunächst werden Kurven für die 8 Hauptgebiete der Logik gezeigt, anschließend die Kurven für 62 der wichtigsten Teilgebiete.

Zur Interpretation siehe Kapitel V, Abschnitt 5.

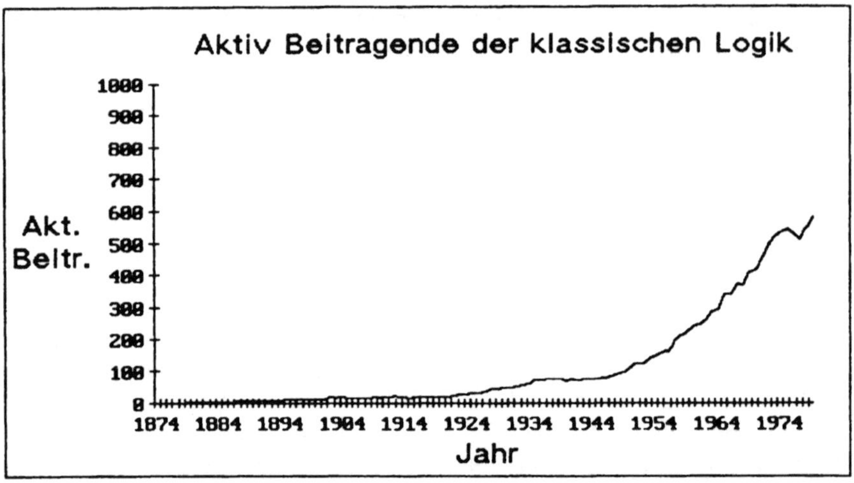
Aktiv Beitragende der klassischen Logik
Akt. Beitr.
1000
900
800
700
600
500
400
300
200
100
0
1874 1884 1894 1904 1914 1924 1934 1944 1954 1964 1974
Jahr

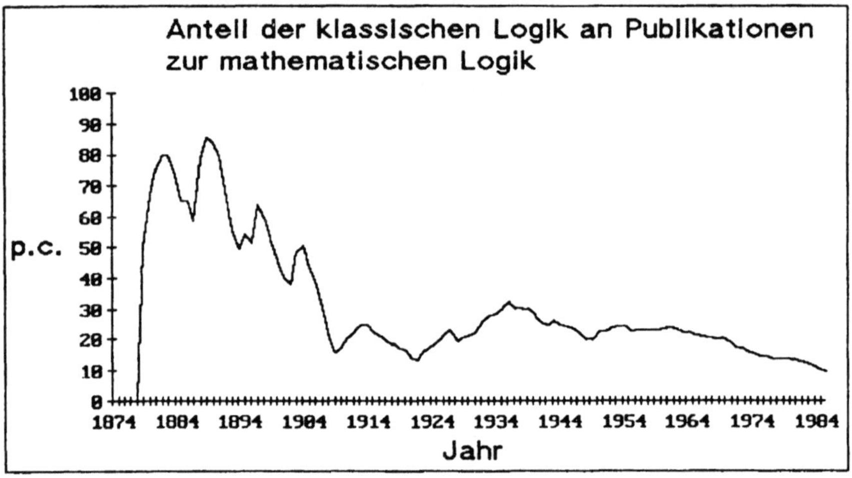
Anteil der klassischen Logik an Publikationen zur mathematischen Logik
p.c.
100
90
80
70
60
50
40
30
20
10
0
1874 1884 1894 1904 1914 1924 1934 1944 1954 1964 1974 1984
Jahr

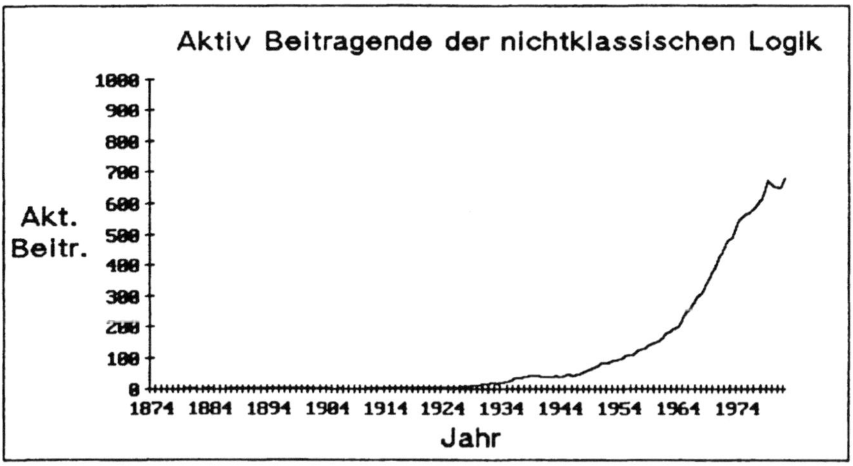
Aktiv Beitragende der nichtklassischen Logik
Akt. Beitr.
1000
900
800
700
600
500
400
300
200
100
0
1874 1884 1894 1904 1914 1924 1934 1944 1954 1964 1974
Jahr

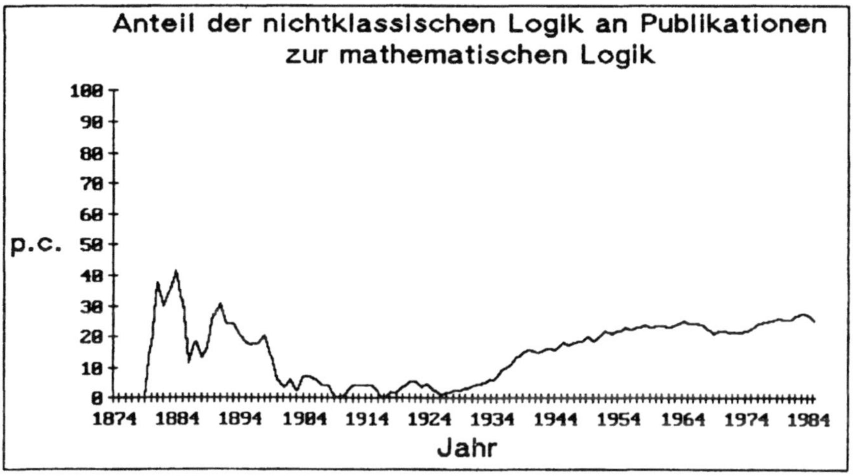
Anteil der nichtklassischen Logik an Publikationen zur mathematischen Logik
p.c.
100
90
80
70
60
50
40
30
20
10
0
1874 1884 1894 1904 1914 1924 1934 1944 1954 1964 1974 1984
Jahr

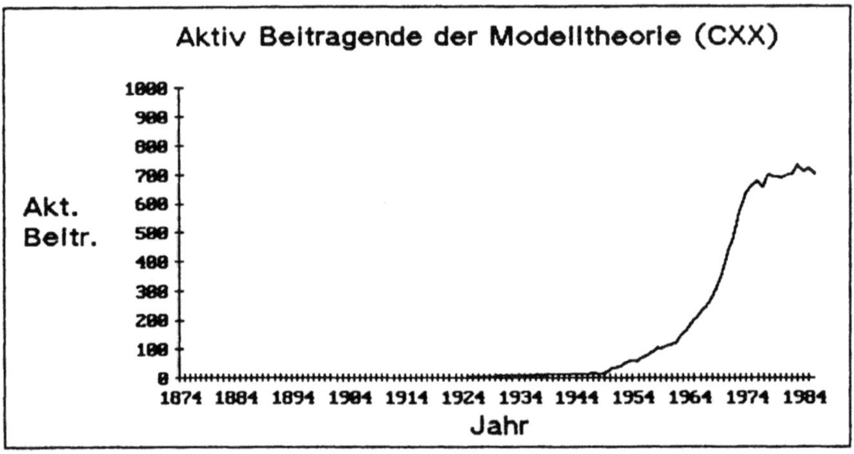
Aktiv Beitragende der Modelltheorie (CXX)
Akt.
Beitr.
1000
900
800
700
600
500
400
300
200
100
0
1874 1884 1894 1904 1914 1924 1934 1944 1954 1964 1974 1984
Jahr

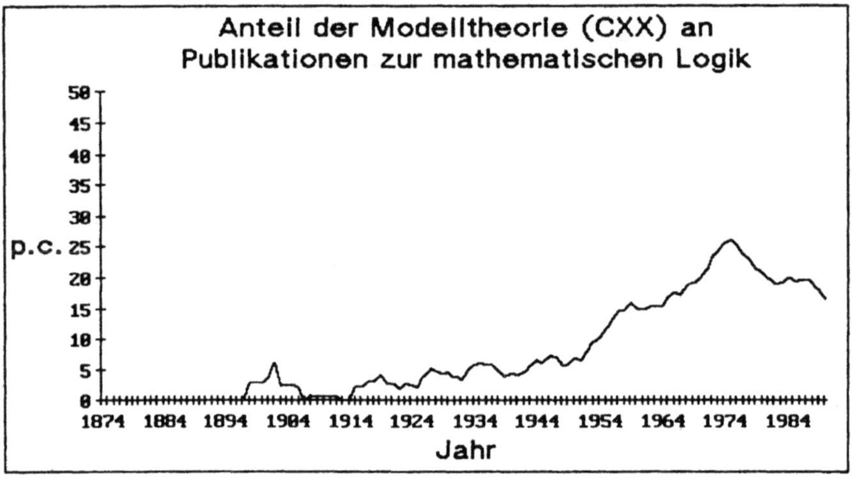
Anteil der Modelltheorie (CXX) an
Publikationen zur mathematischen Logik
p.c.
50
45
40
35
30
25
20
15
10
5
0
1874 1884 1894 1904 1914 1924 1934 1944 1954 1964 1974 1984
Jahr

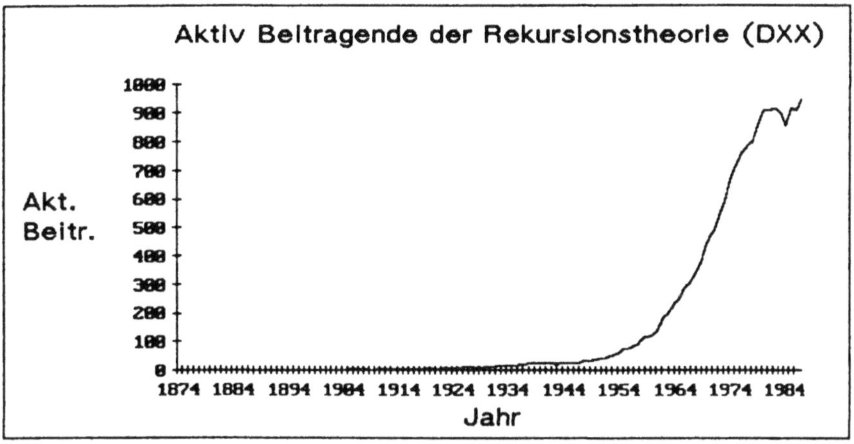
Aktiv Beitragende der Rekursionstheorie (DXX)
Akt. Beitr.
1000
900
800
700
600
500
400
300
200
100
0
1874 1884 1894 1904 1914 1924 1934 1944 1954 1964 1974 1984
Jahr

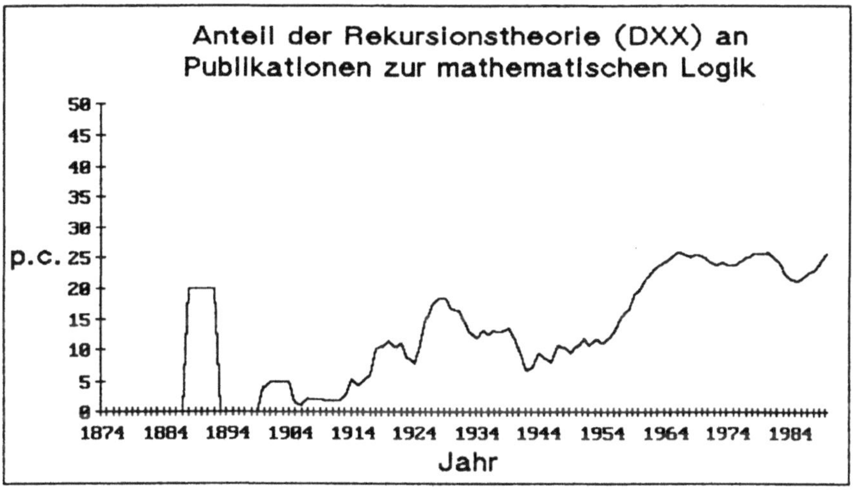
Anteil der Rekursionstheorie (DXX) an Publikationen zur mathematischen Logik
p.c.
50
45
40
35
30
25
20
15
10
5
0
1874 1884 1894 1904 1914 1924 1934 1944 1954 1964 1974 1984
Jahr

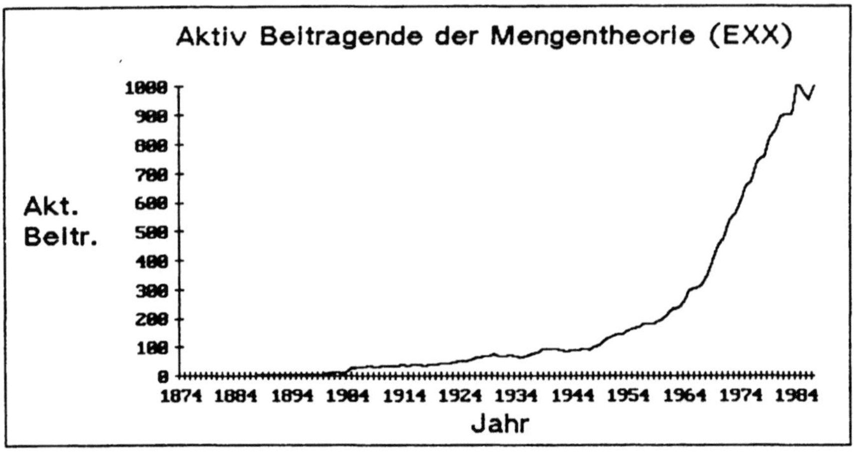
Aktiv Beitragende der Mengentheorie (EXX)
Akt. Beitr.
1000
900
800
700
600
500
400
300
200
100
0
1874 1884 1894 1904 1914 1924 1934 1944 1954 1964 1974 1984
Jahr

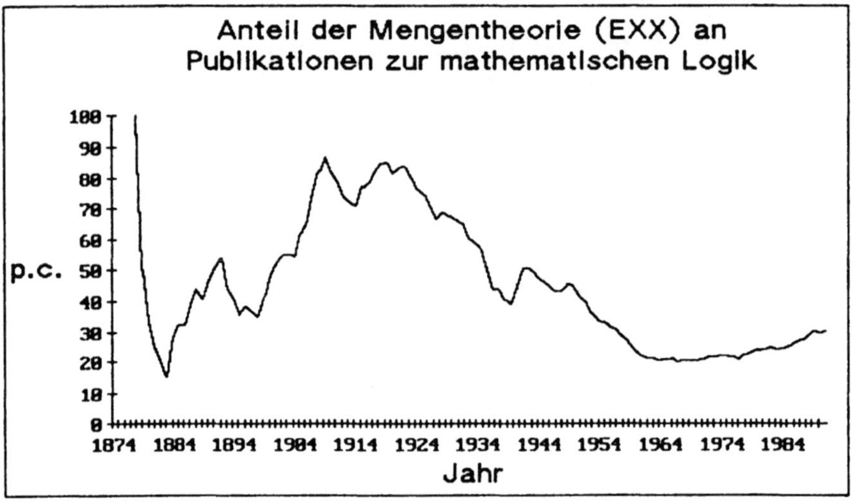
Anteil der Mengentheorie (EXX) an Publikationen zur mathematischen Logik
p.c.
100
90
80
70
60
50
40
30
20
10
0
1874 1884 1894 1904 1914 1924 1934 1944 1954 1964 1974 1984
Jahr

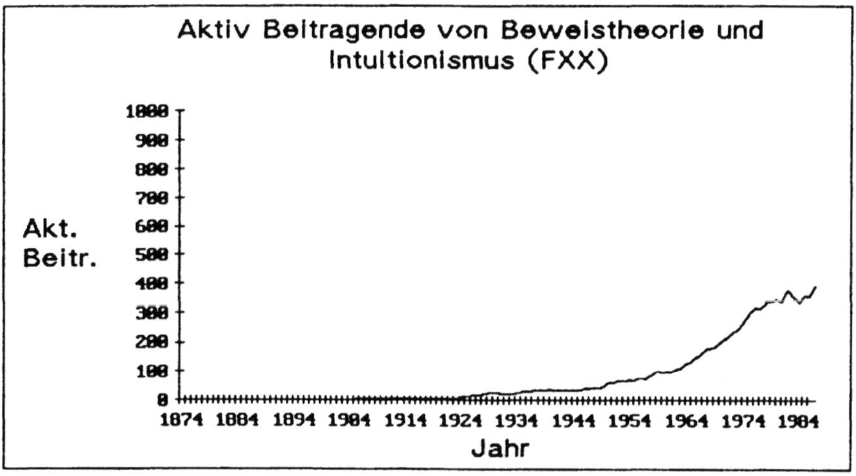
Aktiv Beitragende von Beweistheorie und Intuitionismus (FXX)
Akt. Beitr.
1000
900
800
700
600
500
400
300
200
100
0
1874 1884 1894 1904 1914 1924 1934 1944 1954 1964 1974 1984
Jahr

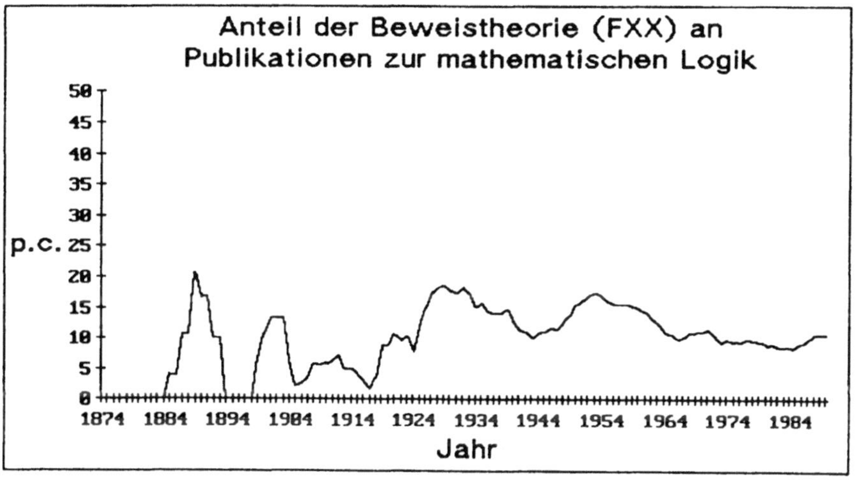
Anteil der Beweistheorie (FXX) an Publikationen zur mathematischen Logik
p.c.
50
45
40
35
30
25
20
15
10
5
0
1874 1884 1894 1904 1914 1924 1934 1944 1954 1964 1974 1984
Jahr

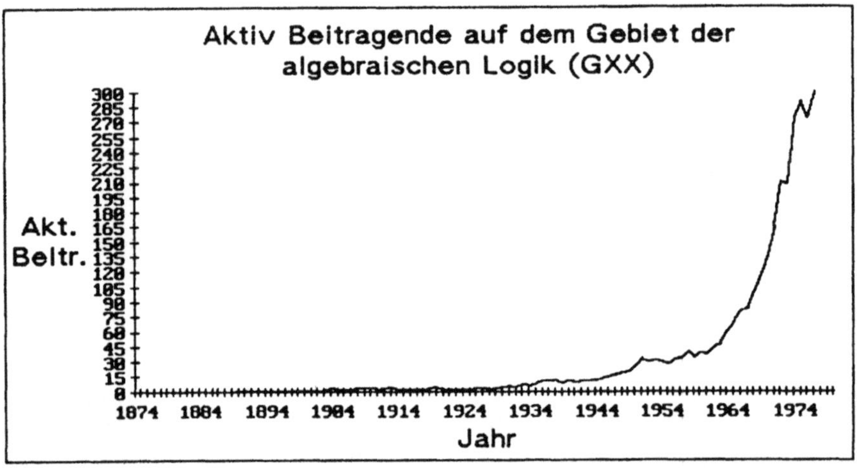
Aktiv Beitragende auf dem Gebiet der algebraischen Logik (GXX)
Akt. Beitr.
300
285
270
255
240
225
210
195
180
165
150
135
120
105
90
75
60
45
30
15
0
1874 1884 1894 1904 1914 1924 1934 1944 1954 1964 1974
Jahr

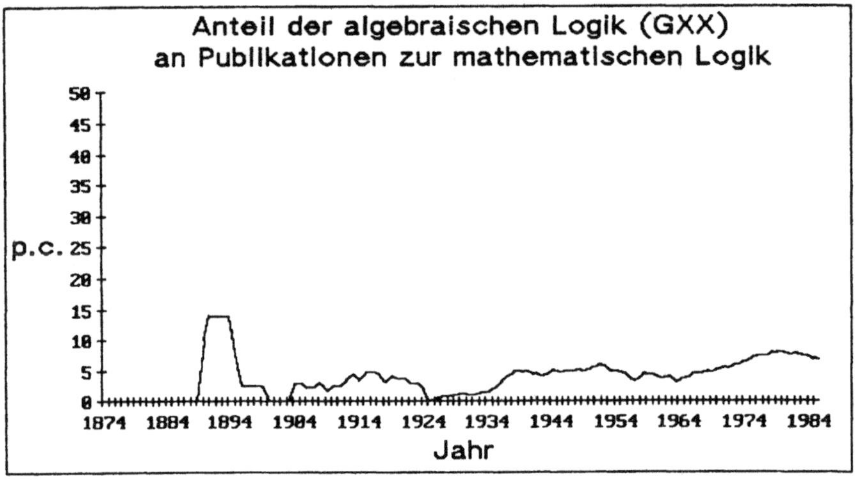
Anteil der algebraischen Logik (GXX) an Publikationen zur mathematischen Logik
p.c.
50
45
40
35
30
25
20
15
10
5
0
1874 1884 1894 1904 1914 1924 1934 1944 1954 1964 1974 1984
Jahr

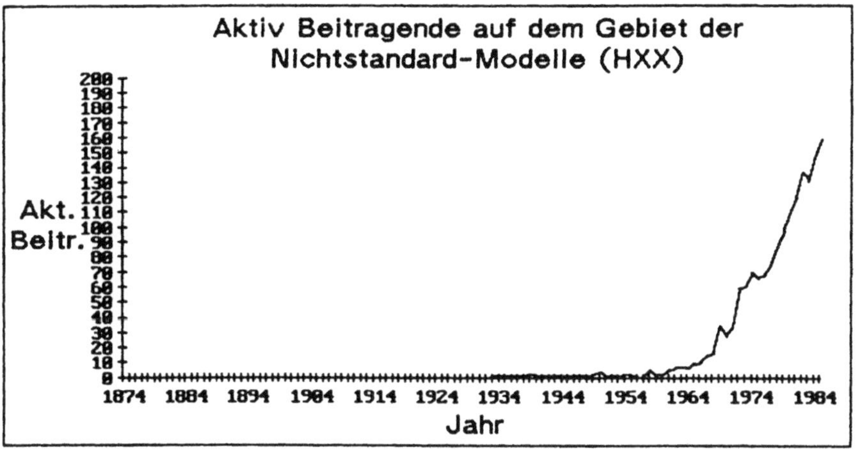
Aktiv Beitragende auf dem Gebiet der
Nichtstandard-Modelle (HXX)
Akt. Beitr.
200
190
180
170
160
150
140
130
120
110
100
90
80
70
60
50
40
30
20
10
0
1874 1884 1894 1904 1914 1924 1934 1944 1954 1964 1974 1984
Jahr

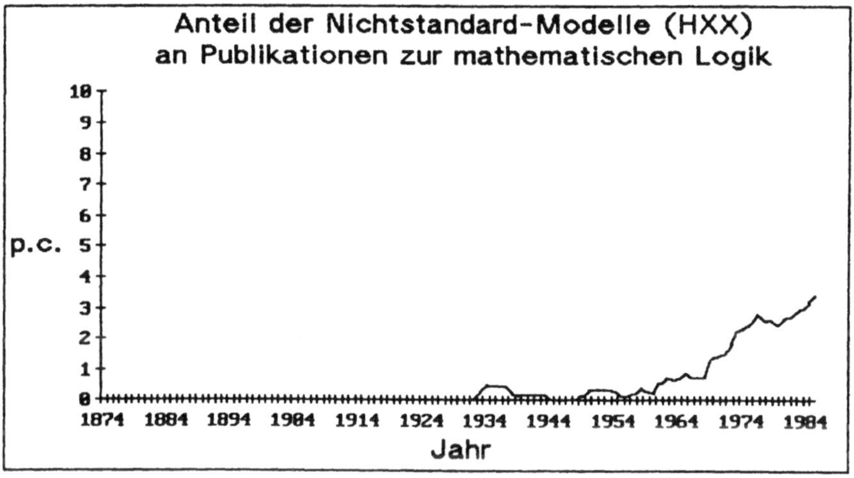
Anteil der Nichtstandard-Modelle (HXX)
an Publikationen zur mathematischen Logik
p.c.
10
9
8
7
6
5
4
3
2
1
0
1874 1884 1894 1904 1914 1924 1934 1944 1954 1964 1974 1984
Jahr

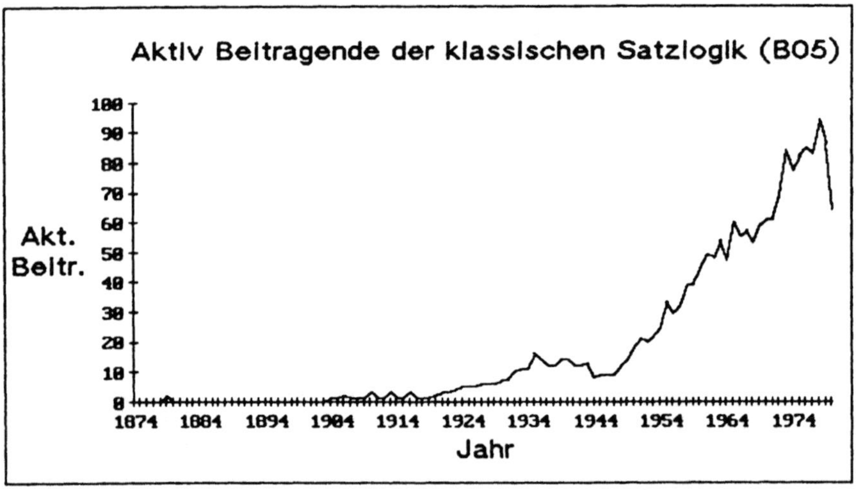
Aktiv Beitragende der klassischen Satzlogik (B05)
Akt. Beitr.
100
90
80
70
60
50
40
30
20
10
0
1874 1884 1894 1904 1914 1924 1934 1944 1954 1964 1974
Jahr

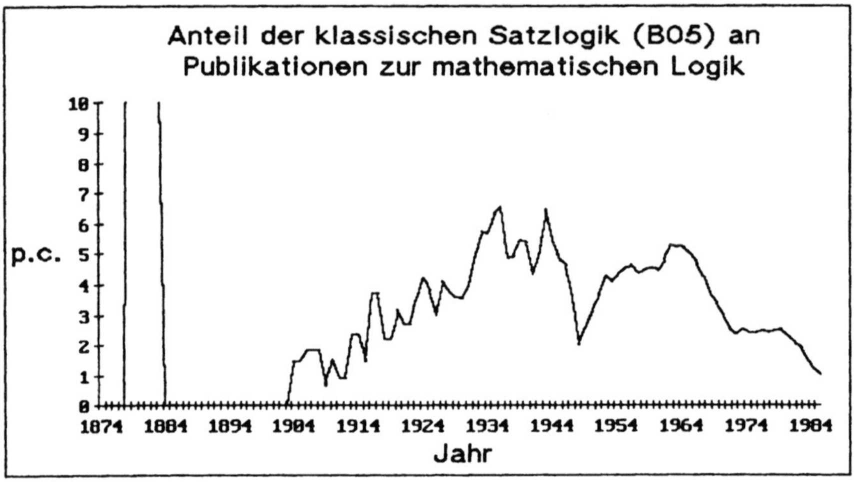
Anteil der klassischen Satzlogik (B05) an Publikationen zur mathematischen Logik
p.c.
10
9
8
7
6
5
4
3
2
1
0
1874 1884 1894 1904 1914 1924 1934 1944 1954 1964 1974 1984
Jahr

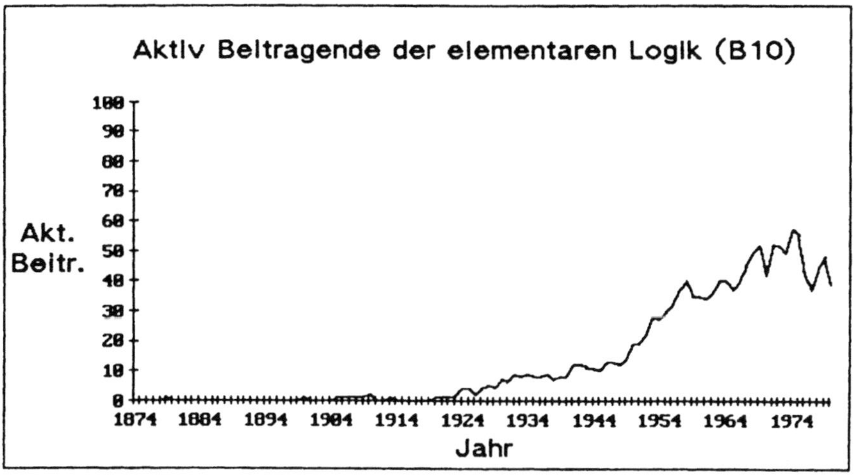
Aktiv Beitragende der elementaren Logik (B10)
Akt. Beitr.
100
90
80
70
60
50
40
30
20
10
0
1874 1884 1894 1904 1914 1924 1934 1944 1954 1964 1974
Jahr

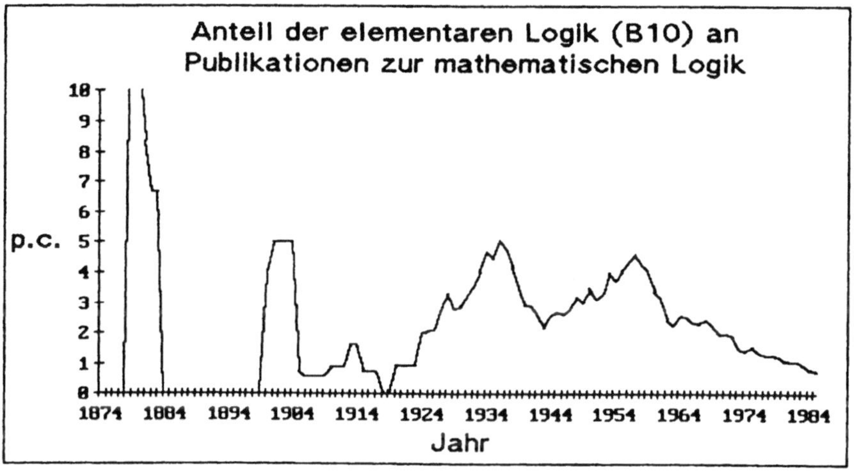
Anteil der elementaren Logik (B10) an Publikationen zur mathematischen Logik
p.c.
10
9
8
7
6
5
4
3
2
1
0
1874 1884 1894 1904 1914 1924 1934 1944 1954 1964 1974 1984
Jahr

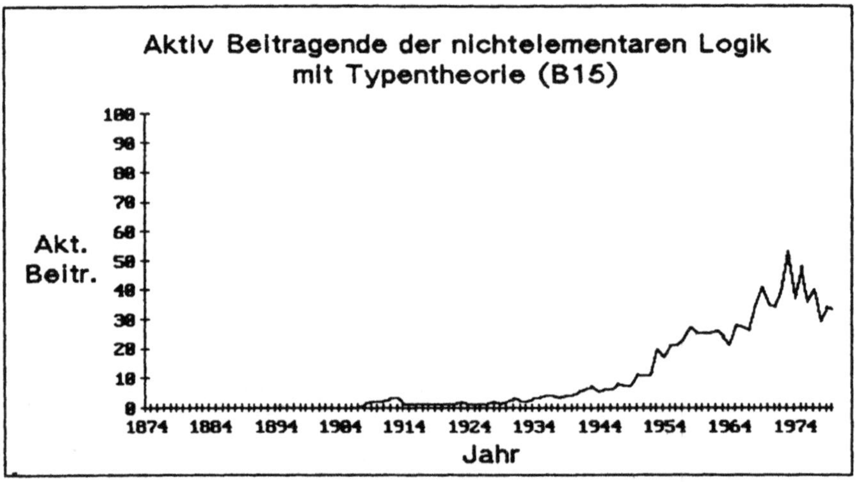
Aktiv Beitragende der nichtelementaren Logik
mit Typentheorie (B15)
Akt.
Beitr.
100
90
80
70
60
50
40
30
20
10
0
1874 1884 1894 1904 1914 1924 1934 1944 1954 1964 1974
Jahr

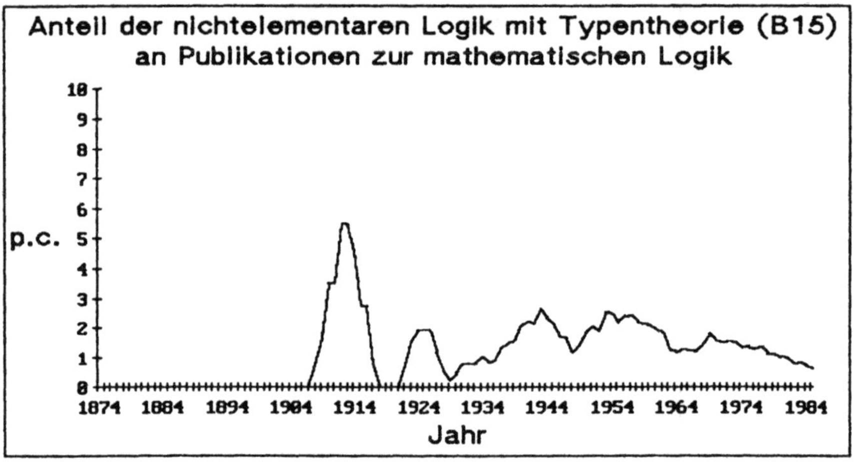
Anteil der nichtelementaren Logik mit Typentheorie (B15)
an Publikationen zur mathematischen Logik
p.c.
10
9
8
7
6
5
4
3
2
1
0
1874 1884 1894 1904 1914 1924 1934 1944 1954 1964 1974 1984
Jahr

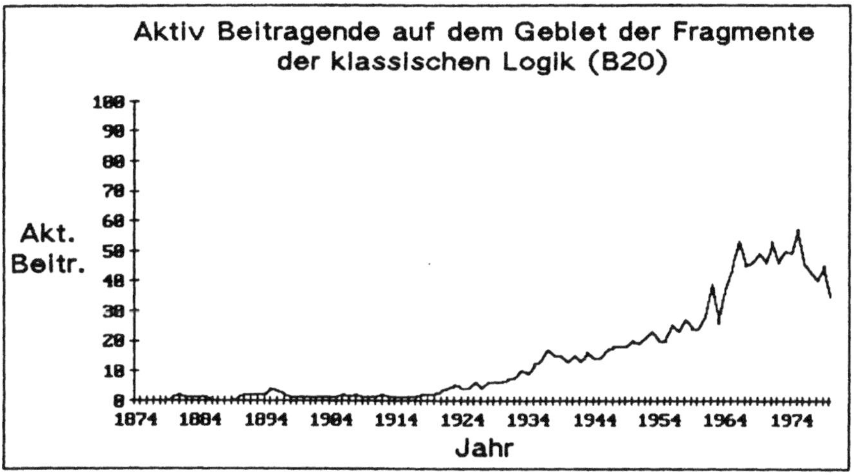
Aktiv Beitragende auf dem Gebiet der Fragmente der klassischen Logik (B20)
Akt. Beitr.
100
90
80
70
60
50
40
30
20
10
0
1874 1884 1894 1904 1914 1924 1934 1944 1954 1964 1974
Jahr

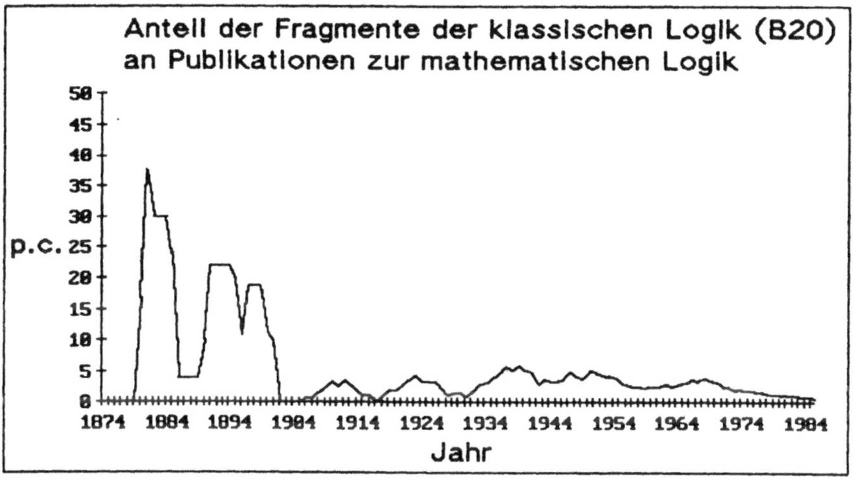
Anteil der Fragmente der klassischen Logik (B20) an Publikationen zur mathematischen Logik
p.c.
50
45
40
35
30
25
20
15
10
5
0
1874 1884 1894 1904 1914 1924 1934 1944 1954 1964 1974 1984
Jahr

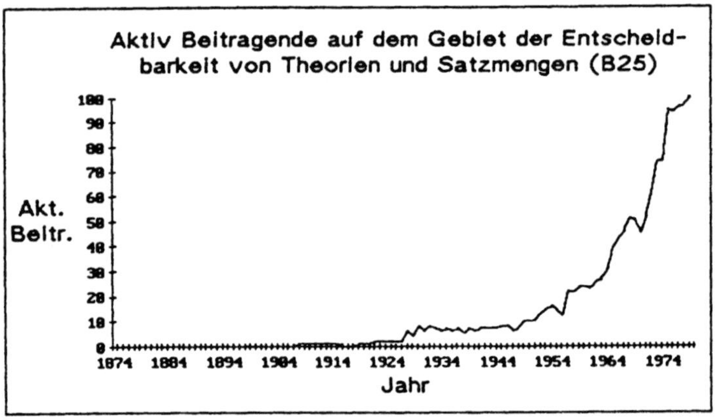
Aktiv Beitragende auf dem Gebiet der Entscheidbarkeit von Theorien und Satzmengen (B25)
Akt. Beitr.
Jahr

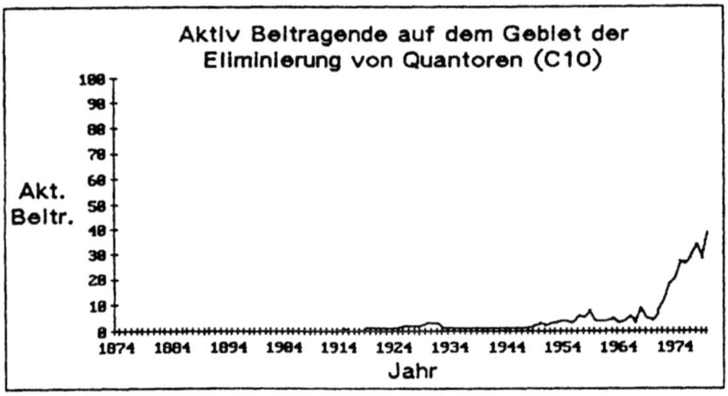
Aktiv Beitragende auf dem Gebiet der Eliminierung von Quantoren (C10)
Akt. Beitr.
Jahr

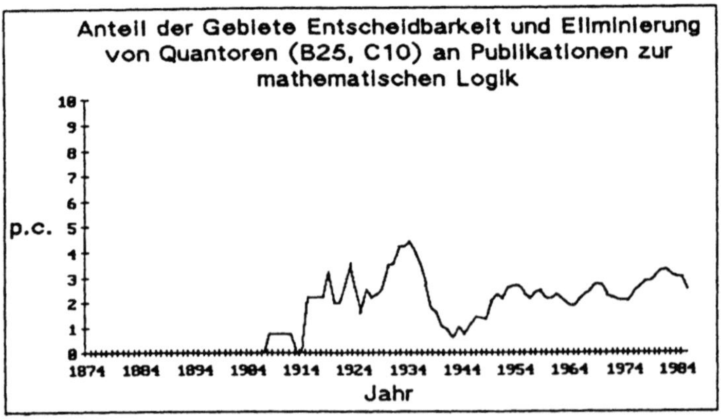
Anteil der Gebiete Entscheidbarkeit und Eliminierung von Quantoren (B25, C10) an Publikationen zur mathematischen Logik
p.c.
Jahr

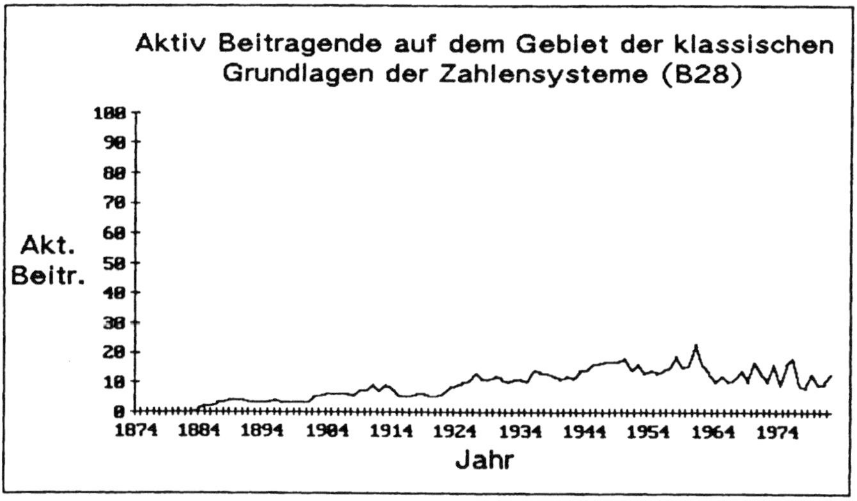
Aktiv Beitragende auf dem Gebiet der klassischen Grundlagen der Zahlensysteme (B28)
Akt. Beitr.
100
90
80
70
60
50
40
30
20
10
0
1874 1884 1894 1904 1914 1924 1934 1944 1954 1964 1974
Jahr

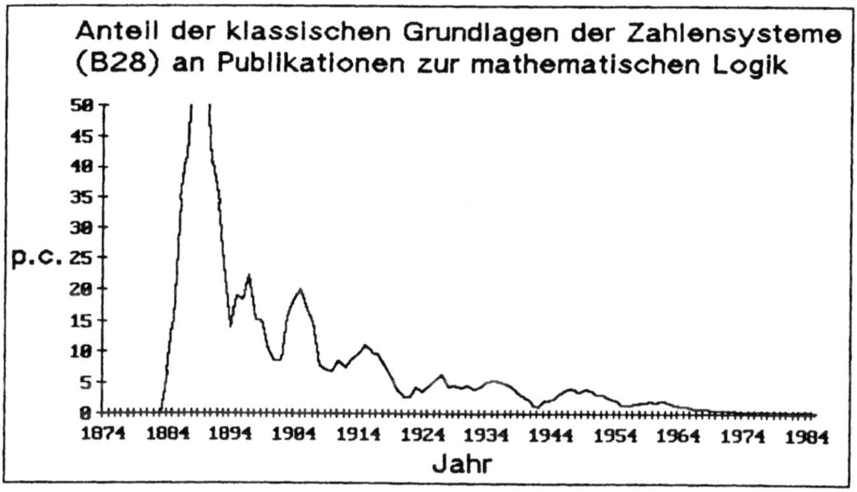
Anteil der klassischen Grundlagen der Zahlensysteme (B28) an Publikationen zur mathematischen Logik
p.c.
50
45
40
35
30
25
20
15
10
5
0
1874 1884 1894 1904 1914 1924 1934 1944 1954 1964 1974 1984
Jahr

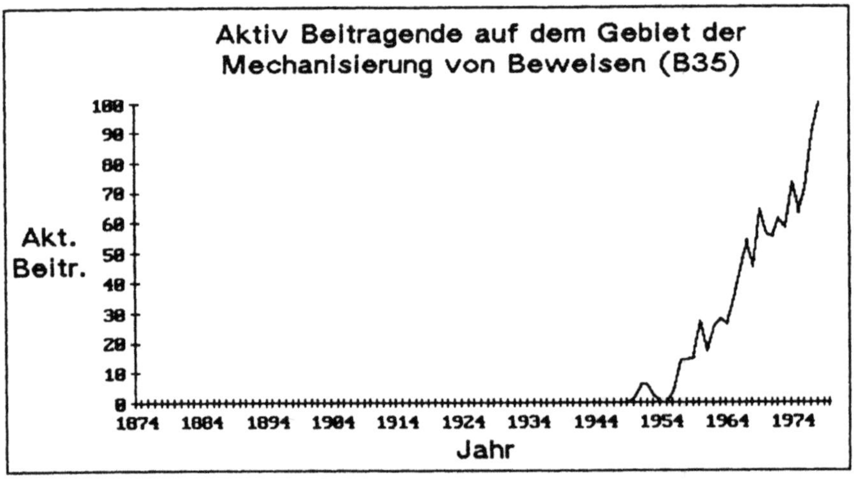
Aktiv Beitragende auf dem Gebiet der
Mechanisierung von Beweisen (B35)
Akt.
Beitr.
100
90
80
70
60
50
40
30
20
10
0
1874
1884
1894
1904
1914
1924
1934
1944
1954
1964
1974
Jahr

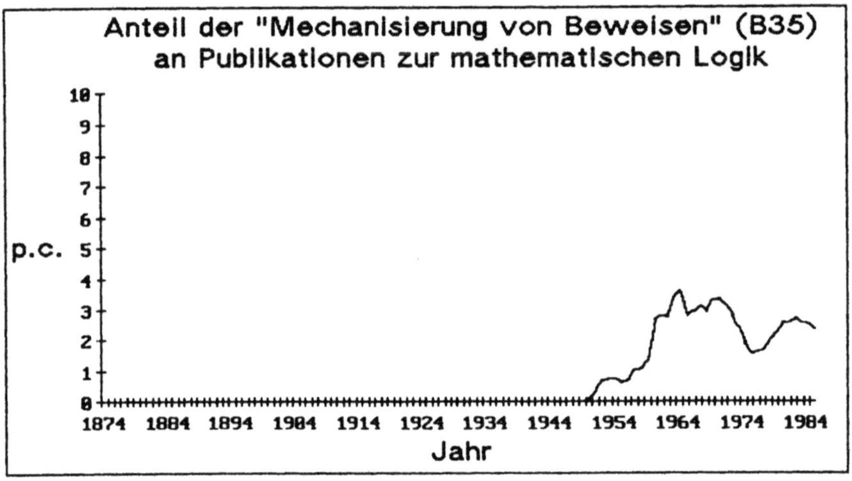
Anteil der "Mechanisierung von Beweisen" (B35)
an Publikationen zur mathematischen Logik
p.c.
10
9
8
7
6
5
4
3
2
1
0
1874
1884
1894
1904
1914
1924
1934
1944
1954
1964
1974
1984
Jahr

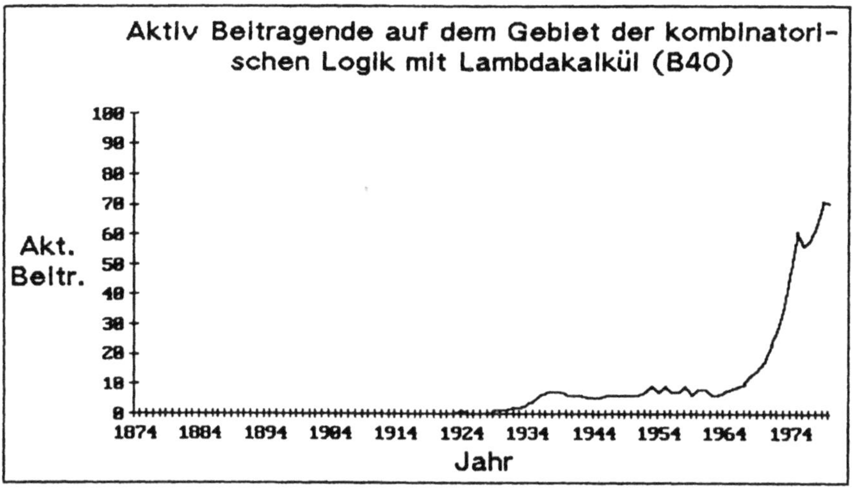
Aktiv Beitragende auf dem Gebiet der kombinatorischen Logik mit Lambdakalkül (B40)
Akt. Beitr.
100
90
80
70
60
50
40
30
20
10
0
1874 1884 1894 1904 1914 1924 1934 1944 1954 1964 1974
Jahr

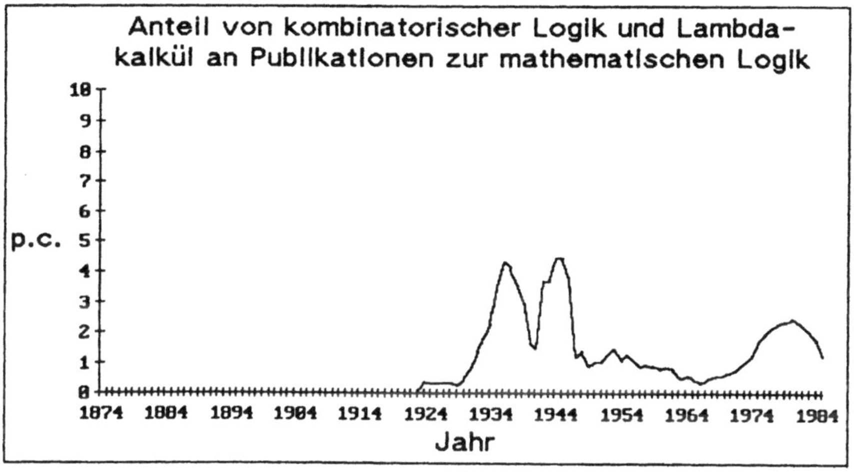
Anteil von kombinatorischer Logik und Lambdakalkül an Publikationen zur mathematischen Logik
p.c.
10
9
8
7
6
5
4
3
2
1
0
1874 1884 1894 1904 1914 1924 1934 1944 1954 1964 1974 1984
Jahr

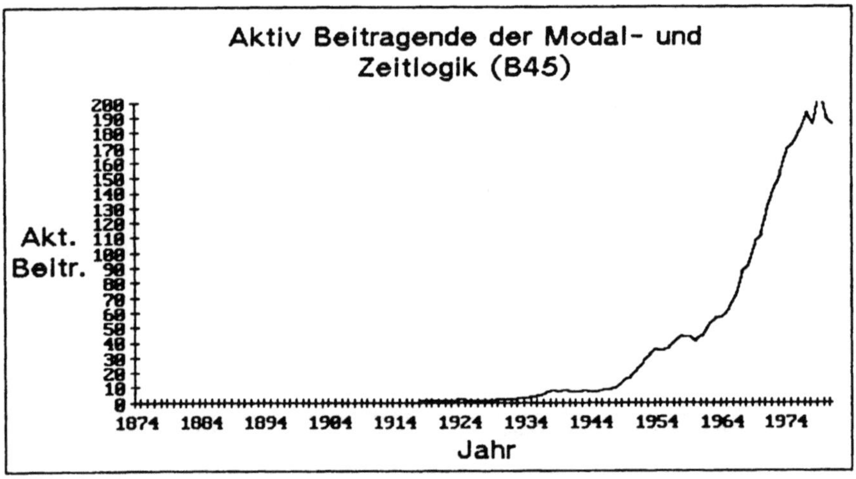
Aktiv Beitragende der Modal- und Zeitlogik (B45)
Akt. Beitr.
200
190
180
170
160
150
140
130
120
110
100
90
80
70
60
50
40
30
20
10
0
1874 1884 1894 1904 1914 1924 1934 1944 1954 1964 1974
Jahr

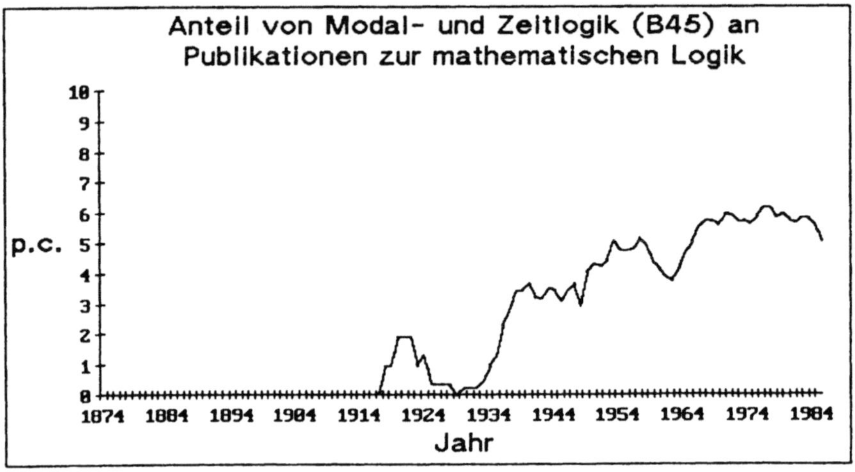
Anteil von Modal- und Zeitlogik (B45) an Publikationen zur mathematischen Logik
p.c.
10
9
8
7
6
5
4
3
2
1
0
1874 1884 1894 1904 1914 1924 1934 1944 1954 1964 1974 1984
Jahr

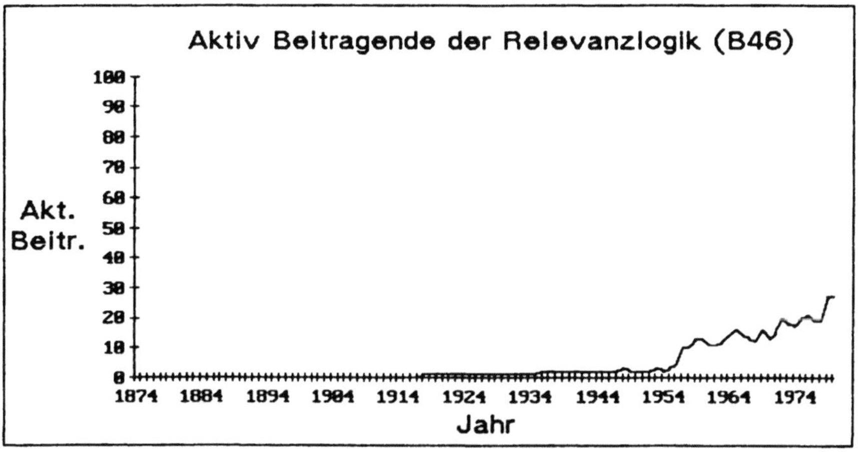
Aktiv Beitragende der Relevanzlogik (B46)
Akt. Beitr.
100
90
80
70
60
50
40
30
20
10
0
1874 1884 1894 1904 1914 1924 1934 1944 1954 1964 1974
Jahr

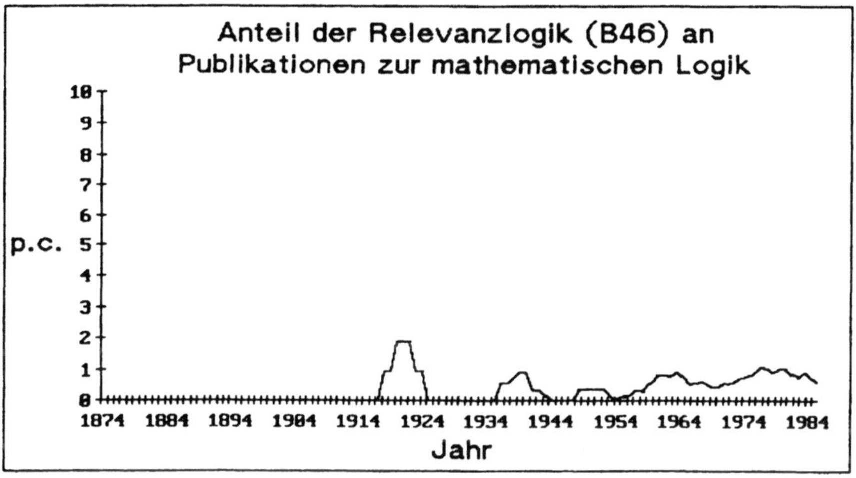
Anteil der Relevanzlogik (B46) an Publikationen zur mathematischen Logik
p.c.
10
9
8
7
6
5
4
3
2
1
0
1874 1884 1894 1904 1914 1924 1934 1944 1954 1964 1974 1984
Jahr

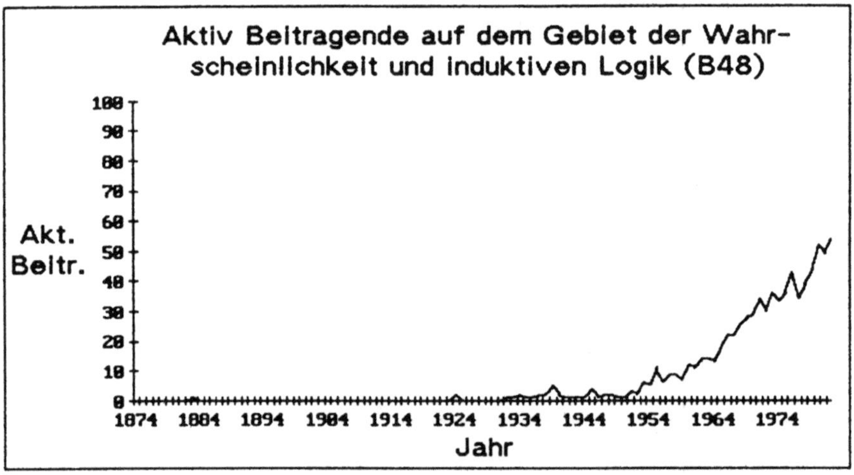
Aktiv Beitragende auf dem Gebiet der Wahrscheinlichkeit und induktiven Logik (B48)
Akt. Beitr.
100
90
80
70
60
50
40
30
20
10
0
1874 1884 1894 1904 1914 1924 1934 1944 1954 1964 1974
Jahr

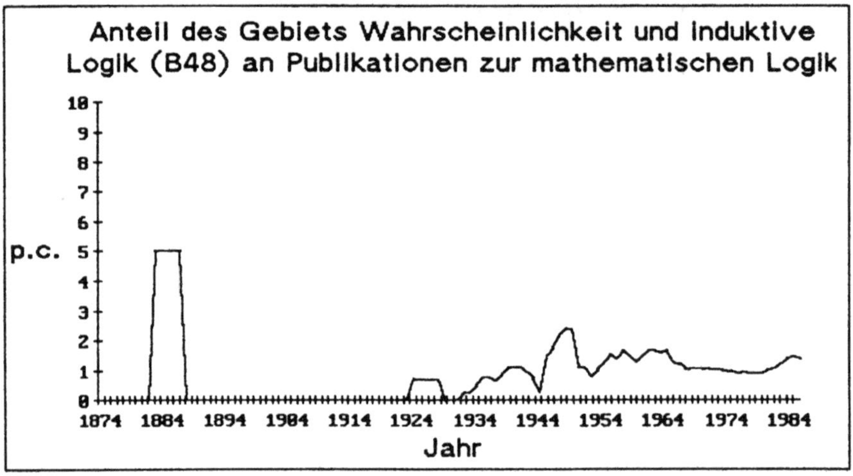
Anteil des Gebiets Wahrscheinlichkeit und induktive Logik (B48) an Publikationen zur mathematischen Logik
p.c.
10
9
8
7
6
5
4
3
2
1
0
1874 1884 1894 1904 1914 1924 1934 1944 1954 1964 1974 1984
Jahr

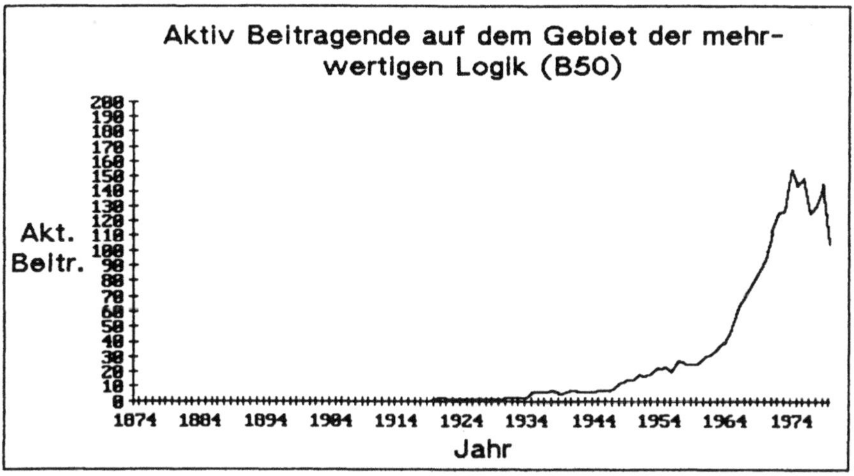

Aktiv Beitragende auf dem Gebiet der mehrwertigen Logik (B50)
Akt. Beitr.
200
190
180
170
160
150
140
130
120
110
100
90
80
70
60
50
40
30
20
10
0
1874 1884 1894 1904 1914 1924 1934 1944 1954 1964 1974
Jahr

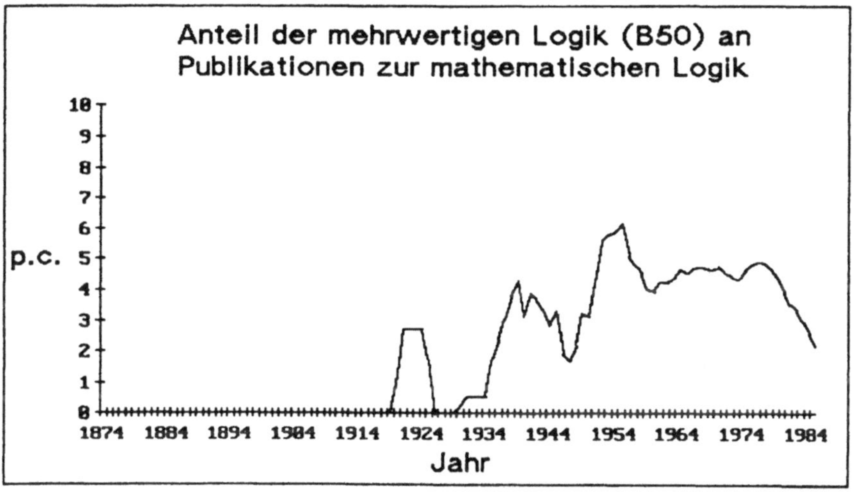

Anteil der mehrwertigen Logik (B50) an Publikationen zur mathematischen Logik
p.c.
10
9
8
7
6
5
4
3
2
1
0
1874 1884 1894 1904 1914 1924 1934 1944 1954 1964 1974 1984
Jahr

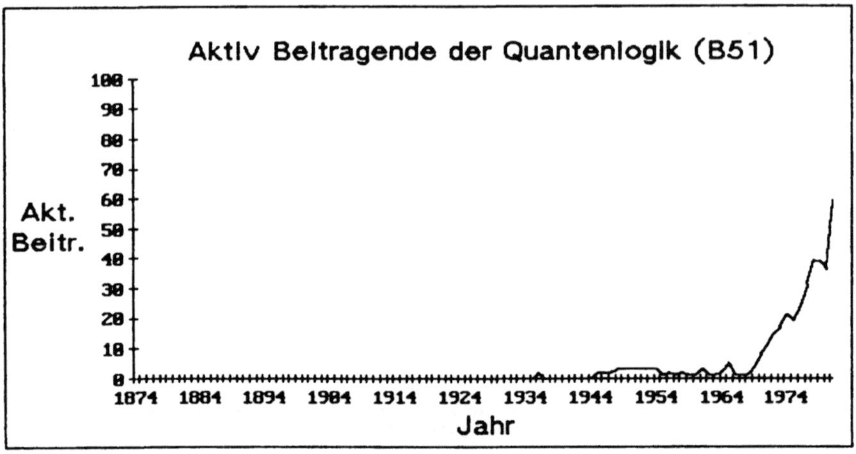

Aktiv Beitragende der Quantenlogik (B51)
Akt. Beitr.
100
90
80
70
60
50
40
30
20
10
0
1874 1884 1894 1904 1914 1924 1934 1944 1954 1964 1974
Jahr

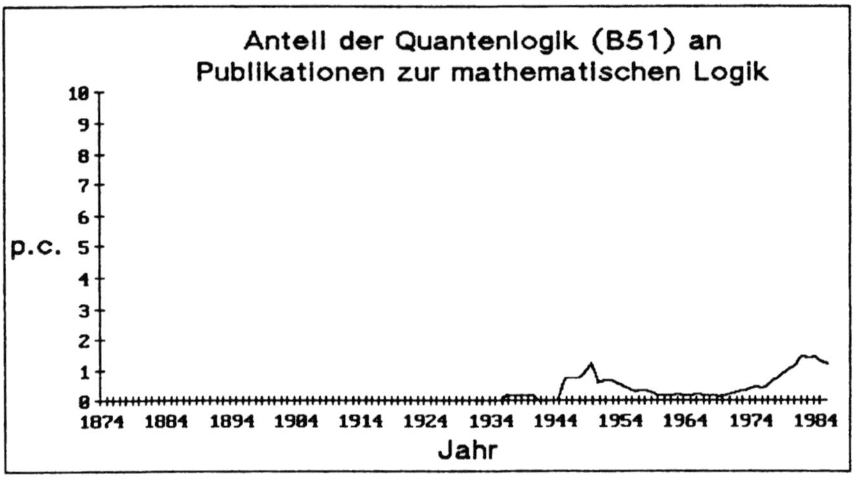

Anteil der Quantenlogik (B51) an Publikationen zur mathematischen Logik
p.c.
10
9
8
7
6
5
4
3
2
1
0
1874 1884 1894 1904 1914 1924 1934 1944 1954 1964 1974 1984
Jahr

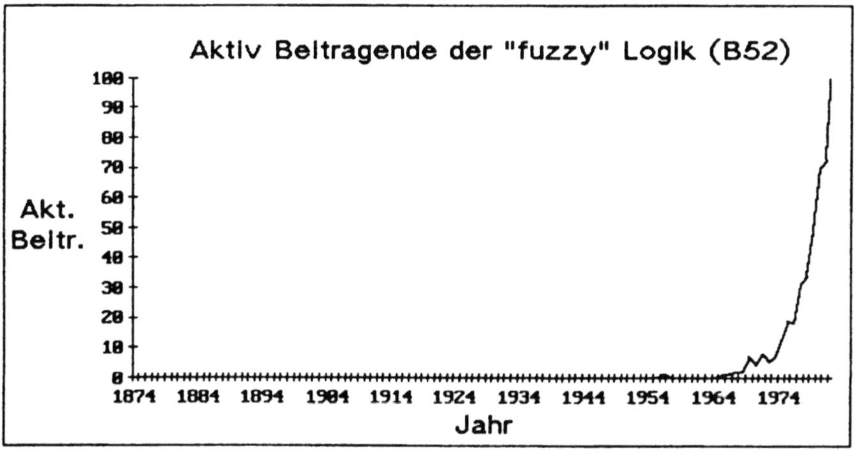
Aktiv Beitragende der "fuzzy" Logik (B52)
Akt. Beitr.
100
90
80
70
60
50
40
30
20
10
0
1874 1884 1894 1904 1914 1924 1934 1944 1954 1964 1974
Jahr

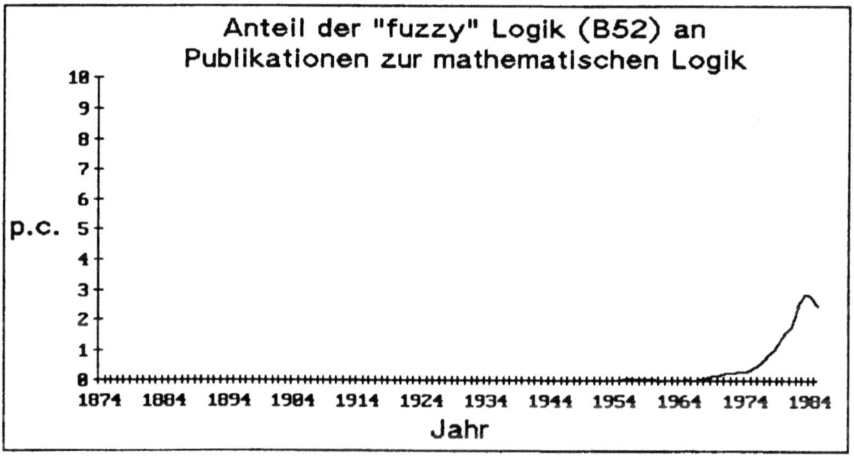
Anteil der "fuzzy" Logik (B52) an Publikationen zur mathematischen Logik
p.c.
10
9
8
7
6
5
4
3
2
1
0
1874 1884 1894 1904 1914 1924 1934 1944 1954 1964 1974 1984
Jahr

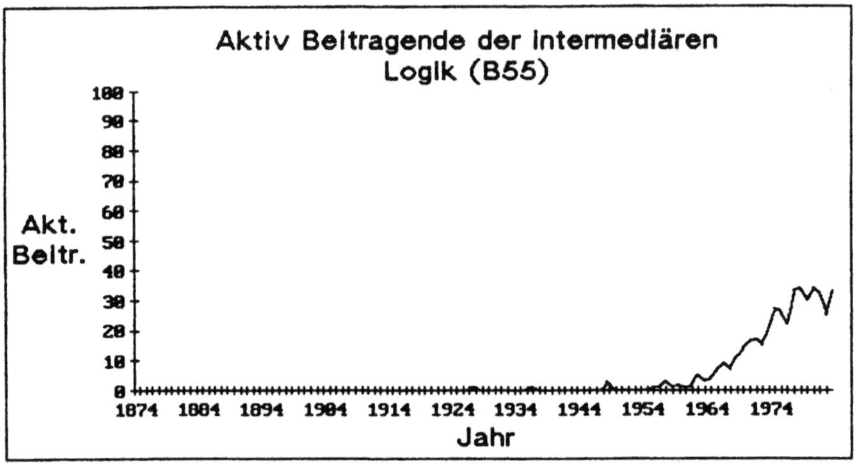
Aktiv Beitragende der intermediären Logik (B55)
Akt. Beitr.
100
90
80
70
60
50
40
30
20
10
0
1874 1884 1894 1904 1914 1924 1934 1944 1954 1964 1974
Jahr

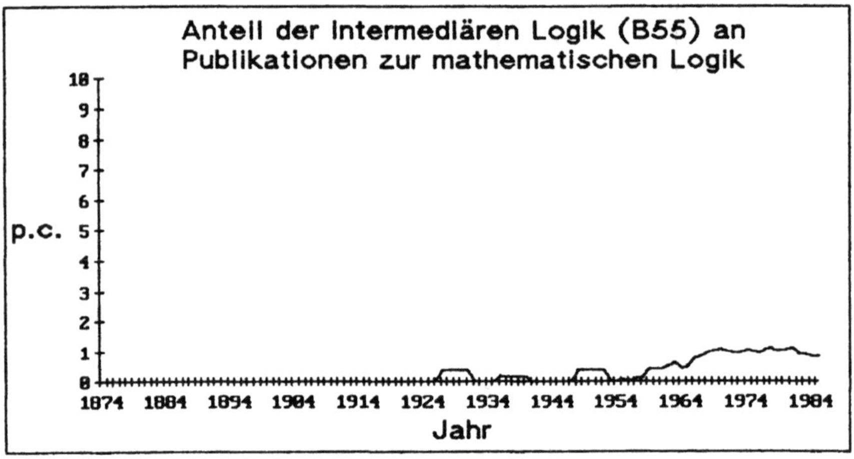
Anteil der intermediären Logik (B55) an Publikationen zur mathematischen Logik
p.c.
10
9
8
7
6
5
4
3
2
1
0
1874 1884 1894 1904 1914 1924 1934 1944 1954 1964 1974 1984
Jahr

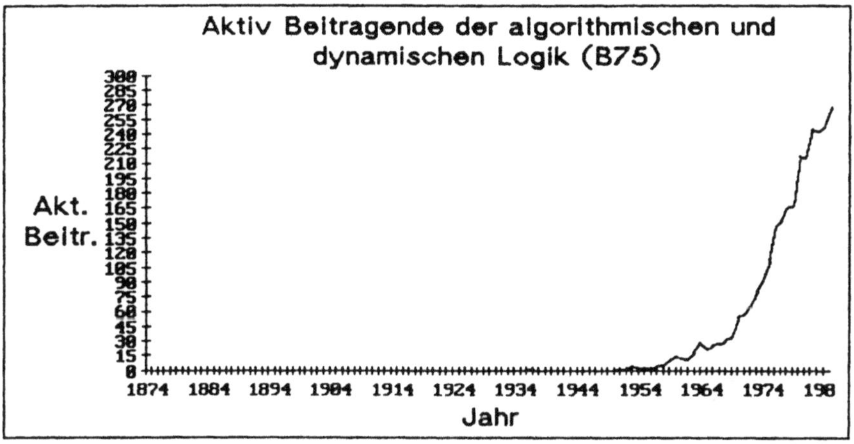
Aktiv Beitragende der algorithmischen und dynamischen Logik (B75)
Akt. Beitr.
300
285
270
255
240
225
210
195
180
165
150
135
120
105
90
75
60
45
30
15
0
1874 1884 1894 1904 1914 1924 1934 1944 1954 1964 1974 198
Jahr

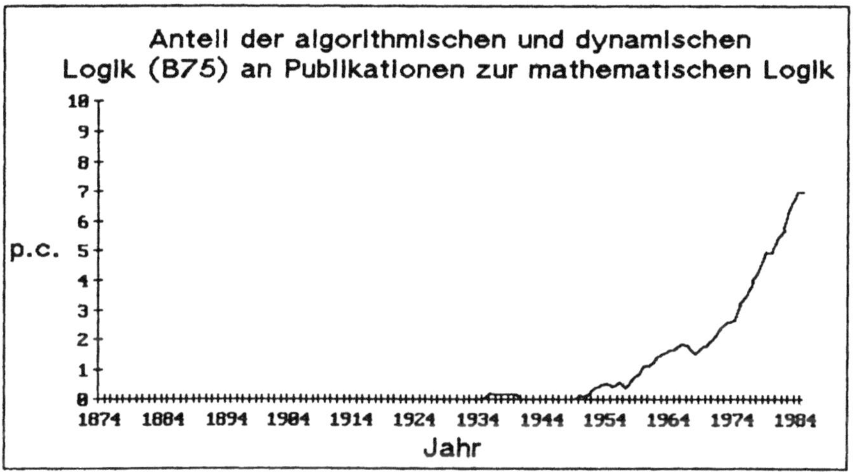
Anteil der algorithmischen und dynamischen Logik (B75) an Publikationen zur mathematischen Logik
p.c.
10
9
8
7
6
5
4
3
2
1
0
1874 1884 1894 1904 1914 1924 1934 1944 1954 1964 1974 1984
Jahr

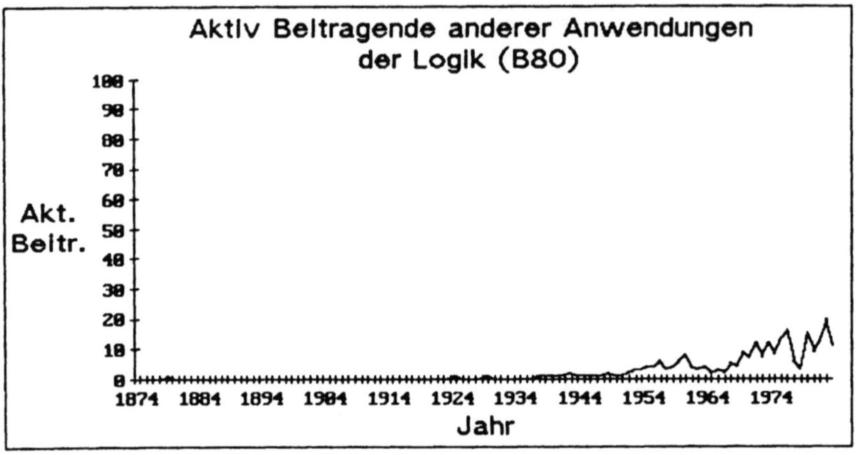
Aktiv Beitragende anderer Anwendungen
der Logik (B80)
Akt.
Beitr.
100
90
80
70
60
50
40
30
20
10
0
1874
1884
1894
1904
1914
1924
1934
1944
1954
1964
1974
Jahr

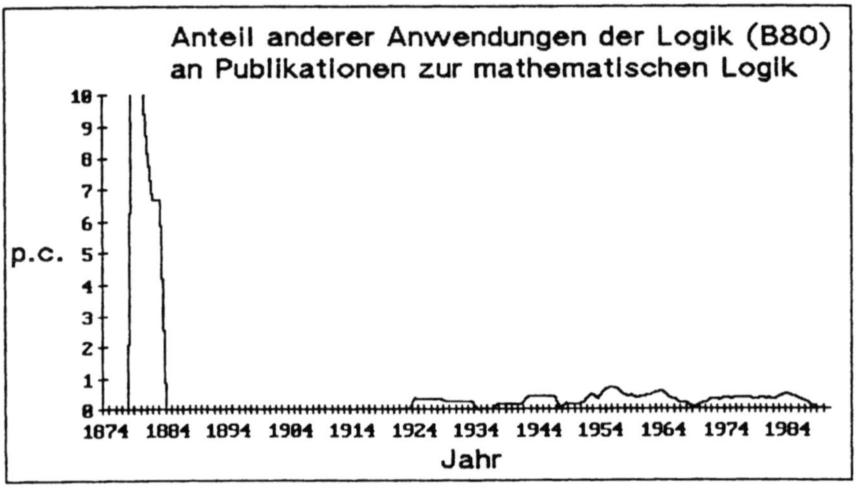
Anteil anderer Anwendungen der Logik (B80)
an Publikationen zur mathematischen Logik
p.c.
10
9
8
7
6
5
4
3
2
1
0
1874
1884
1894
1904
1914
1924
1934
1944
1954
1964
1974
1984
Jahr

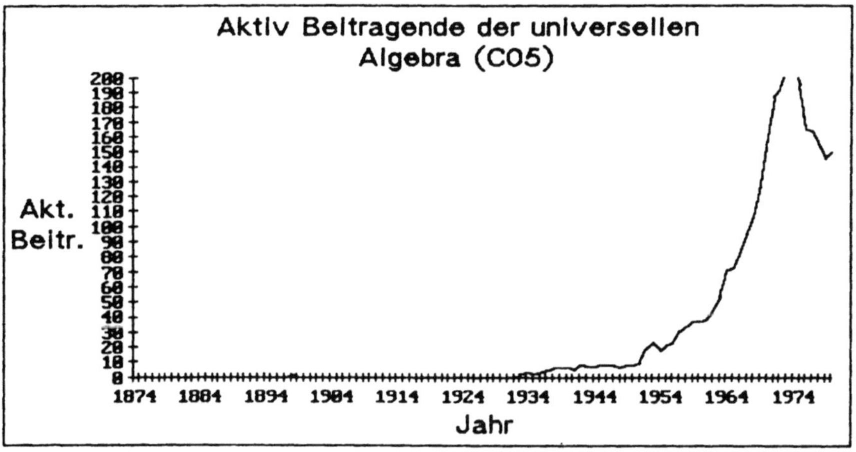
Aktiv Beitragende der universellen Algebra (C05)
Akt. Beitr.
200
190
180
170
160
150
140
130
120
110
100
90
80
70
60
50
40
30
20
10
0
1874 1884 1894 1904 1914 1924 1934 1944 1954 1964 1974
Jahr

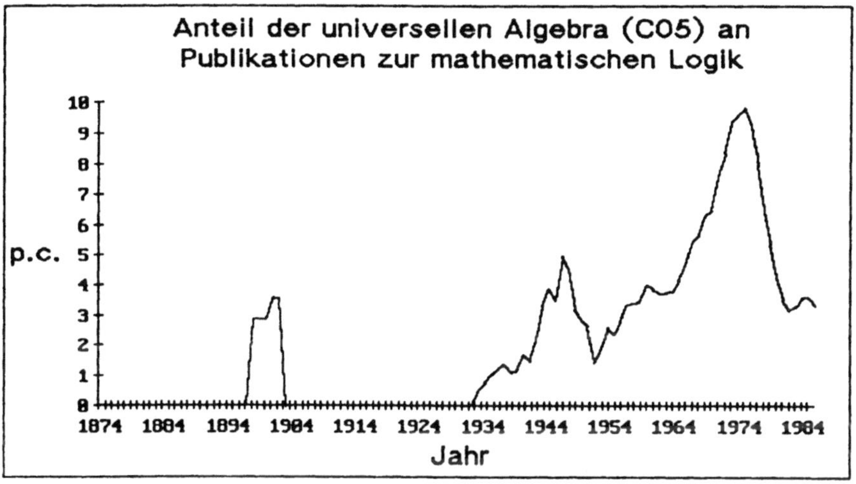
Anteil der universellen Algebra (C05) an Publikationen zur mathematischen Logik
p.c.
10
9
8
7
6
5
4
3
2
1
0
1874 1884 1894 1904 1914 1924 1934 1944 1954 1964 1974 1984
Jahr

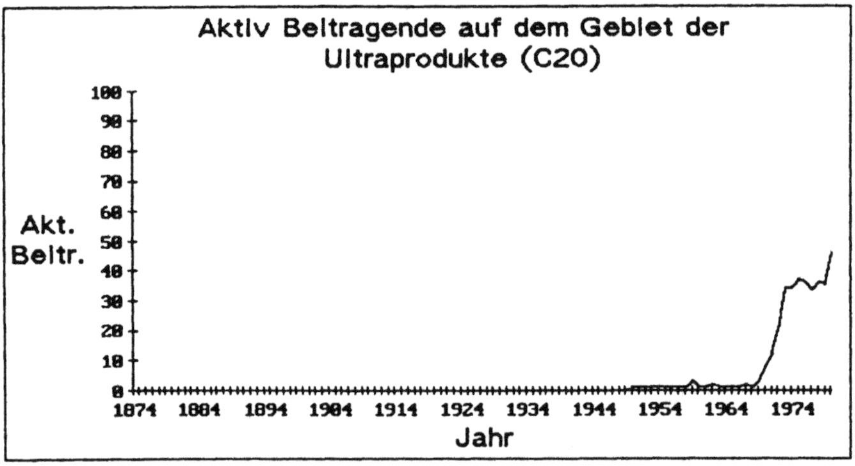
Aktiv Beitragende auf dem Gebiet der Ultraprodukte (C20)
Akt. Beitr.
100
90
80
70
60
50
40
30
20
10
0
1874 1884 1894 1904 1914 1924 1934 1944 1954 1964 1974
Jahr

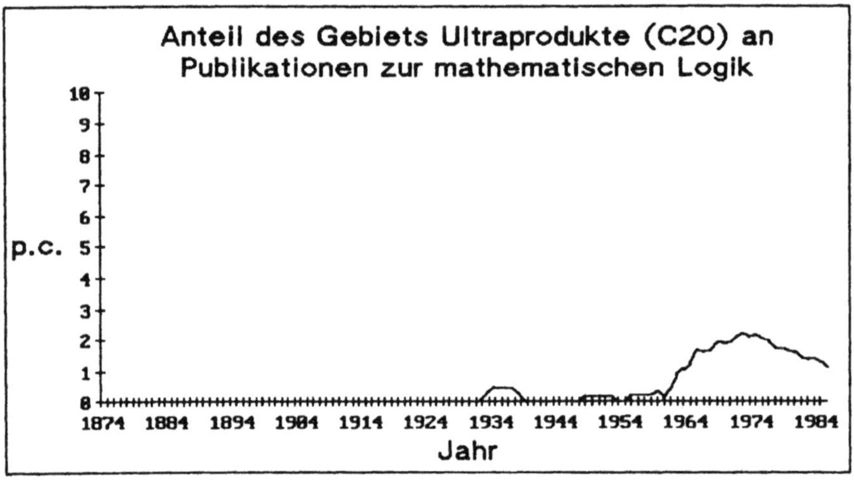
Anteil des Gebiets Ultraprodukte (C20) an Publikationen zur mathematischen Logik
p.c.
10
9
8
7
6
5
4
3
2
1
0
1874 1884 1894 1904 1914 1924 1934 1944 1954 1964 1974 1984
Jahr

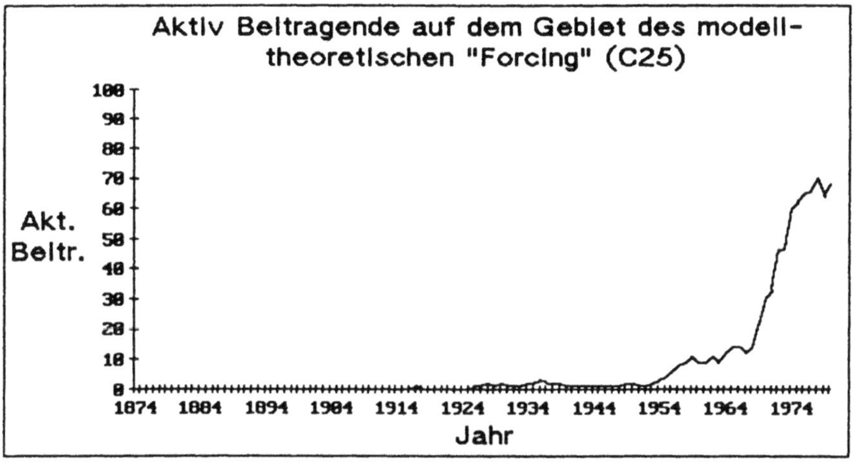
Aktiv Beitragende auf dem Gebiet des modelltheoretischen "Forcing" (C25)
Akt. Beitr.
100
90
80
70
60
50
40
30
20
10
0
1874 1884 1894 1904 1914 1924 1934 1944 1954 1964 1974
Jahr

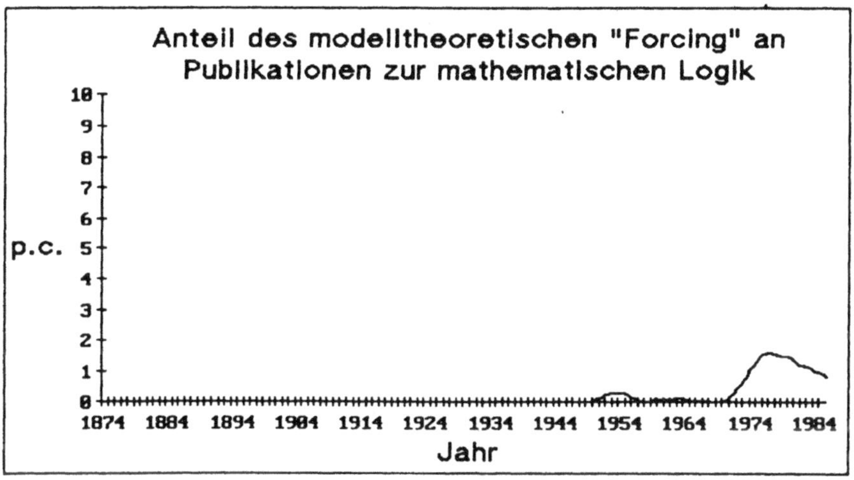
Anteil des modelltheoretischen "Forcing" an Publikationen zur mathematischen Logik
p.c.
10
9
8
7
6
5
4
3
2
1
0
1874 1884 1894 1904 1914 1924 1934 1944 1954 1964 1974 1984
Jahr

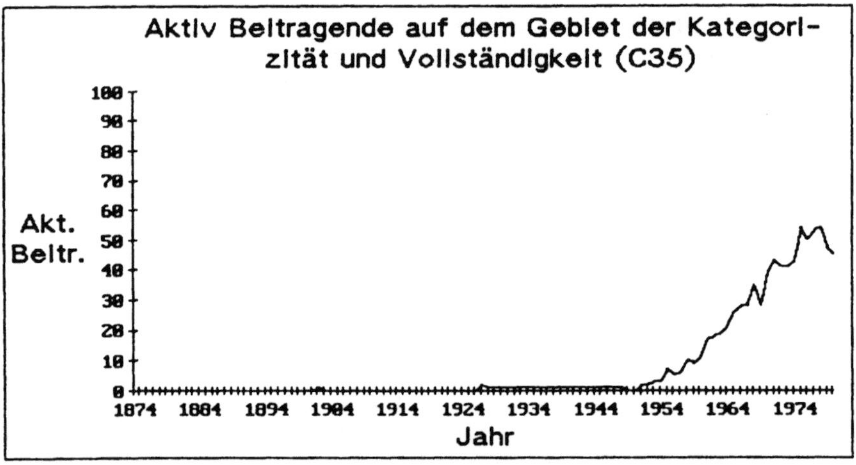
Aktiv Beitragende auf dem Gebiet der Kategorizität und Vollständigkeit (C35)
Akt. Beitr.
100
90
80
70
60
50
40
30
20
10
0
1874 1884 1894 1904 1914 1924 1934 1944 1954 1964 1974
Jahr

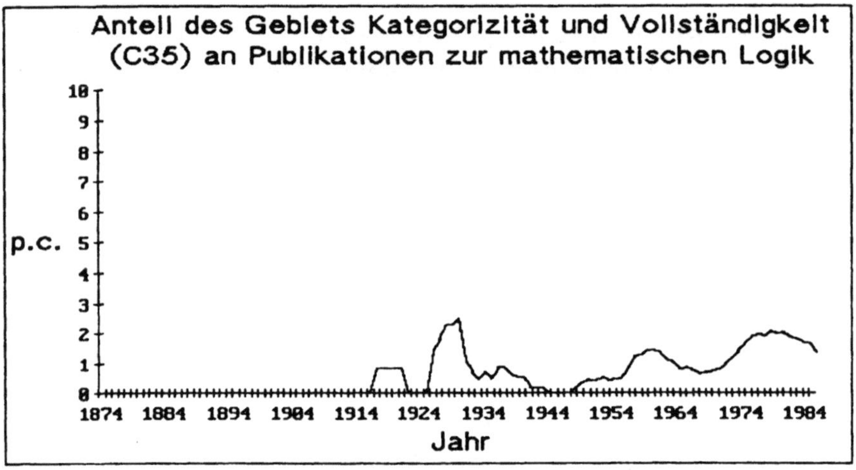
Anteil des Gebiets Kategorizität und Vollständigkeit (C35) an Publikationen zur mathematischen Logik
p.c.
10
9
8
7
6
5
4
3
2
1
0
1874 1884 1894 1904 1914 1924 1934 1944 1954 1964 1974 1984
Jahr

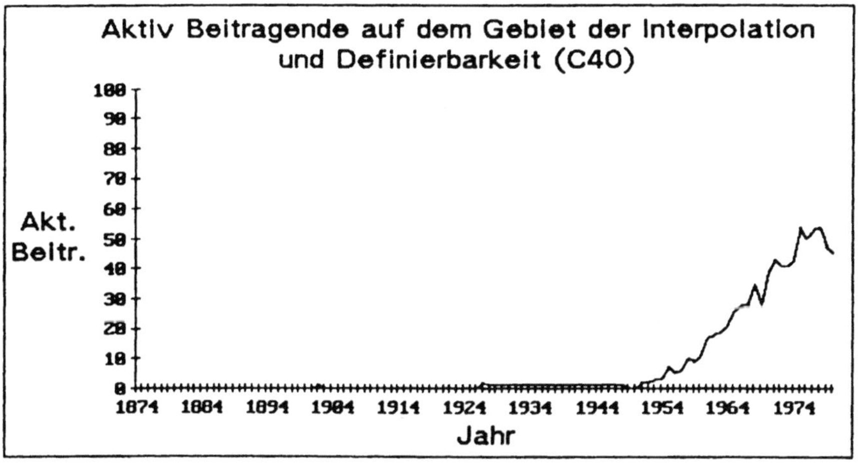
Aktiv Beitragende auf dem Gebiet der Interpolation und Definierbarkeit (C40)
Akt. Beitr.
100
90
80
70
60
50
40
30
20
10
0
1874 1884 1894 1904 1914 1924 1934 1944 1954 1964 1974
Jahr

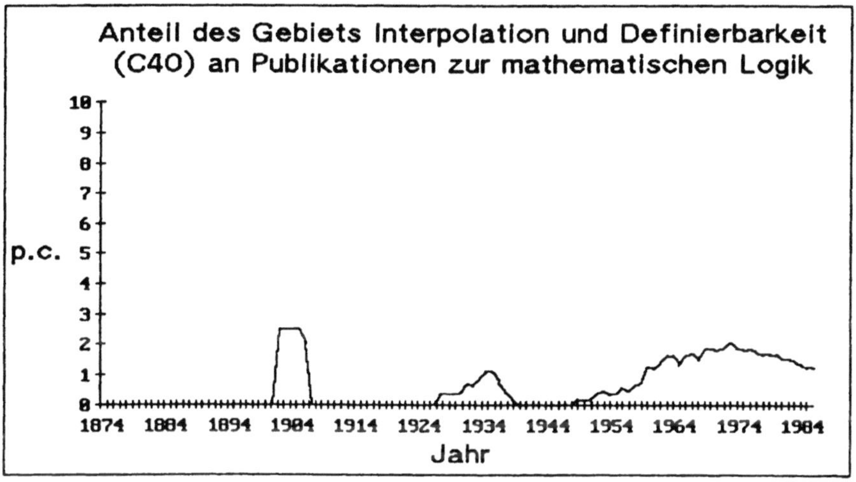
Anteil des Gebiets Interpolation und Definierbarkeit (C40) an Publikationen zur mathematischen Logik
p.c.
10
9
8
7
6
5
4
3
2
1
0
1874 1884 1894 1904 1914 1924 1934 1944 1954 1964 1974 1984
Jahr

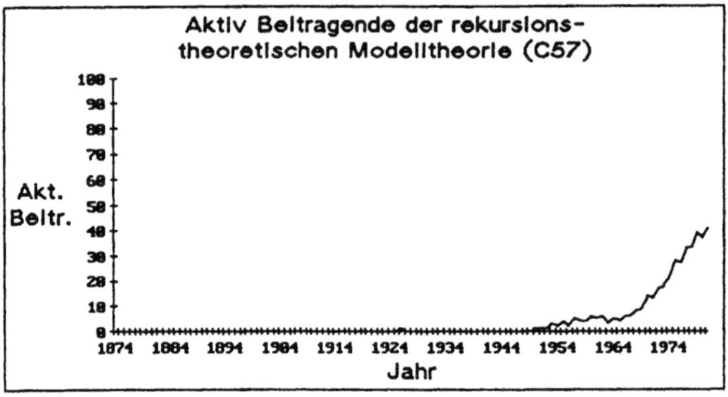
Aktiv Beitragende der rekursions-
theoretischen Modelltheorie (C57)
Akt.
Beitr.
100
90
80
70
60
50
40
30
20
10
0
1874 1884 1894 1904 1914 1924 1934 1944 1954 1964 1974
Jahr

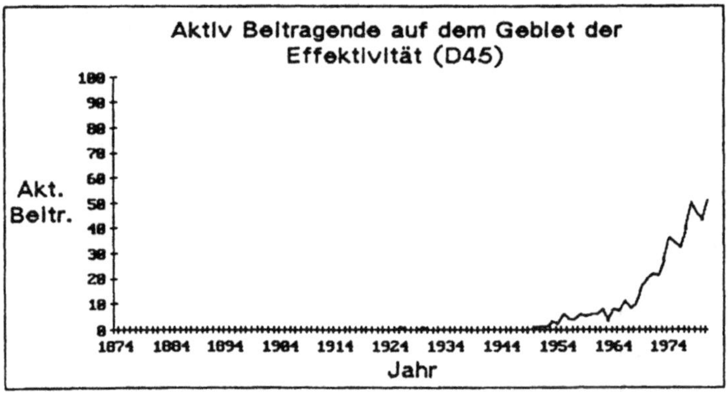
Aktiv Beitragende auf dem Gebiet der
Effektivität (D45)
Akt.
Beitr.
100
90
80
70
60
50
40
30
20
10
0
1874 1884 1894 1904 1914 1924 1934 1944 1954 1964 1974
Jahr

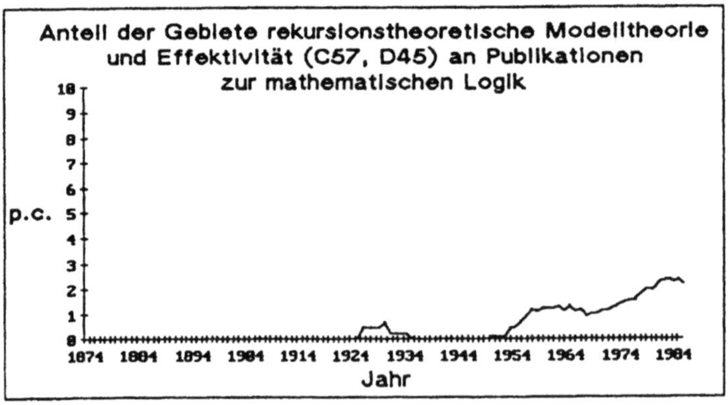
Anteil der Gebiete rekursionstheoretische Modelltheorie
und Effektivität (C57, D45) an Publikationen
zur mathematischen Logik
p.c.
10
9
8
7
6
5
4
3
2
1
0
1874 1884 1894 1904 1914 1924 1934 1944 1954 1964 1974 1984
Jahr

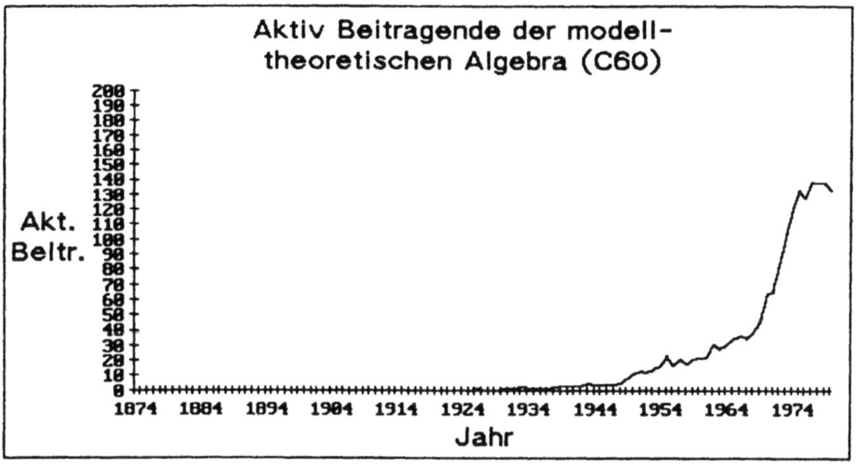
Aktiv Beitragende der modell-
theoretischen Algebra (C60)
Akt.
Beitr.
1874 1884 1894 1904 1914 1924 1934 1944 1954 1964 1974
Jahr

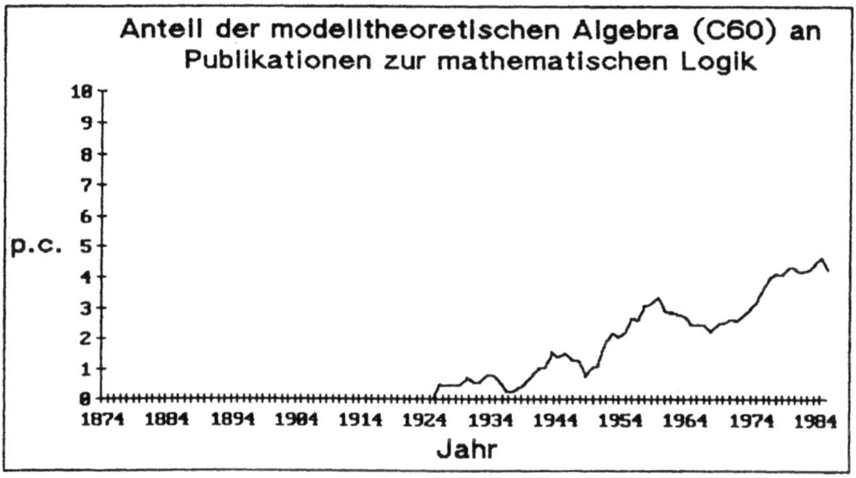
Anteil der modelltheoretischen Algebra (C60) an
Publikationen zur mathematischen Logik
p.c.
1874 1884 1894 1904 1914 1924 1934 1944 1954 1964 1974 1984
Jahr

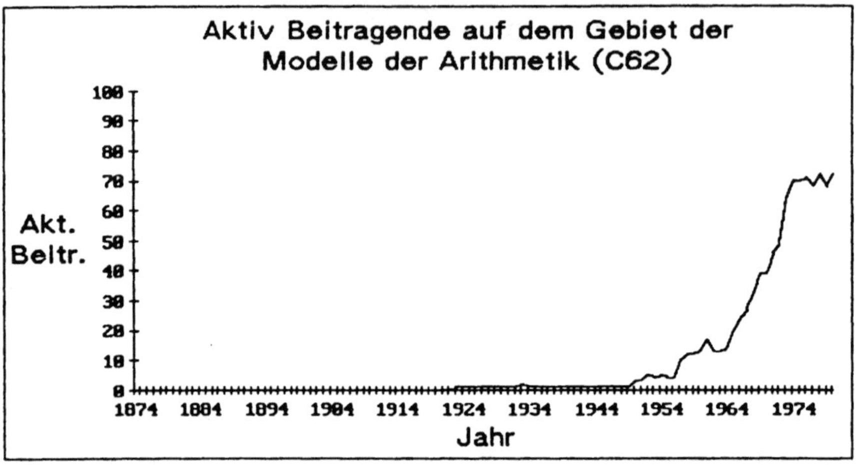

Aktiv Beitragende auf dem Gebiet der
Modelle der Arithmetik (C62)
Akt.
Beitr.
100
90
80
70
60
50
40
30
20
10
0
1874 1884 1894 1904 1914 1924 1934 1944 1954 1964 1974
Jahr

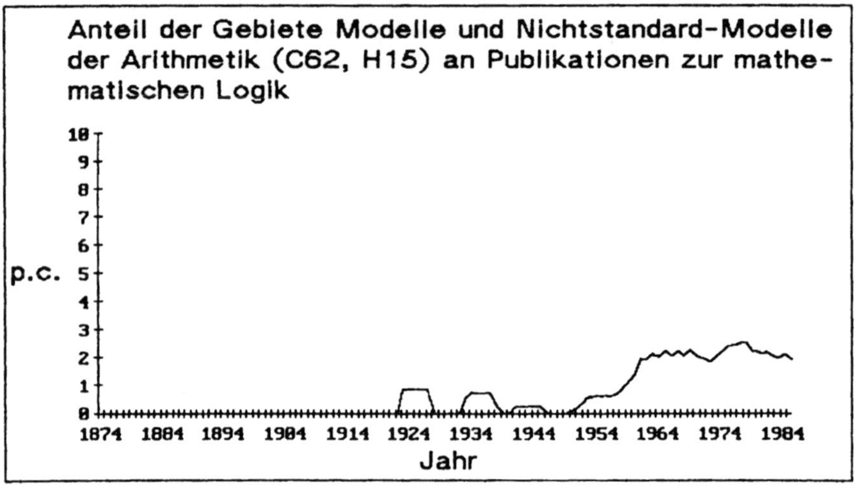

Anteil der Gebiete Modelle und Nichtstandard-Modelle
der Arithmetik (C62, H15) an Publikationen zur mathe-
matischen Logik
p.c.
10
9
8
7
6
5
4
3
2
1
0
1874 1884 1894 1904 1914 1924 1934 1944 1954 1964 1974 1984
Jahr

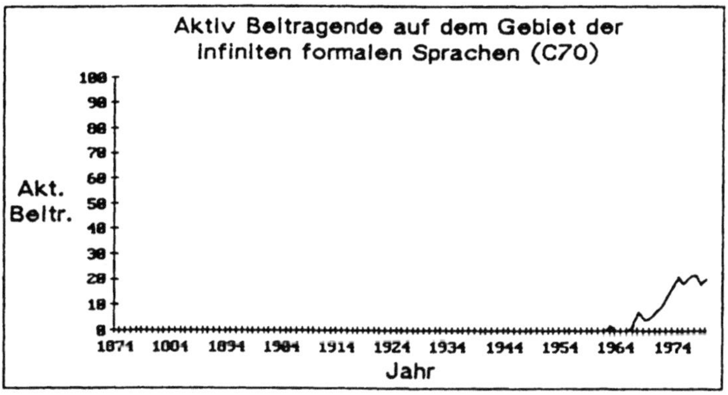
Aktiv Beitragende auf dem Gebiet der infiniten formalen Sprachen (C70)
Akt. Beitr.
100
90
80
70
60
50
40
30
20
10
0
1874 1884 1894 1904 1914 1924 1934 1944 1954 1964 1974
Jahr

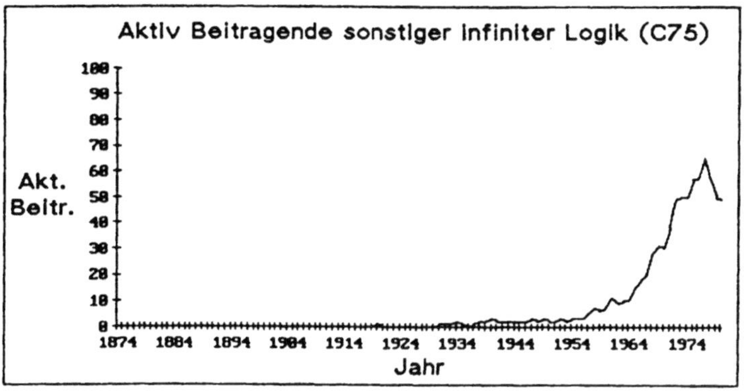
Aktiv Beitragende sonstiger infiniter Logik (C75)
Akt. Beitr.
100
90
80
70
60
50
40
30
20
10
0
1874 1884 1894 1904 1914 1924 1934 1944 1954 1964 1974
Jahr

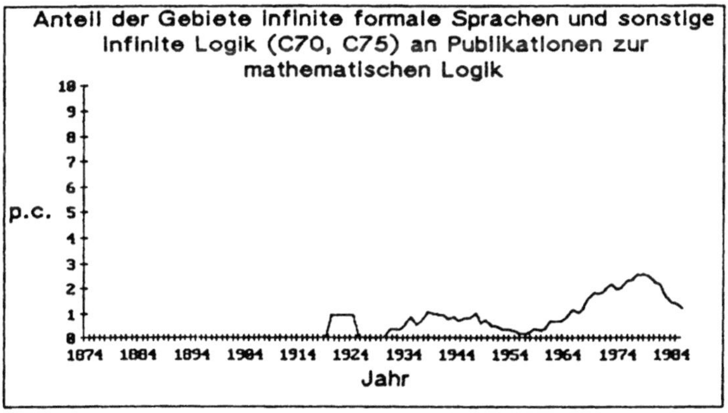
Anteil der Gebiete infinite formale Sprachen und sonstige infinite Logik (C70, C75) an Publikationen zur mathematischen Logik
p.c.
10
9
8
7
6
5
4
3
2
1
0
1874 1884 1894 1904 1914 1924 1934 1944 1954 1964 1974 1984
Jahr

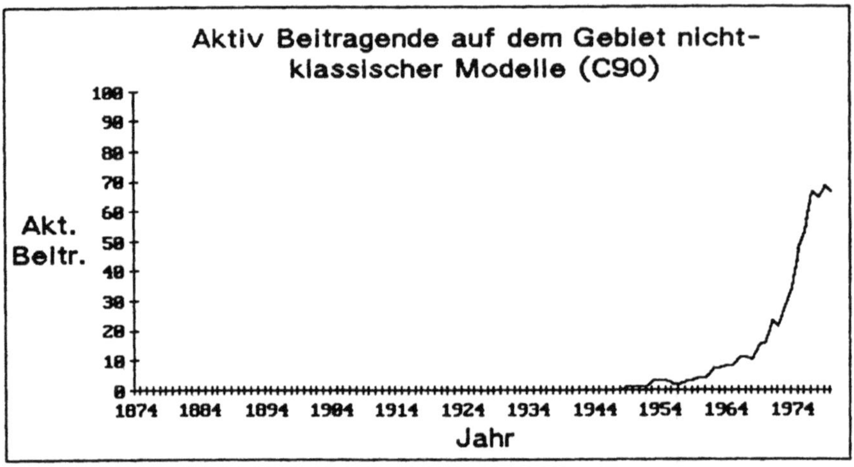
Aktiv Beitragende auf dem Gebiet nicht-klassischer Modelle (C90)
Akt. Beitr.
100
90
80
70
60
50
40
30
20
10
0
1874 1884 1894 1904 1914 1924 1934 1944 1954 1964 1974
Jahr

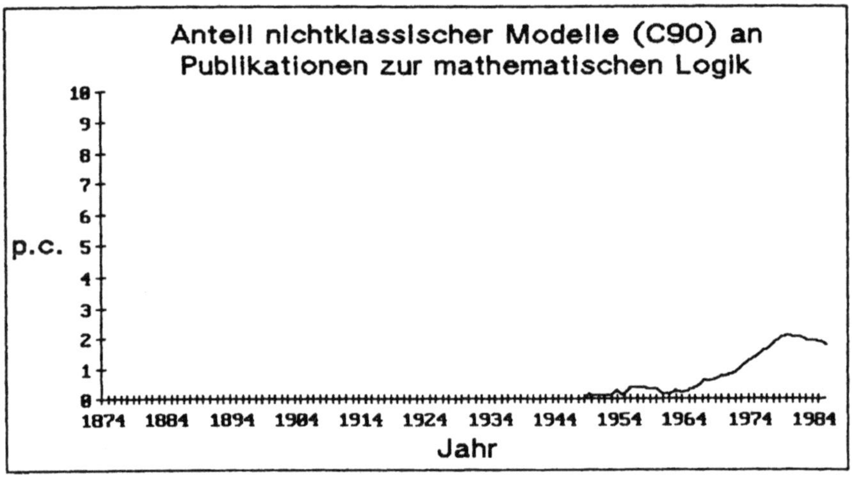
Anteil nichtklassischer Modelle (C90) an Publikationen zur mathematischen Logik
p.c.
10
9
8
7
6
5
4
3
2
1
0
1874 1884 1894 1904 1914 1924 1934 1944 1954 1964 1974 1984
Jahr

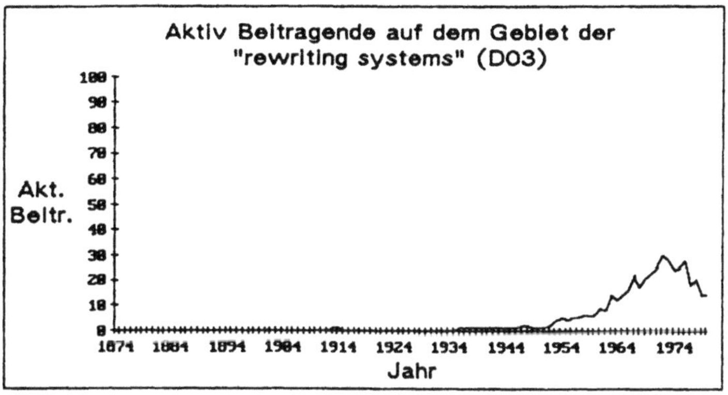
Aktiv Beitragende auf dem Gebiet der "rewriting systems" (D03)
Akt. Beitr.
Jahr

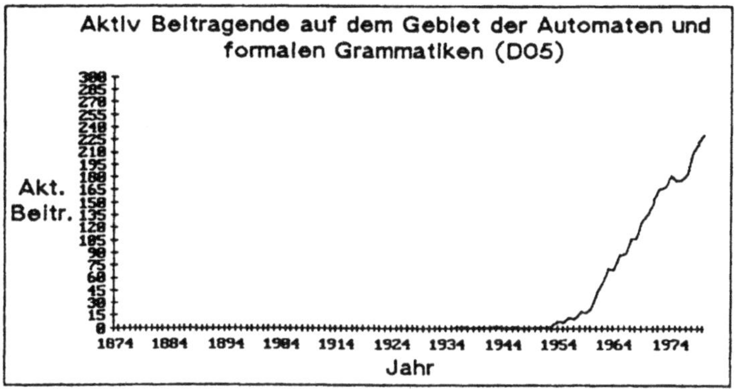
Aktiv Beitragende auf dem Gebiet der Automaten und formalen Grammatiken (D05)
Akt. Beitr.
Jahr

Anteil von "rewriting systems" und Automatentheorie an Publikationen zur mathematischen Logik
p.c.
Jahr

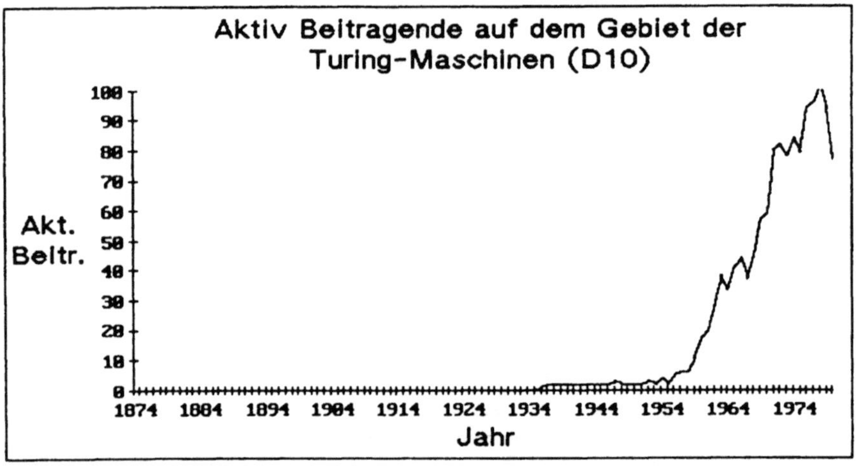
Aktiv Beitragende auf dem Gebiet der
Turing-Maschinen (D10)
100
90
80
70
60
50
40
30
20
10
0
Akt.
Beitr.
1874 1884 1894 1904 1914 1924 1934 1944 1954 1964 1974
Jahr

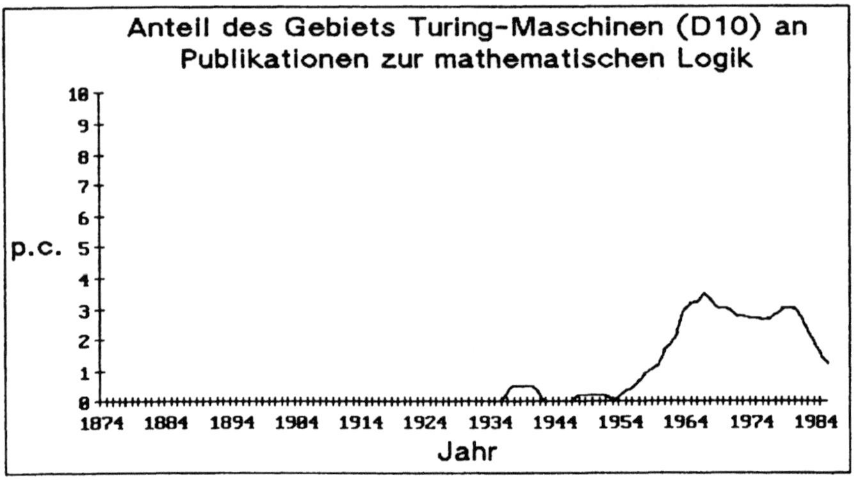
Anteil des Gebiets Turing-Maschinen (D10) an
Publikationen zur mathematischen Logik
10
9
8
7
6
5
4
3
2
1
0
p.c.
1874 1884 1894 1904 1914 1924 1934 1944 1954 1964 1974 1984
Jahr

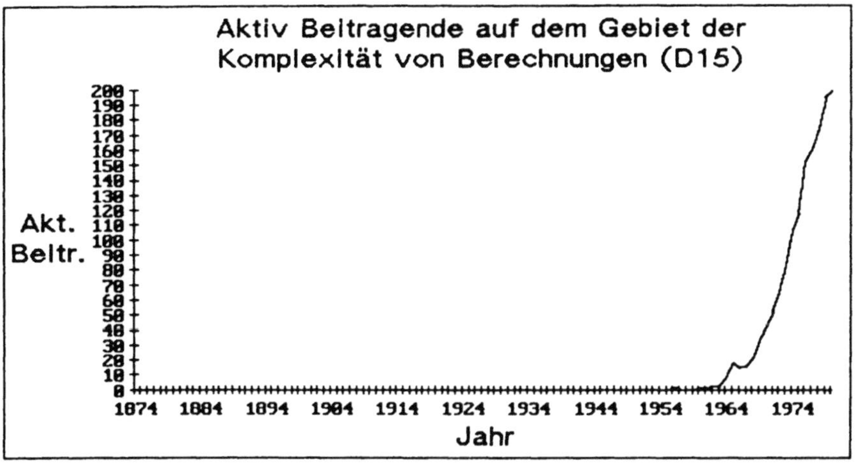
Aktiv Beitragende auf dem Gebiet der
Komplexität von Berechnungen (D15)
Akt.
Beitr.
200
190
180
170
160
150
140
130
120
110
100
90
80
70
60
50
40
30
20
10
0
1874 1884 1894 1904 1914 1924 1934 1944 1954 1964 1974
Jahr

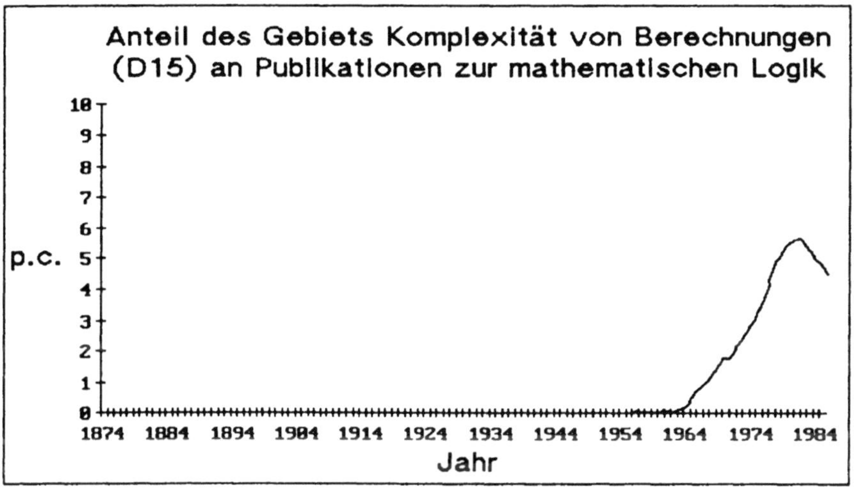
Anteil des Gebiets Komplexität von Berechnungen
(D15) an Publikationen zur mathematischen Logik
p.c.
10
9
8
7
6
5
4
3
2
1
0
1874 1884 1894 1904 1914 1924 1934 1944 1954 1964 1974 1984
Jahr

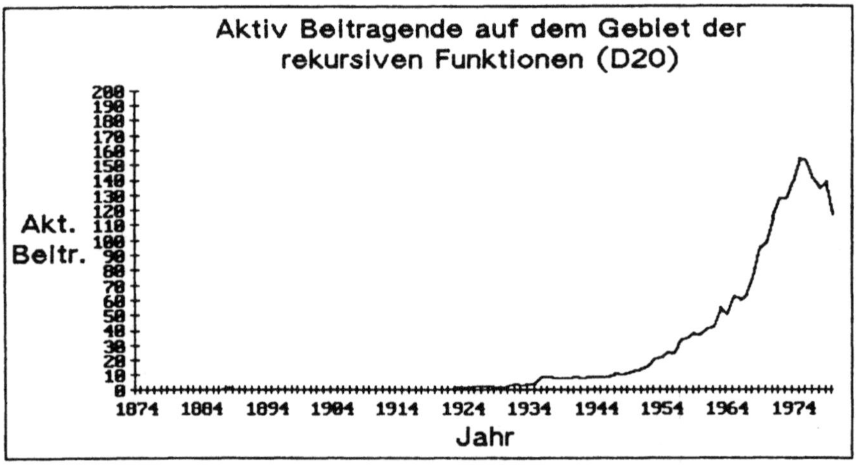
Aktiv Beitragende auf dem Gebiet der rekursiven Funktionen (D20)
Akt. Beitr.
200
190
180
170
160
150
140
130
120
110
100
90
80
70
60
50
40
30
20
10
0
1874 1884 1894 1904 1914 1924 1934 1944 1954 1964 1974
Jahr

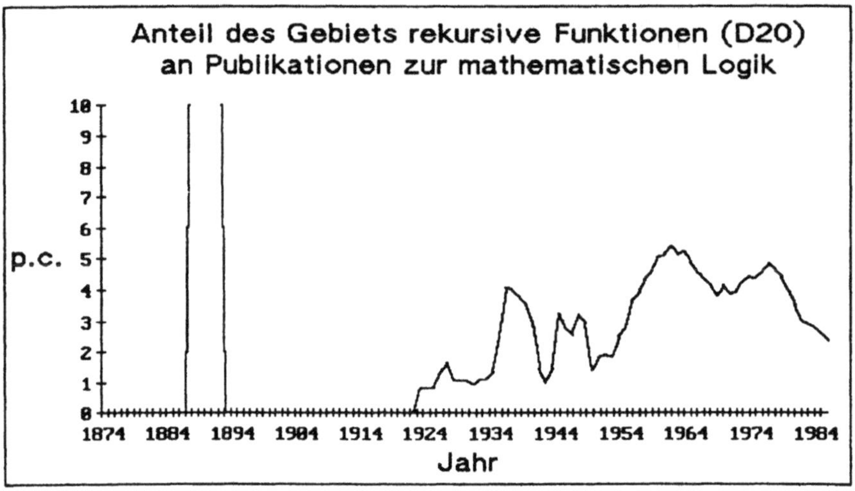
Anteil des Gebiets rekursive Funktionen (D20) an Publikationen zur mathematischen Logik
p.c.
10
9
8
7
6
5
4
3
2
1
0
1874 1884 1894 1904 1914 1924 1934 1944 1954 1964 1974 1984
Jahr

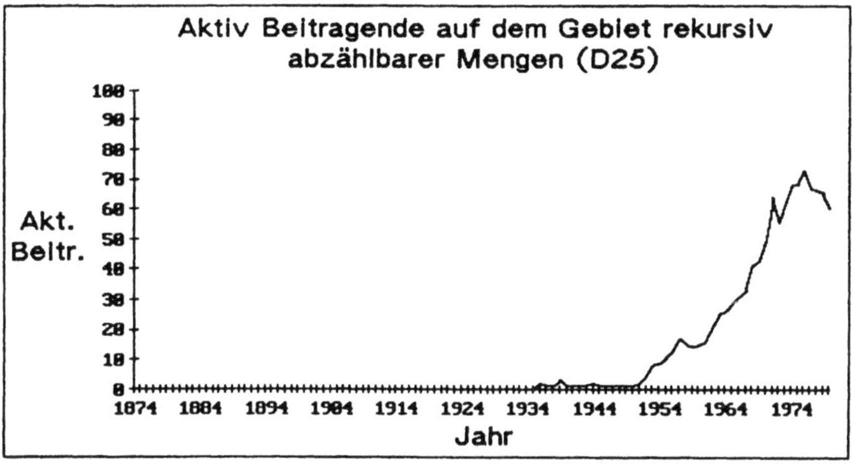
Aktiv Beitragende auf dem Gebiet rekursiv abzählbarer Mengen (D25)
Akt. Beitr.
100
90
80
70
60
50
40
30
20
10
0
1874 1884 1894 1904 1914 1924 1934 1944 1954 1964 1974
Jahr

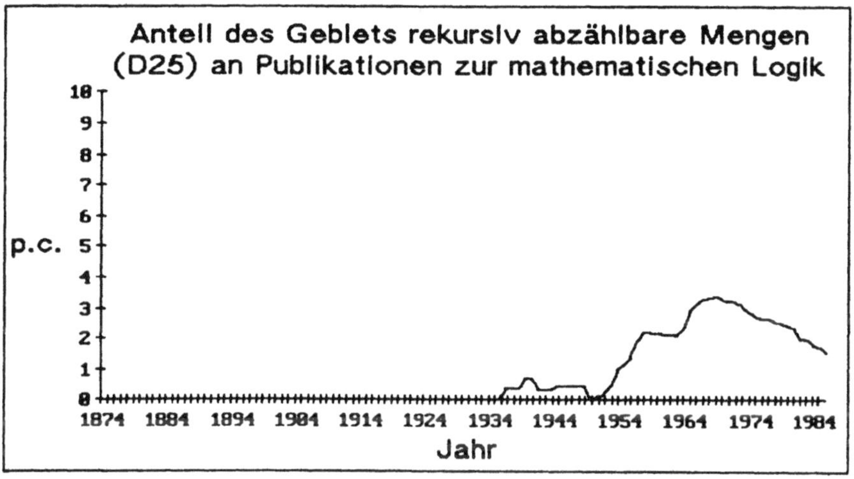
Anteil des Gebiets rekursiv abzählbare Mengen (D25) an Publikationen zur mathematischen Logik
p.c.
10
9
8
7
6
5
4
3
2
1
0
1874 1884 1894 1904 1914 1924 1934 1944 1954 1964 1974 1984
Jahr

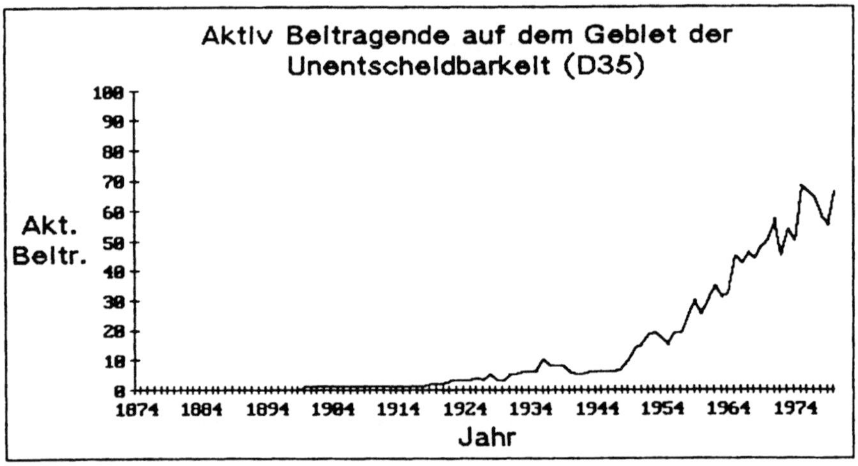
Aktiv Beitragende auf dem Gebiet der
Unentscheidbarkeit (D35)
Akt.
Beitr.
100
90
80
70
60
50
40
30
20
10
0
1874 1884 1894 1904 1914 1924 1934 1944 1954 1964 1974
Jahr

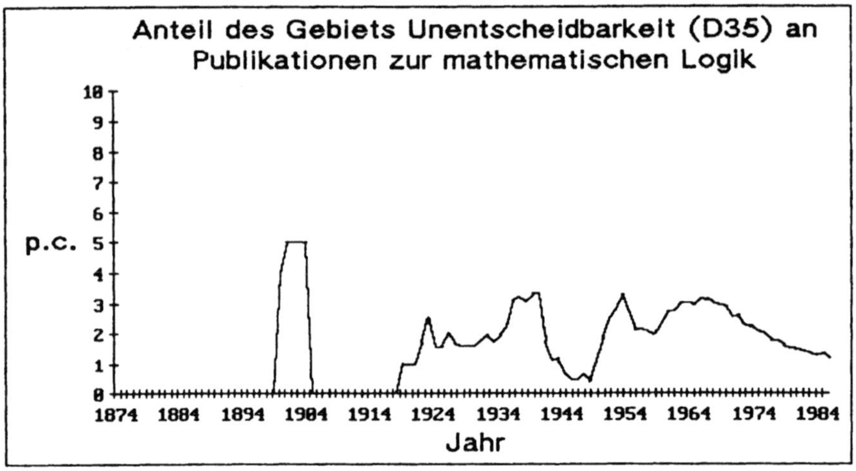
Anteil des Gebiets Unentscheidbarkeit (D35) an
Publikationen zur mathematischen Logik
p.c.
10
9
8
7
6
5
4
3
2
1
0
1874 1884 1894 1904 1914 1924 1934 1944 1954 1964 1974 1984
Jahr

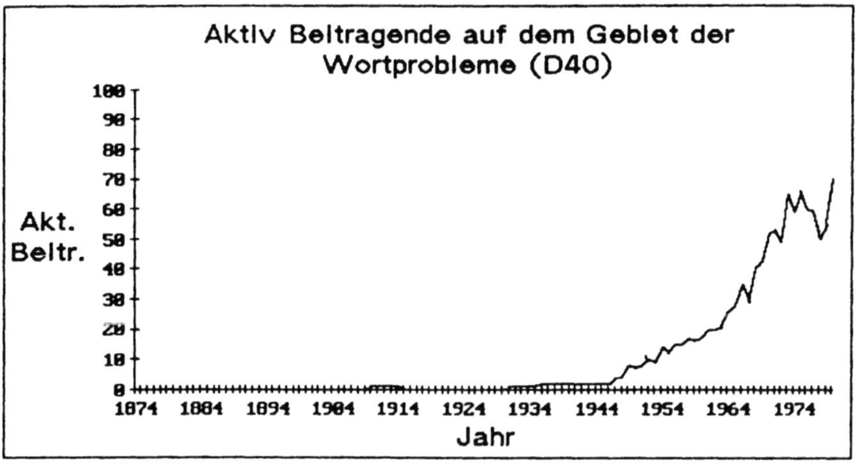
Aktiv Beitragende auf dem Gebiet der Wortprobleme (D40)
Akt. Beitr.
100
90
80
70
60
50
40
30
20
10
0
1874 1884 1894 1904 1914 1924 1934 1944 1954 1964 1974
Jahr

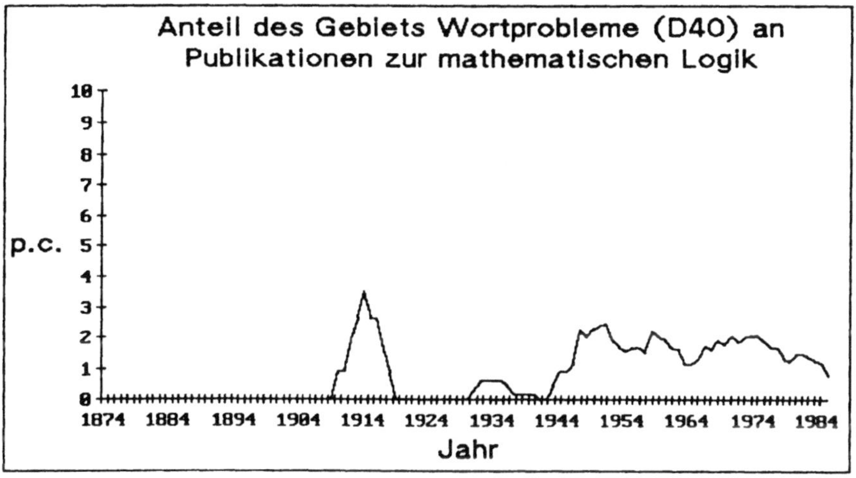
Anteil des Gebiets Wortprobleme (D40) an Publikationen zur mathematischen Logik
p.c.
10
9
8
7
6
5
4
3
2
1
0
1874 1884 1894 1904 1914 1924 1934 1944 1954 1964 1974 1984
Jahr

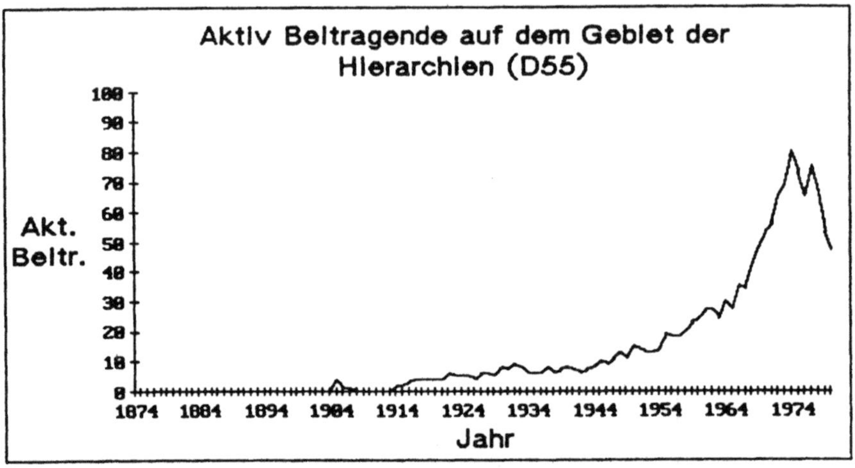
Aktiv Beitragende auf dem Gebiet der Hierarchien (D55)
Akt. Beitr.
100
90
80
70
60
50
40
30
20
10
0
1874 1884 1894 1904 1914 1924 1934 1944 1954 1964 1974
Jahr

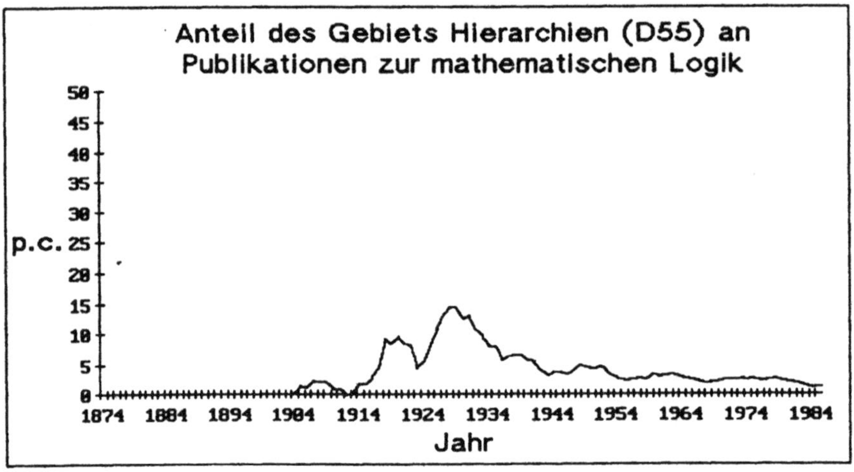
Anteil des Gebiets Hierarchien (D55) an Publikationen zur mathematischen Logik
p.c.
50
45
40
35
30
25
20
15
10
5
0
1874 1884 1894 1904 1914 1924 1934 1944 1954 1964 1974 1984
Jahr

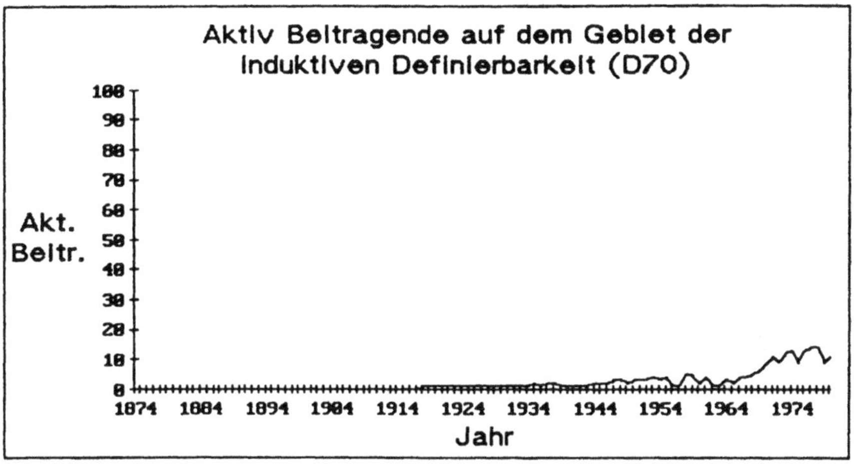
Aktiv Beitragende auf dem Gebiet der induktiven Definierbarkeit (D70)
Akt. Beitr.
100
90
80
70
60
50
40
30
20
10
0
1874 1884 1894 1904 1914 1924 1934 1944 1954 1964 1974
Jahr

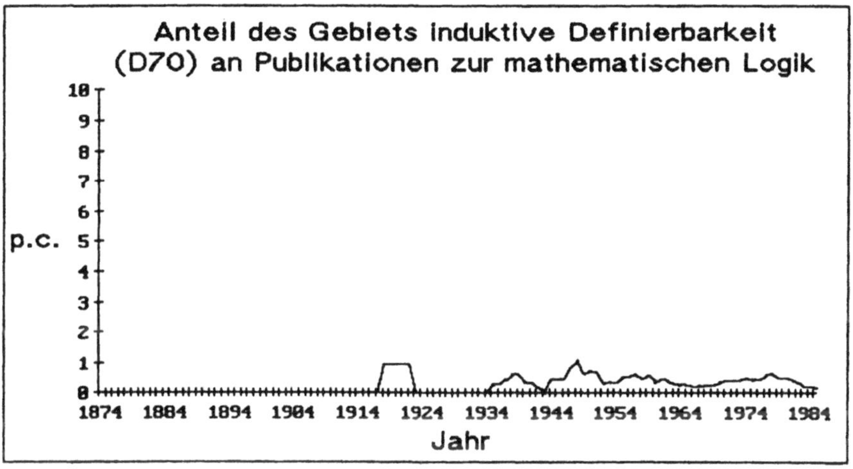
Anteil des Gebiets induktive Definierbarkeit (D70) an Publikationen zur mathematischen Logik
p.c.
10
9
8
7
6
5
4
3
2
1
0
1874 1884 1894 1904 1914 1924 1934 1944 1954 1964 1974 1984
Jahr

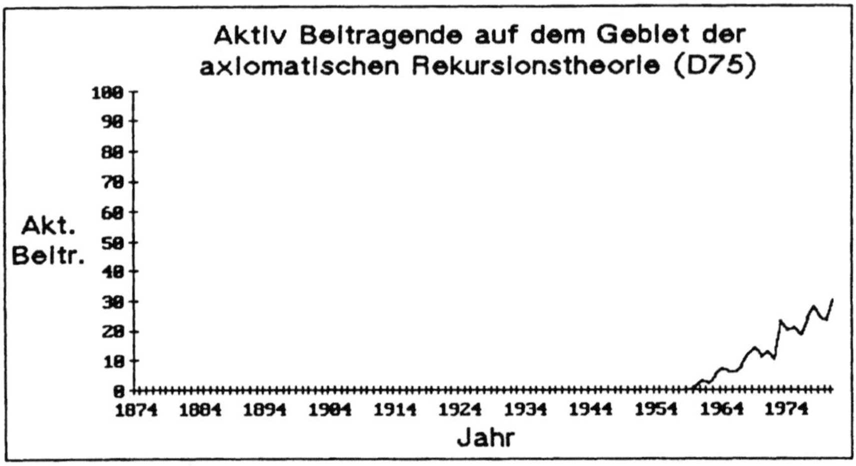

Aktiv Beitragende auf dem Gebiet der axiomatischen Rekursionstheorie (D75)
Akt. Beitr.
100
90
80
70
60
50
40
30
20
10
0
1874 1884 1894 1904 1914 1924 1934 1944 1954 1964 1974
Jahr

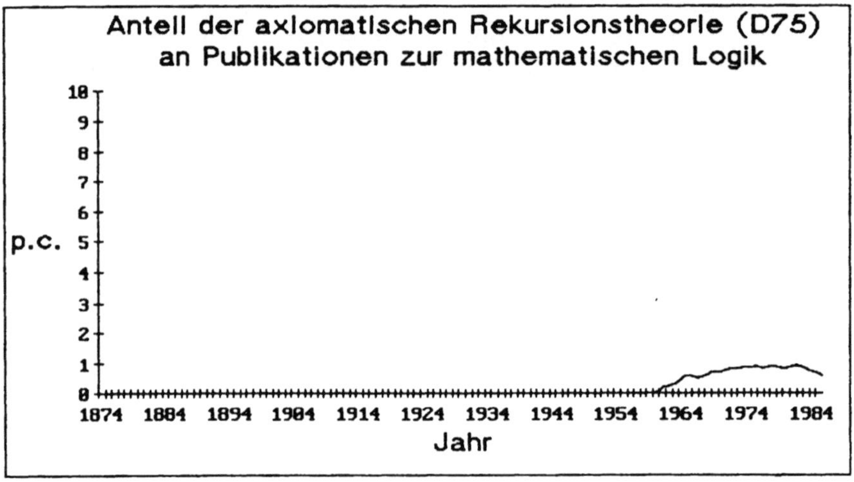

Anteil der axiomatischen Rekursionstheorie (D75) an Publikationen zur mathematischen Logik
p.c.
10
9
8
7
6
5
4
3
2
1
0
1874 1884 1894 1904 1914 1924 1934 1944 1954 1964 1974 1984
Jahr

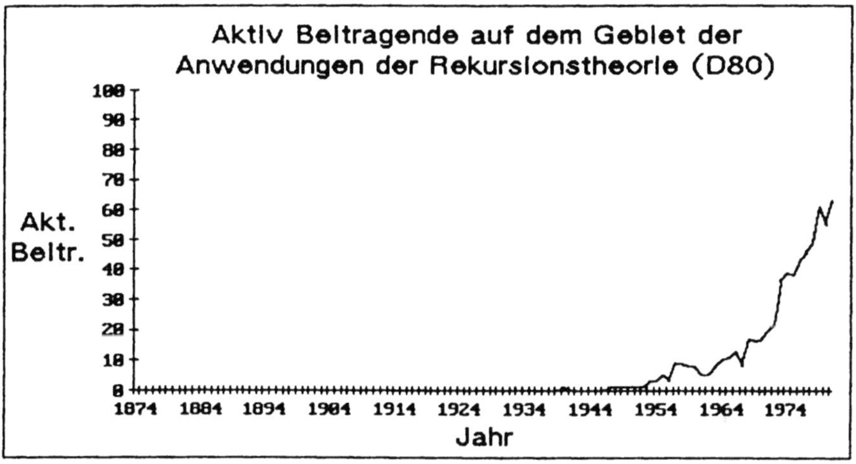
Aktiv Beitragende auf dem Gebiet der
Anwendungen der Rekursionstheorie (D80)
Akt.
Beitr.
100
90
80
70
60
50
40
30
20
10
0
1874 1884 1894 1904 1914 1924 1934 1944 1954 1964 1974
Jahr

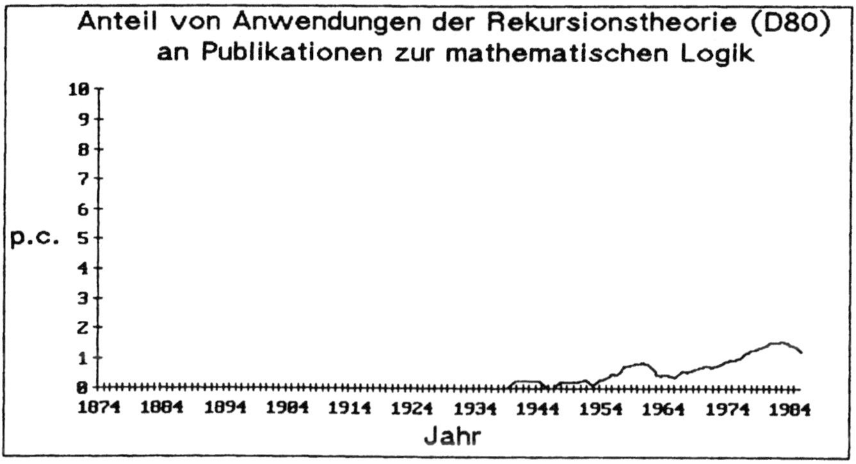
Anteil von Anwendungen der Rekursionstheorie (D80)
an Publikationen zur mathematischen Logik
p.c.
10
9
8
7
6
5
4
3
2
1
0
1874 1884 1894 1904 1914 1924 1934 1944 1954 1964 1974 1984
Jahr

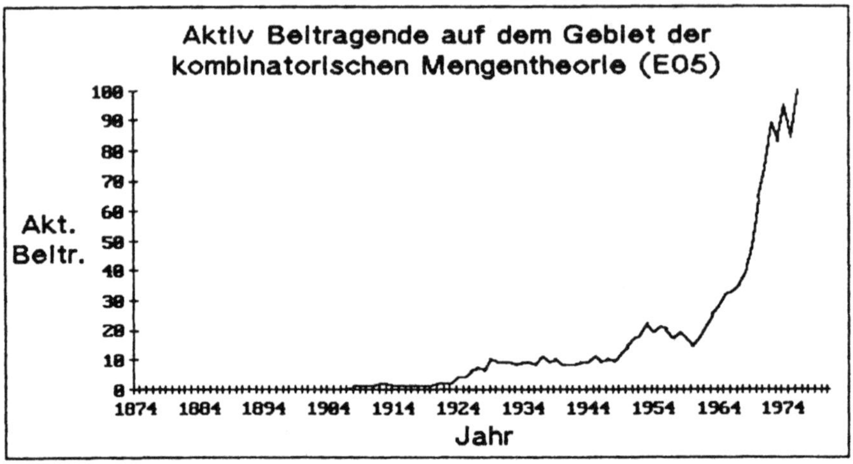
Aktiv Beitragende auf dem Gebiet der
kombinatorischen Mengentheorie (E05)
Akt.
Beitr.
100
90
80
70
60
50
40
30
20
10
0
1874
1884
1894
1904
1914
1924
1934
1944
1954
1964
1974
Jahr

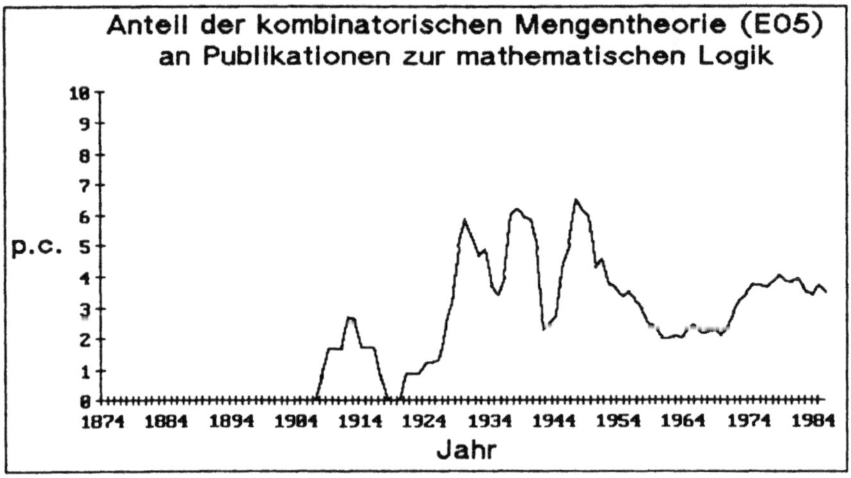
Anteil der kombinatorischen Mengentheorie (E05)
an Publikationen zur mathematischen Logik
p.c.
10
9
8
7
6
5
4
3
2
1
0
1874
1884
1894
1904
1914
1924
1934
1944
1954
1964
1974
1984
Jahr

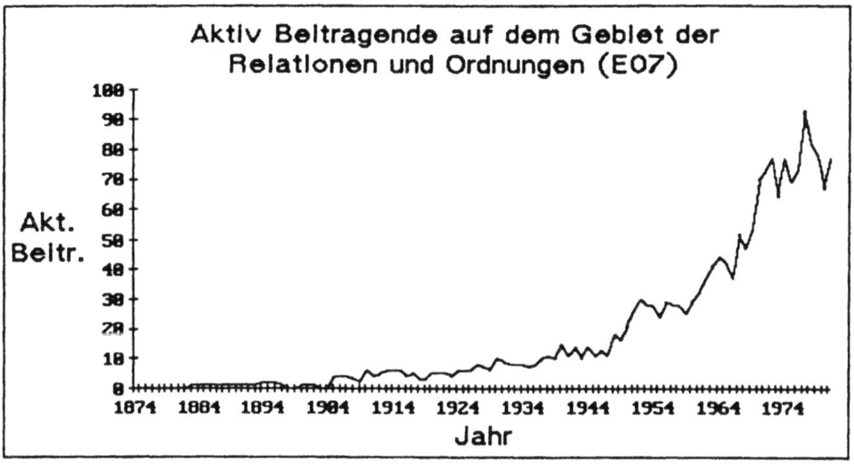
Aktiv Beitragende auf dem Gebiet der
Relationen und Ordnungen (E07)
Akt.
Beitr.
100
90
80
70
60
50
40
30
20
10
0
1874 1884 1894 1904 1914 1924 1934 1944 1954 1964 1974
Jahr

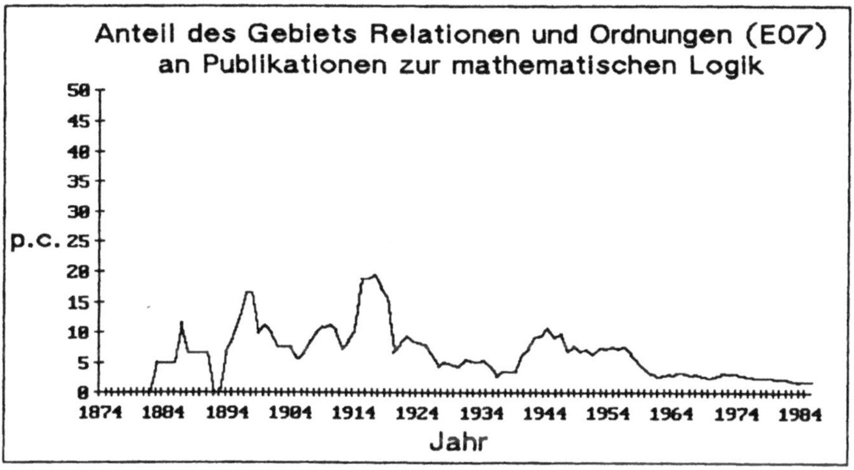
Anteil des Gebiets Relationen und Ordnungen (E07)
an Publikationen zur mathematischen Logik
p.c.
50
45
40
35
30
25
20
15
10
5
0
1874 1884 1894 1904 1914 1924 1934 1944 1954 1964 1974 1984
Jahr

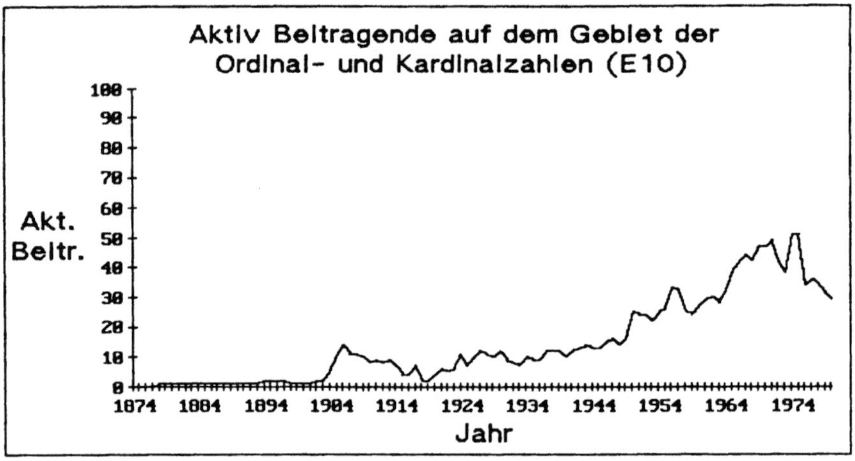
Aktiv Beitragende auf dem Gebiet der
Ordinal- und Kardinalzahlen (E10)
Akt.
Beitr.
100
90
80
70
60
50
40
30
20
10
0
1874
1884
1894
1904
1914
1924
1934
1944
1954
1964
1974
Jahr

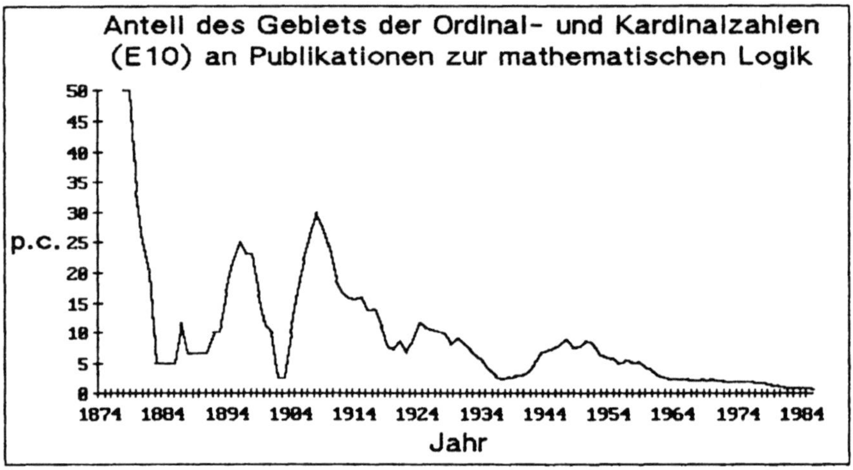
Anteil des Gebiets der Ordinal- und Kardinalzahlen
(E10) an Publikationen zur mathematischen Logik
p.c.
50
45
40
35
30
25
20
15
10
5
0
1874
1884
1894
1904
1914
1924
1934
1944
1954
1964
1974
1984
Jahr

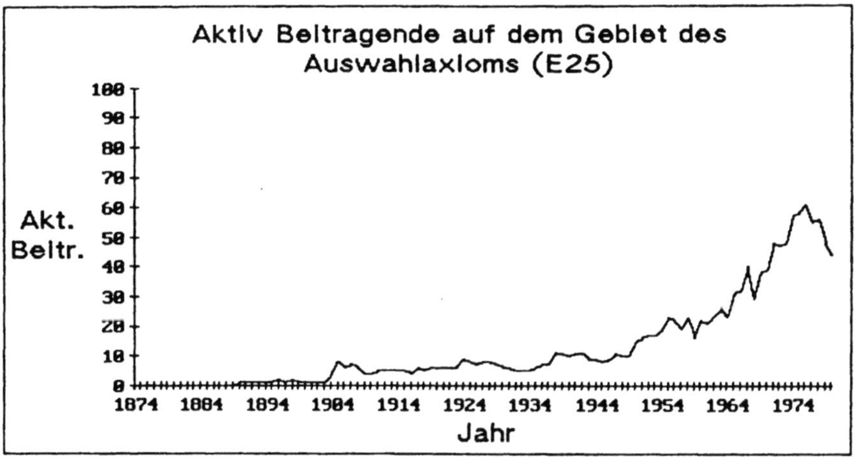
Aktiv Beitragende auf dem Gebiet des Auswahlaxioms (E25)
Akt. Beitr.
100
90
80
70
60
50
40
30
20
10
0
1874 1884 1894 1904 1914 1924 1934 1944 1954 1964 1974
Jahr

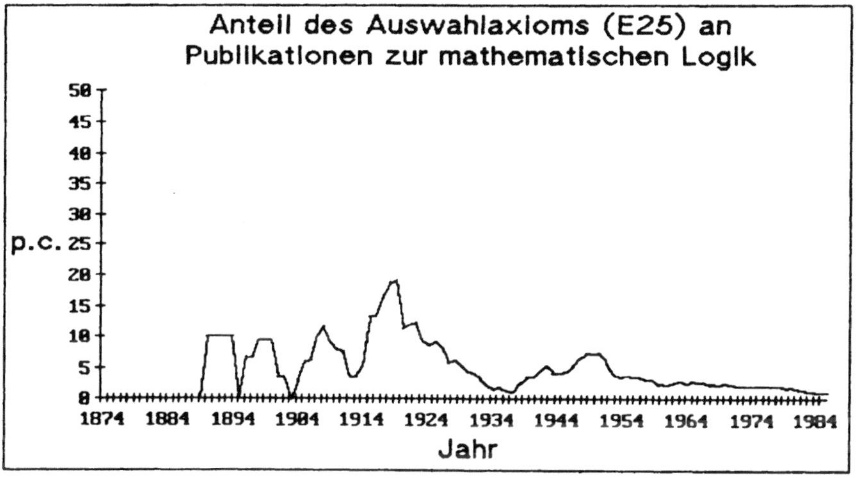
Anteil des Auswahlaxioms (E25) an Publikationen zur mathematischen Logik
p.c.
50
45
40
35
30
25
20
15
10
5
0
1874 1884 1894 1904 1914 1924 1934 1944 1954 1964 1974 1984
Jahr

Aktiv Beitragende auf dem Gebiet der axiomatischen klassischen Mengentheorie (E30)

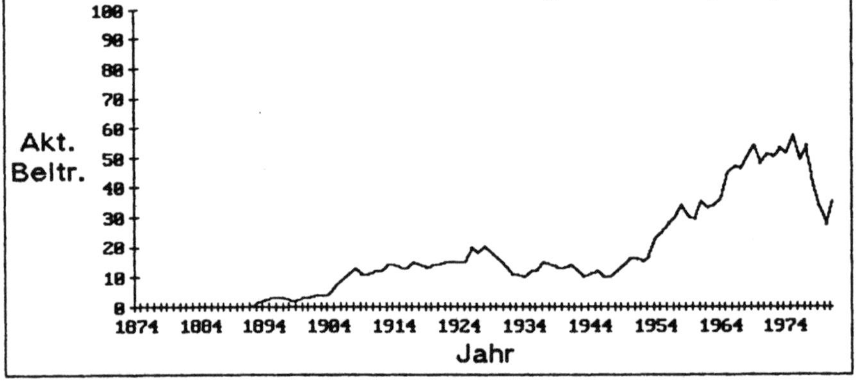

Anteil der axiomatischen klassischen Mengentheorie (E30) an Publikationen zur mathematischen Logik

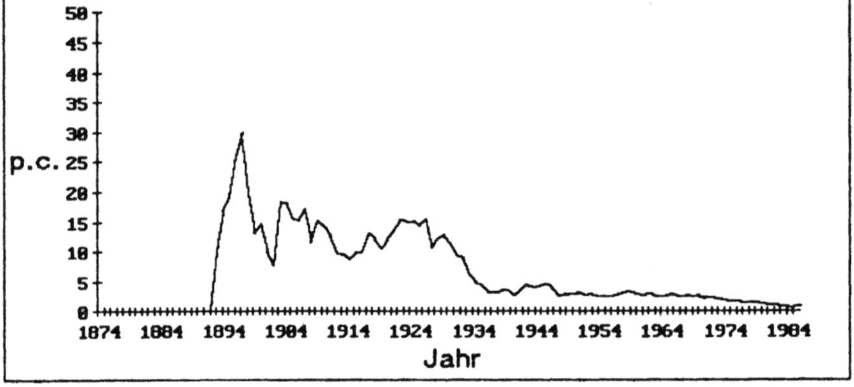

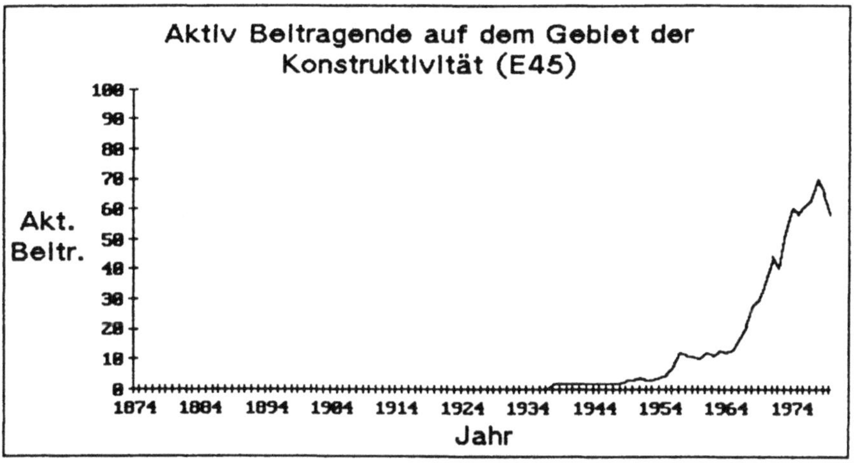
Aktiv Beitragende auf dem Gebiet der Konstruktivität (E45)
Akt. Beitr.
100
90
80
70
60
50
40
30
20
10
0
1874 1884 1894 1904 1914 1924 1934 1944 1954 1964 1974
Jahr

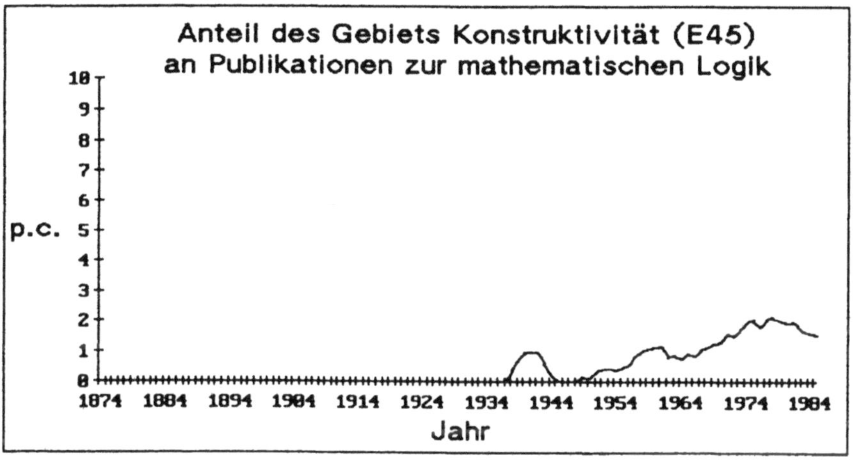
Anteil des Gebiets Konstruktivität (E45) an Publikationen zur mathematischen Logik
p.c.
10
9
8
7
6
5
4
3
2
1
0
1874 1884 1894 1904 1914 1924 1934 1944 1954 1964 1974 1984
Jahr

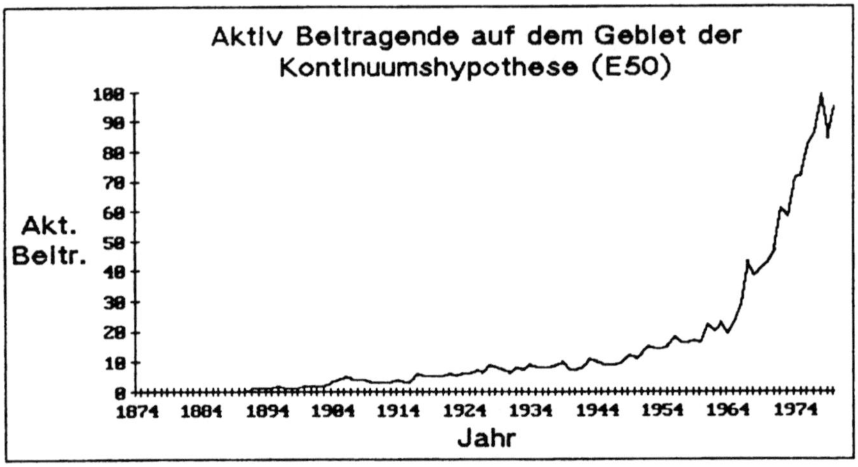
Aktiv Beitragende auf dem Gebiet der Kontinuumshypothese (E50)
Akt. Beitr.
100
90
80
70
60
50
40
30
20
10
0
1874 1884 1894 1904 1914 1924 1934 1944 1954 1964 1974
Jahr

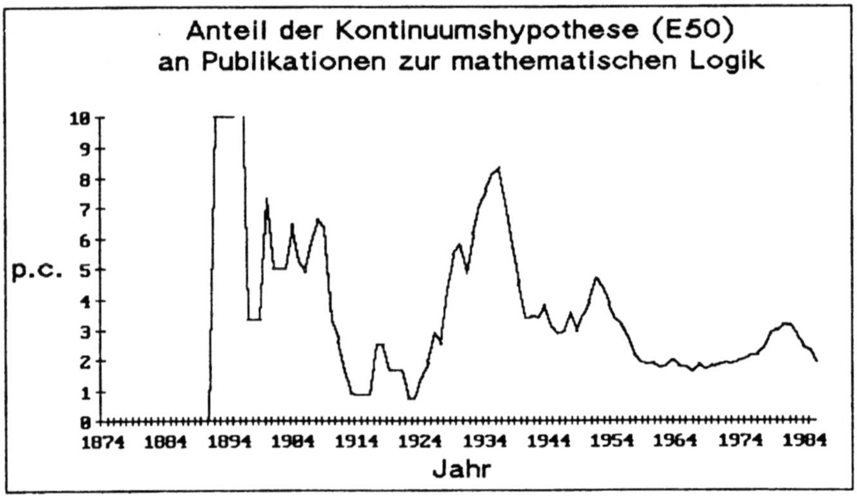
Anteil der Kontinuumshypothese (E50) an Publikationen zur mathematischen Logik
p.c.
10
9
8
7
6
5
4
3
2
1
0
1874 1884 1894 1904 1914 1924 1934 1944 1954 1964 1974 1984
Jahr

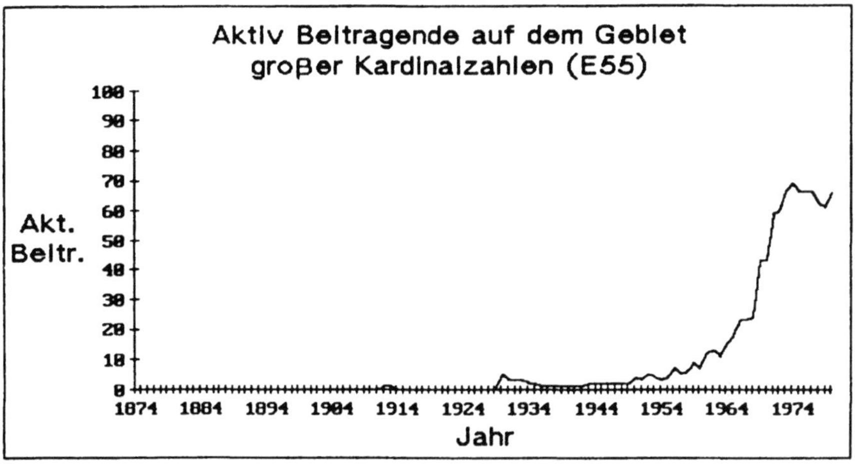
Aktiv Beitragende auf dem Gebiet
großer Kardinalzahlen (E55)
Akt.
Beitr.
100
90
80
70
60
50
40
30
20
10
0
1874 1884 1894 1904 1914 1924 1934 1944 1954 1964 1974
Jahr

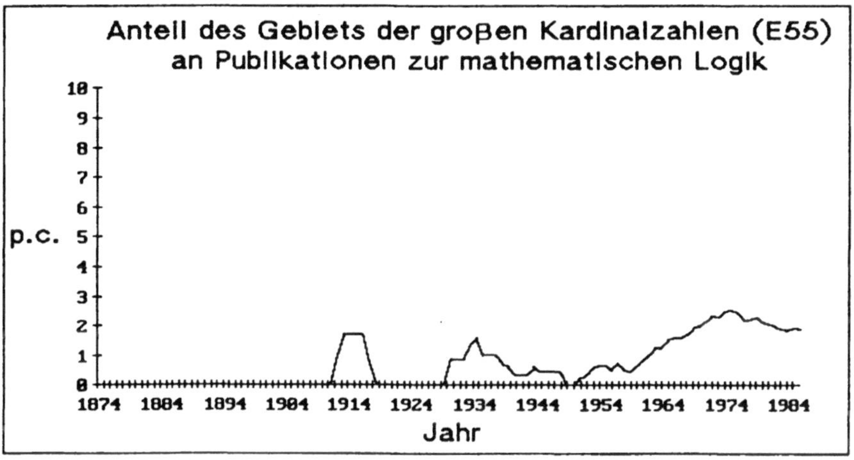
Anteil des Gebiets der großen Kardinalzahlen (E55)
an Publikationen zur mathematischen Logik
p.c.
10
9
8
7
6
5
4
3
2
1
0
1874 1884 1894 1904 1914 1924 1934 1944 1954 1964 1974 1984
Jahr

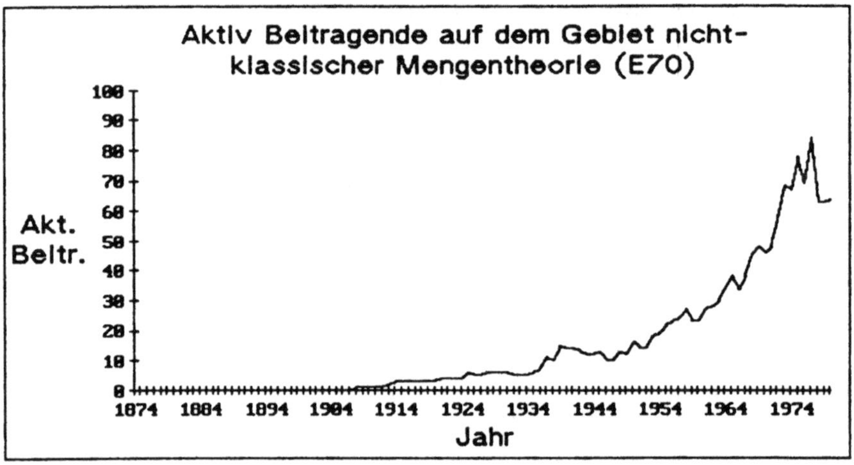
Aktiv Beitragende auf dem Gebiet nicht-klassischer Mengentheorie (E70)
Akt. Beitr.
100
90
80
70
60
50
40
30
20
10
0
1874 1884 1894 1904 1914 1924 1934 1944 1954 1964 1974
Jahr

Anteil der nichtklassischen Mengentheorie (E70) an Publikationen zur mathematischen Logik
p.c.
10
9
8
7
6
5
4
3
2
1
0
1874 1884 1894 1904 1914 1924 1934 1944 1954 1964 1974 1984
Jahr

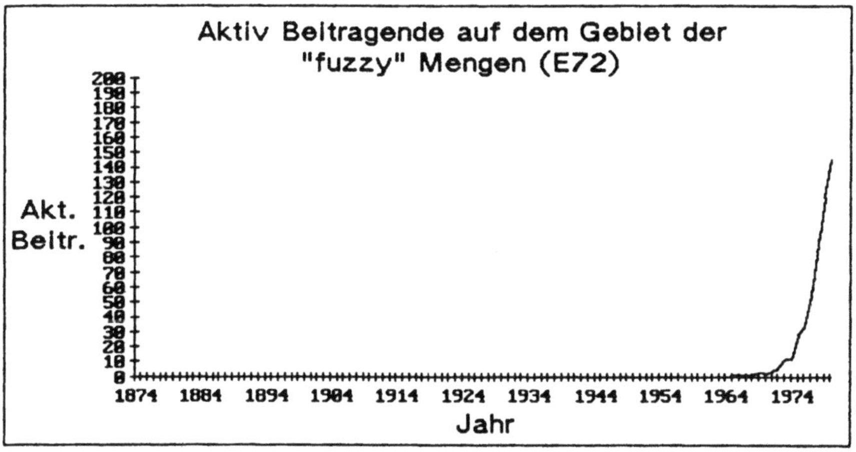
Aktiv Beitragende auf dem Gebiet der
"fuzzy" Mengen (E72)
Akt.
Beitr.
200
190
180
170
160
150
140
130
120
110
100
90
80
70
60
50
40
30
20
10
0
1874 1884 1894 1904 1914 1924 1934 1944 1954 1964 1974
Jahr

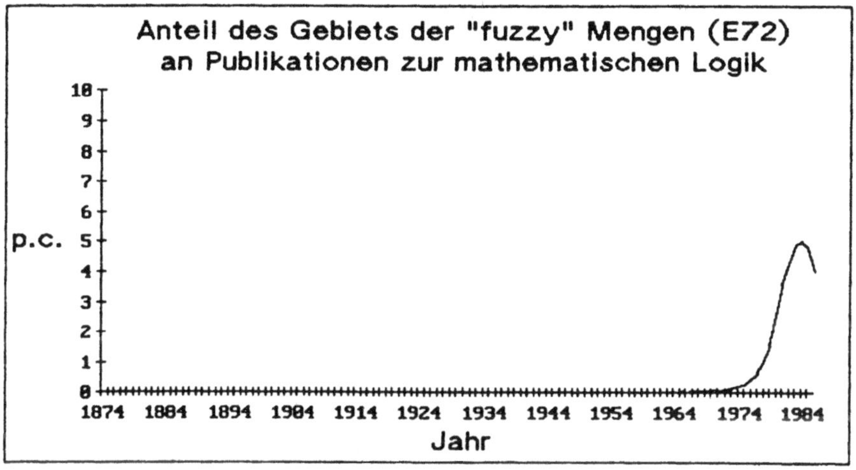
Anteil des Gebiets der "fuzzy" Mengen (E72)
an Publikationen zur mathematischen Logik
p.c.
10
9
8
7
6
5
4
3
2
1
0
1874 1884 1894 1904 1914 1924 1934 1944 1954 1964 1974 1984
Jahr

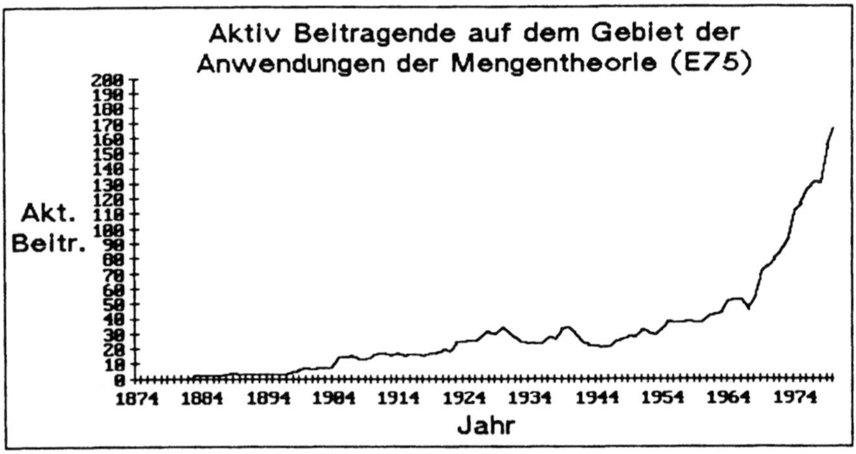
Aktiv Beitragende auf dem Gebiet der
Anwendungen der Mengentheorie (E75)
Akt. Beitr.
200
190
180
170
160
150
140
130
120
110
100
90
80
70
60
50
40
30
20
10
0
1874 1884 1894 1904 1914 1924 1934 1944 1954 1964 1974
Jahr

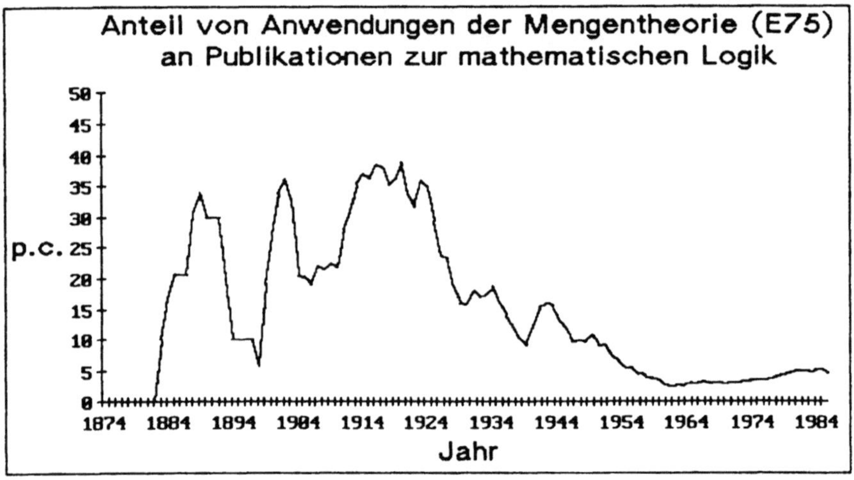
Anteil von Anwendungen der Mengentheorie (E75)
an Publikationen zur mathematischen Logik
p.c.
50
45
40
35
30
25
20
15
10
5
0
1874 1884 1894 1904 1914 1924 1934 1944 1954 1964 1974 1984
Jahr

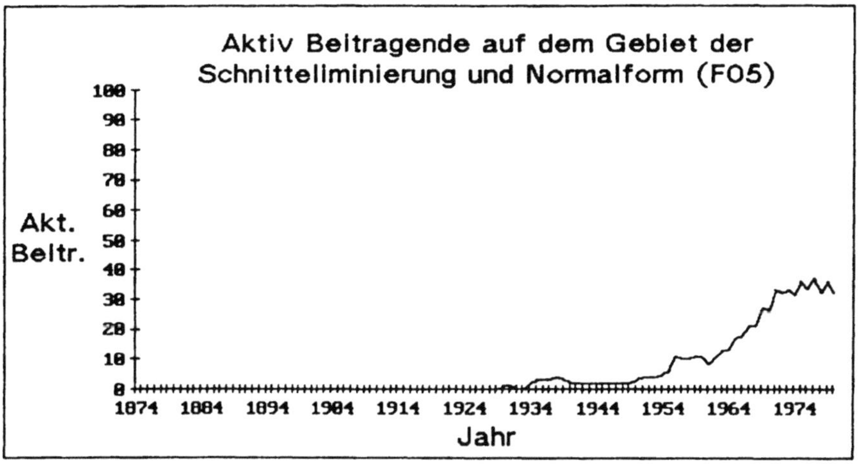
Aktiv Beitragende auf dem Gebiet der Schnitteliminierung und Normalform (F05)
Akt. Beitr.
100
90
80
70
60
50
40
30
20
10
0
1874 1884 1894 1904 1914 1924 1934 1944 1954 1964 1974
Jahr

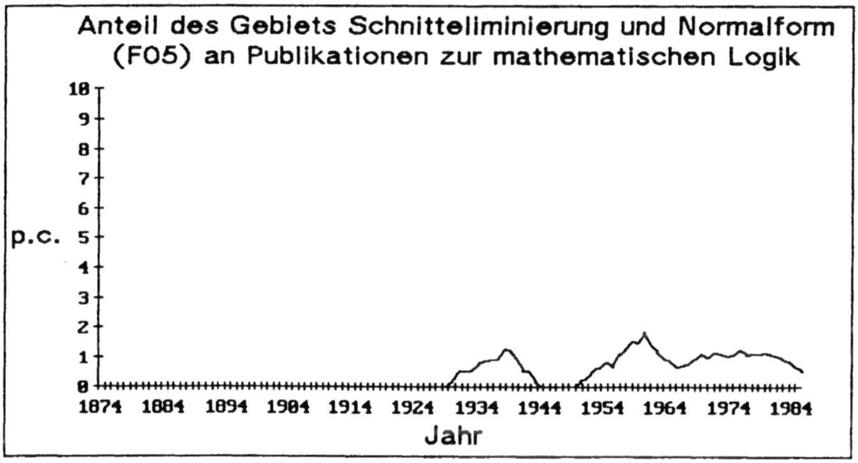
Anteil des Gebiets Schnitteliminierung und Normalform (F05) an Publikationen zur mathematischen Logik
p.c.
10
9
8
7
6
5
4
3
2
1
0
1874 1884 1894 1904 1914 1924 1934 1944 1954 1964 1974 1984
Jahr

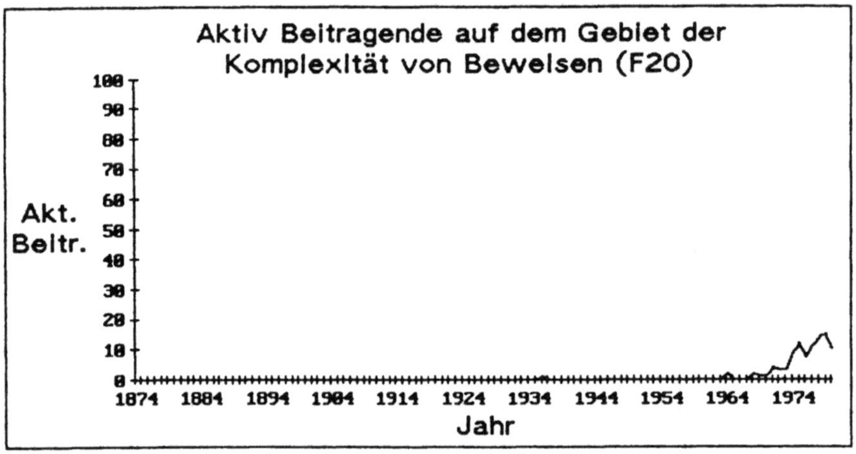
Aktiv Beitragende auf dem Gebiet der
Komplexität von Beweisen (F20)
Akt.
Beitr.
100
90
80
70
60
50
40
30
20
10
0
1874 1884 1894 1904 1914 1924 1934 1944 1954 1964 1974
Jahr

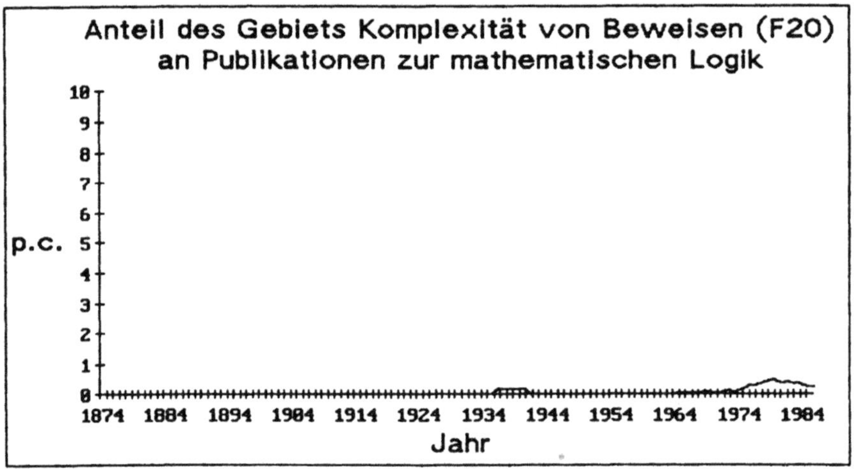
Anteil des Gebiets Komplexität von Beweisen (F20)
an Publikationen zur mathematischen Logik
p.c.
10
9
8
7
6
5
4
3
2
1
0
1874 1884 1894 1904 1914 1924 1934 1944 1954 1964 1974 1984
Jahr

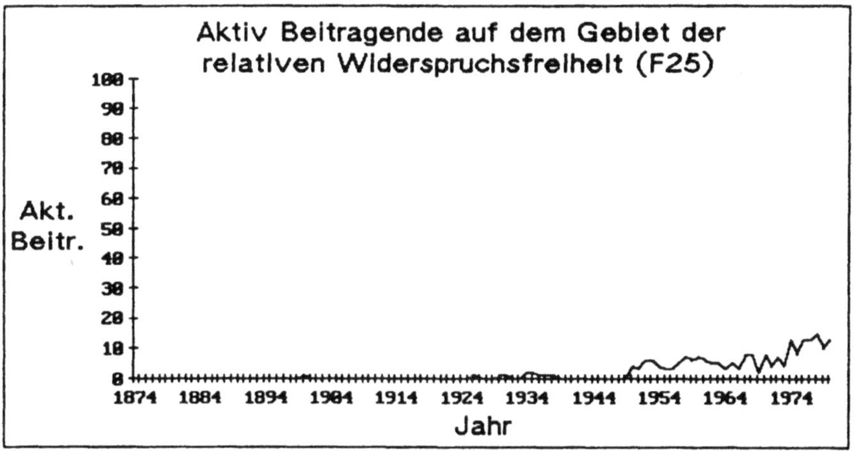
Aktiv Beitragende auf dem Gebiet der relativen Widerspruchsfreiheit (F25)
Akt. Beitr.
100
90
80
70
60
50
40
30
20
10
0
1874 1884 1894 1904 1914 1924 1934 1944 1954 1964 1974
Jahr

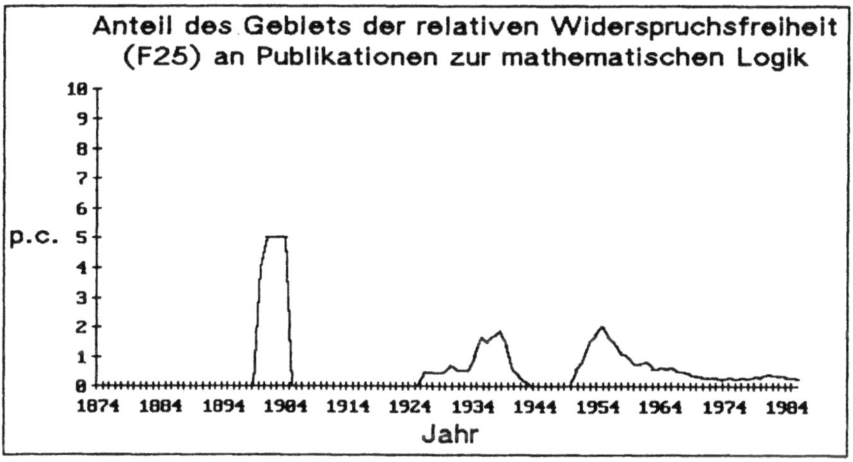
Anteil des Gebiets der relativen Widerspruchsfreiheit (F25) an Publikationen zur mathematischen Logik
p.c.
10
9
8
7
6
5
4
3
2
1
0
1874 1884 1894 1904 1914 1924 1934 1944 1954 1964 1974 1984
Jahr

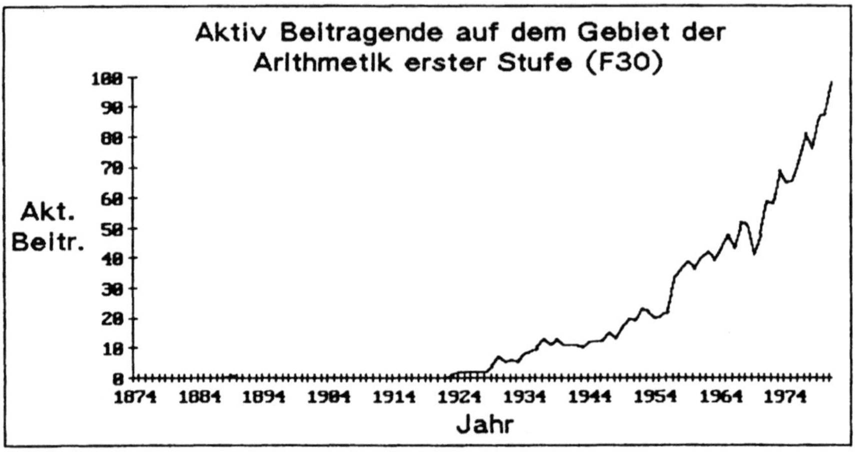
Aktiv Beitragende auf dem Gebiet der
Arithmetik erster Stufe (F30)
Akt.
Beitr.
100
90
80
70
60
50
40
30
20
10
0
1874 1884 1894 1904 1914 1924 1934 1944 1954 1964 1974
Jahr

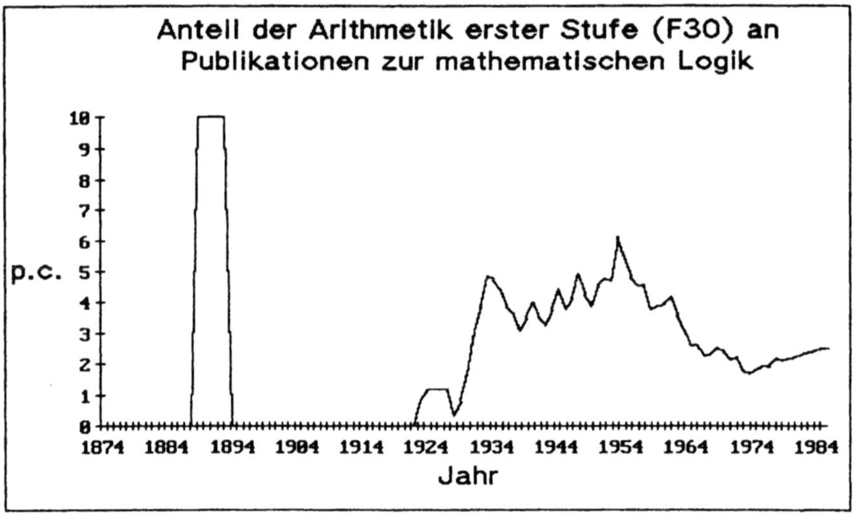
Anteil der Arithmetik erster Stufe (F30) an
Publikationen zur mathematischen Logik
p.c.
10
9
8
7
6
5
4
3
2
1
0
1874 1884 1894 1904 1914 1924 1934 1944 1954 1964 1974 1984
Jahr

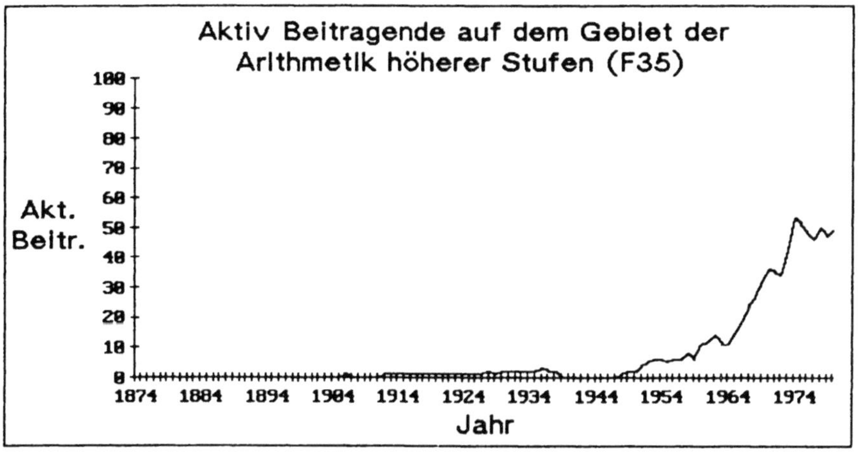
Aktiv Beitragende auf dem Gebiet der
Arithmetik höherer Stufen (F35)
Akt.
Beitr.
100
90
80
70
60
50
40
30
20
10
0
1874 1884 1894 1904 1914 1924 1934 1944 1954 1964 1974
Jahr

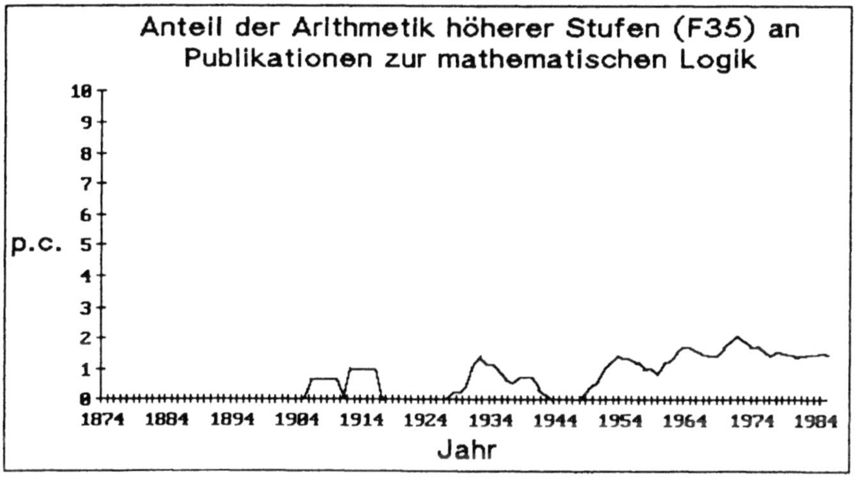
Anteil der Arithmetik höherer Stufen (F35) an
Publikationen zur mathematischen Logik
p.c.
10
9
8
7
6
5
4
3
2
1
0
1874 1884 1894 1904 1914 1924 1934 1944 1954 1964 1974 1984
Jahr

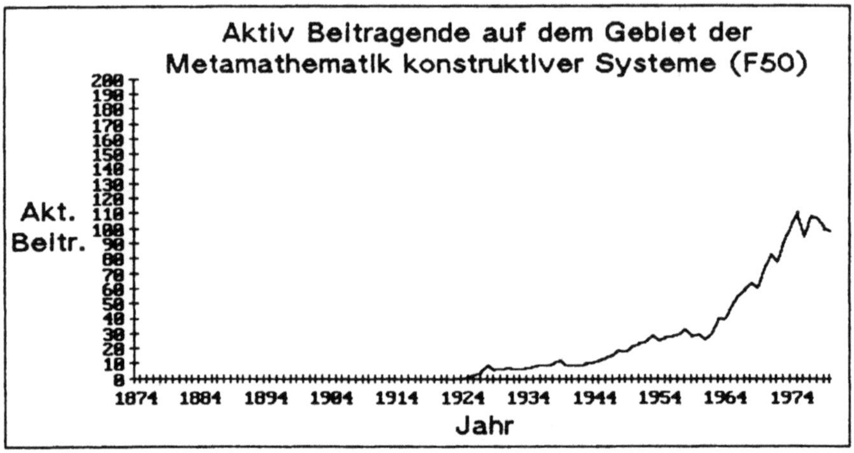
Aktiv Beitragende auf dem Gebiet der Metamathematik konstruktiver Systeme (F50)
Akt. Beitr.
200
190
180
170
160
150
140
130
120
110
100
90
80
70
60
50
40
30
20
10
0
1874 1884 1894 1904 1914 1924 1934 1944 1954 1964 1974
Jahr

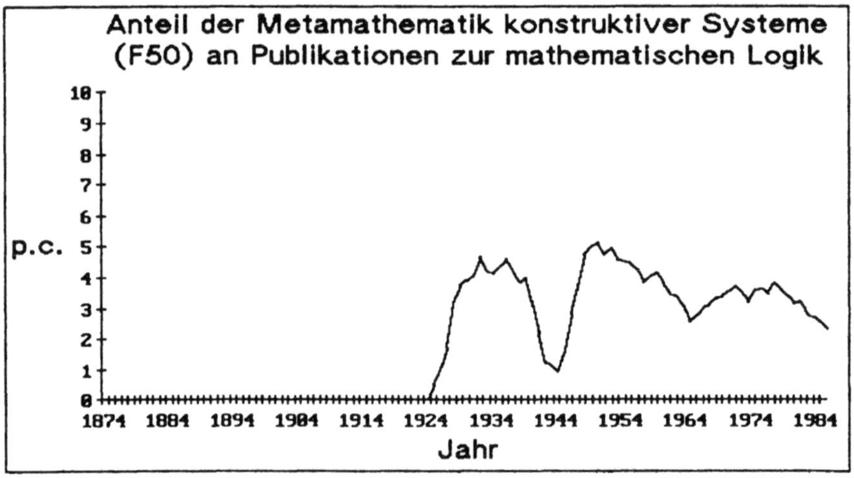
Anteil der Metamathematik konstruktiver Systeme (F50) an Publikationen zur mathematischen Logik
p.c.
10
9
8
7
6
5
4
3
2
1
0
1874 1884 1894 1904 1914 1924 1934 1944 1954 1964 1974 1984
Jahr

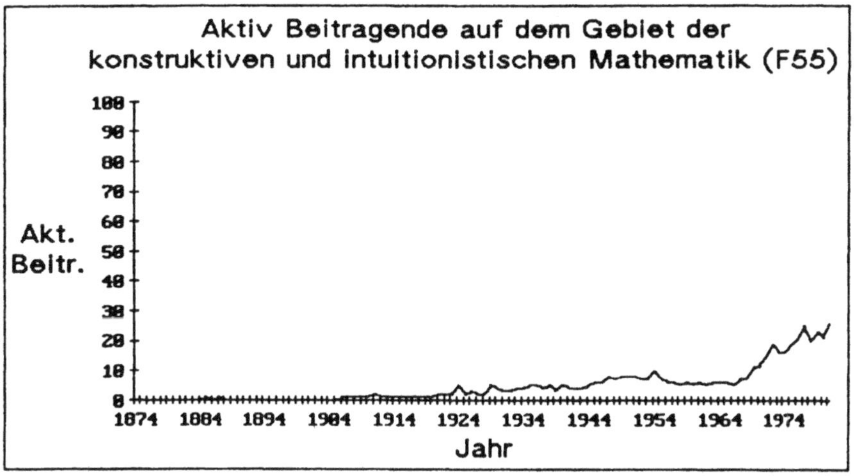
Aktiv Beitragende auf dem Gebiet der konstruktiven und intuitionistischen Mathematik (F55)
Akt. Beitr.
100
90
80
70
60
50
40
30
20
10
0
1874 1884 1894 1904 1914 1924 1934 1944 1954 1964 1974
Jahr

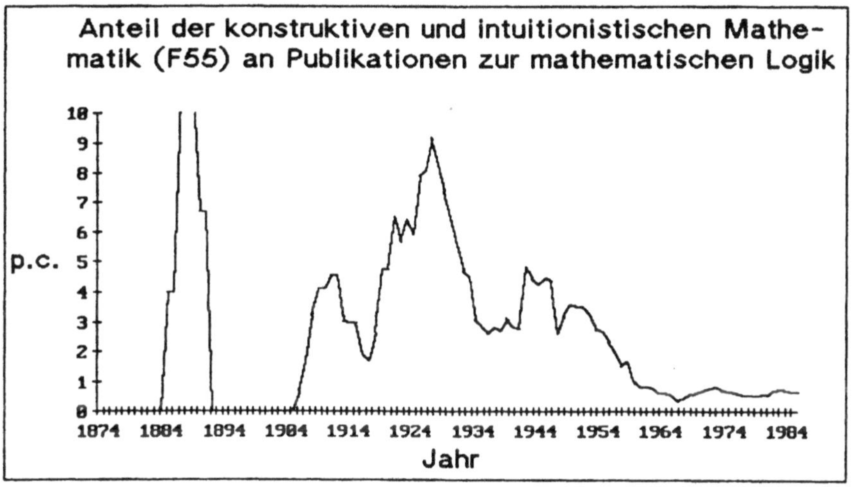
Anteil der konstruktiven und intuitionistischen Mathematik (F55) an Publikationen zur mathematischen Logik
p.c.
10
9
8
7
6
5
4
3
2
1
0
1874 1884 1894 1904 1914 1924 1934 1944 1954 1964 1974 1984
Jahr

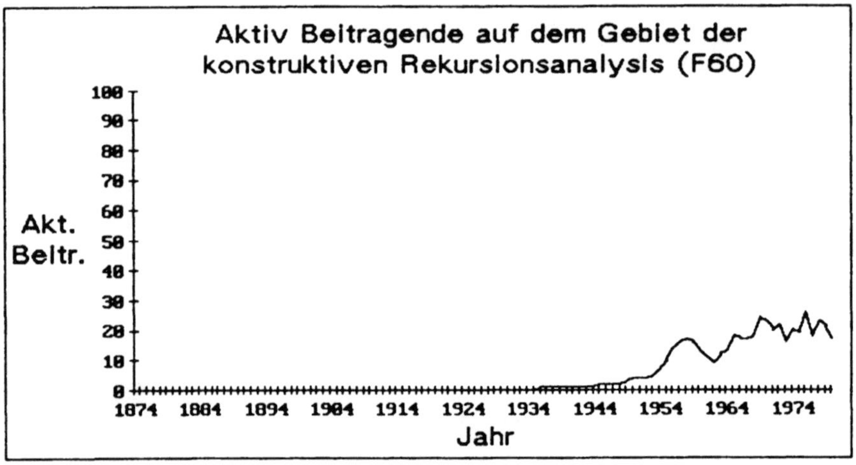
Aktiv Beitragende auf dem Gebiet der
konstruktiven Rekursionsanalysis (F60)
Akt.
Beitr.
100
90
80
70
60
50
40
30
20
10
0
1874 1884 1894 1904 1914 1924 1934 1944 1954 1964 1974
Jahr

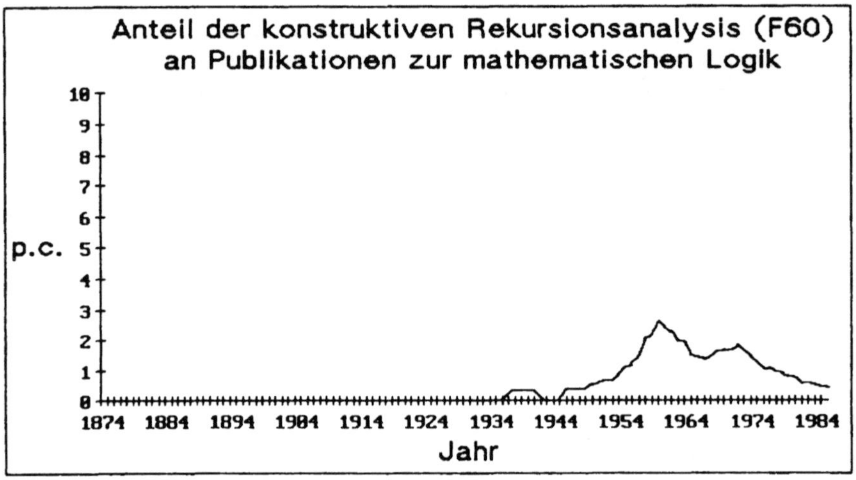
Anteil der konstruktiven Rekursionsanalysis (F60)
an Publikationen zur mathematischen Logik
p.c.
10
9
8
7
6
5
4
3
2
1
0
1874 1884 1894 1904 1914 1924 1934 1944 1954 1964 1974 1984
Jahr

Anhang II

Schlüssel zu den Abkürzungen der behandelten logischen Gebiete der Ω-Bibliographie

Die Ziffern vor den alphanumerischen Abkürzungen beziehen sich auf die Matrix im Anhang III.

Die alphanumerischen Abkürzungen stellen die in der Omega-Bibliographie verwendete modifizierte Version der einschlägigen Klassifikation in den *Mathematical Reviews* und im *Zentralblatt für Mathematik und ihre Grenzgebiete* dar.

1: B05 Klassische Satzlogik
2: B10 Elementare Logik
3: B15 Nichtelementare Logik mit Typentheorie
4: B20 Fragmente der klassischen Logik
5: B25 Entscheidbarkeit von Theorien und Satzmengen
6: B28 Klassische Grundlagen der Zahlensysteme
7: B35 Mechanisierung von Beweisen
8: B40 Kombinatorische Logik und Lambdakalkül
9: B45 Modallogik, Zeitlogik
B46 Relevanzlogik
10: B48 Wahrscheinlichkeit und induktive Logik
11: B50 Mehrwertige Logik
12: B51 Quantenmechanik
13: B52 "Fuzzy" Logik
14: B55 Intermediäre Logik
15: B75 Algorithmische und dynamische Logik
B80 Andere Anwendungen der Logik
16: C05 Universelle Algebra
17: C10 Eliminierung von Quantoren
18: C20 Ultraprodukte
19: C25 Modelltheoretisches "Forcing"
20: C35 Kategorizität und Vollständigkeit
21: C40 Interpolation und Definierbarkeit
22: C57 Rekursionstheoretische Modelltheorie
23: C60 Modelltheoretische Algebra
24: C62 Modelle der Arithmetik
25: C70 Infinite formale Sprachen
26: C75 Sonstige infinite Logik
27: C90 Nichtklassische Modelle
28: D03 Rewriting systems
29: D05 Automaten und formale Grammatiken
30: D10 Turing-Maschinen
31: D15 Komplexität von Berechnungen
32: D20 Rekursive Funktionen

33: D25 Rekursiv abzählbare Mengen
34: D35 Unentscheidbarkeit
35: D40 Wortprobleme
36: D45 Effektivität
37: D55 Hierarchien
D70 Induktive Definierbarkeit
38: D75 Axiomatische Rekursionstheorie
39: D80 Anwendungen der Rekursionstheorie
40: E05 Kombinatorische Mengentheorie
41: E07 Relationen und Ordnungen
42: E10 Ordinal- und Kardinalzahlen
43: E25 Auswahlaxiom
44: E30 Axiomatische klassische Mengentheorie
45: E35 Widerspruchsfreiheit und Unabhängigkeit
46: E45 Konstruktivität
47: E50 Kontinuumshypothese
48: E55 Große Kardinalzahlen
49: E70 Nichtklassische Mengentheorie
50: E72 "Fuzzy" Mengen
51: E75 Anwendungen der Mengentheorie
52: F05 Schnitteliminierung und Normalform
F20 Komplexität von Beweisen
53: F25 Relative Widerspruchsfreiheit
54: F30 Arithmetik der ersten Stufe
55: F35 Artihmetik höherer Stufen
56: F50 Metamathematik konstruktiver Systeme
57: F55 Konstruktive und intuitionistische Mathematik
58: F60 Konstruktive Rekursionsanalysis
59: GXX Algebraische Logik
60: HXX Nichtstandard-Modelle

Anhang III
Normierte Übergangsmatrix
für 60 Gebiete der mathematischen Logik

	1	2	3	4	5	6	7	8	9	10	11	12	13	14
1	0.22	0.04	0.01	0.06	0.02	0.01	0.03	0.01	0.06	0.01	0.08	0.00	0.00	0.01
2	0.03	0.10	0.03	0.04	0.04	0.02	0.02	0.02	0.06	0.01	0.03	0.00	0.00	0.01
3	0.01	0.03	0.09	0.02	0.03	0.02	0.01	0.02	0.04	0.00	0.01	0.00	0.00	0.00
4	0.04	0.03	0.02	0.12	0.06	0.01	0.02	0.01	0.06	0.00	0.05	0.00	0.00	0.01
5	0.01	0.01	0.02	0.03	0.12	0.01	0.02	0.00	0.03	0.00	0.01	0.00	0.00	0.01
6	0.03	0.03	0.04	0.02	0.03	0.12	0.01	0.01	0.02	0.01	0.01	0.00	0.00	0.00
7	0.02	0.02	0.00	0.02	0.03	0.00	0.34	0.02	0.02	0.01	0.03	0.00	0.01	0.00
8	0.00	0.02	0.02	0.02	0.00	0.00	0.02	0.36	0.02	0.00	0.01	0.00	0.00	0.00
9	0.02	0.02	0.02	0.03	0.04	0.00	0.01	0.01	0.38	0.03	0.04	0.01	0.00	0.02
10	0.02	0.02	0.01	0.02	0.01	0.00	0.03	0.00	0.12	0.34	0.02	0.02	0.02	0.00
11	0.04	0.02	0.01	0.02	0.01	0.00	0.02	0.01	0.06	0.01	0.35	0.00	0.02	0.01
12	0.00	0.00	0.00	0.00	0.00	0.00	0.00	0.00	0.04	0.04	0.01	0.41	0.01	0.00
13	0.00	0.00	0.00	0.00	0.01	0.00	0.02	0.00	0.02	0.03	0.05	0.01	0.33	0.00
14	0.01	0.02	0.00	0.02	0.03	0.00	0.01	0.00	0.12	0.00	0.03	0.00	0.00	0.21
15	0.01	0.01	0.01	0.01	0.02	0.00	0.03	0.03	0.03	0.01	0.01	0.00	0.01	0.00
16	0.03	0.04	0.01	0.02	0.01	0.00	0.01	0.00	0.06	0.05	0.08	0.00	0.03	0.00
17	0.00	0.01	0.01	0.01	0.09	0.00	0.01	0.00	0.01	0.00	0.00	0.00	0.00	0.00
18	0.00	0.01	0.01	0.01	0.02	0.00	0.00	0.00	0.01	0.00	0.01	0.00	0.00	0.00
19	0.00	0.00	0.00	0.00	0.03	0.00	0.00	0.00	0.00	0.00	0.00	0.00	0.00	0.00
20	0.00	0.01	0.00	0.00	0.05	0.00	0.00	0.00	0.00	0.00	0.00	0.00	0.00	0.00
21	0.01	0.02	0.02	0.01	0.03	0.00	0.01	0.00	0.02	0.00	0.01	0.00	0.00	0.01
22	0.00	0.01	0.01	0.00	0.03	0.01	0.00	0.00	0.00	0.00	0.00	0.00	0.00	0.00
23	0.00	0.00	0.00	0.00	0.06	0.00	0.00	0.00	0.00	0.00	0.00	0.00	0.00	0.00
24	0.00	0.00	0.01	0.00	0.01	0.01	0.00	0.00	0.01	0.00	0.00	0.00	0.00	0.00
25	0.00	0.00	0.01	0.00	0.02	0.00	0.00	0.00	0.01	0.00	0.00	0.00	0.00	0.00
26	0.00	0.01	0.01	0.01	0.02	0.00	0.00	0.00	0.01	0.00	0.00	0.00	0.00	0.00
27	0.00	0.01	0.01	0.00	0.03	0.00	0.01	0.01	0.05	0.01	0.02	0.00	0.00	0.03
28	0.02	0.00	0.00	0.02	0.01	0.00	0.01	0.01	0.00	0.00	0.01	0.00	0.00	0.00
29	0.01	0.00	0.01	0.01	0.02	0.00	0.01	0.01	0.01	0.00	0.01	0.00	0.01	0.00
30	0.01	0.00	0.01	0.01	0.02	0.00	0.01	0.01	0.00	0.00	0.01	0.00	0.00	0.00
31	0.03	0.00	0.00	0.01	0.03	0.00	0.01	0.01	0.01	0.00	0.01	0.00	0.00	0.00
32	0.01	0.01	0.01	0.01	0.01	0.01	0.01	0.01	0.01	0.00	0.01	0.00	0.00	0.00
33	0.00	0.01	0.01	0.01	0.02	0.00	0.01	0.00	0.01	0.00	0.00	0.00	0.00	0.00
34	0.01	0.01	0.01	0.04	0.09	0.01	0.01	0.00	0.02	0.00	0.00	0.00	0.00	0.00
35	0.01	0.00	0.00	0.00	0.05	0.00	0.00	0.00	0.00	0.00	0.00	0.00	0.00	0.00
36	0.00	0.00	0.00	0.00	0.02	0.00	0.00	0.01	0.00	0.00	0.00	0.00	0.00	0.00
37	0.00	0.00	0.01	0.00	0.01	0.01	0.00	0.00	0.01	0.00	0.00	0.00	0.00	0.00
38	0.00	0.00	0.00	0.00	0.00	0.00	0.00	0.00	0.01	0.00	0.00	0.00	0.00	0.00
39	0.00	0.01	0.01	0.00	0.00	0.00	0.00	0.04	0.01	0.00	0.01	0.00	0.00	0.00
40	0.00	0.00	0.00	0.00	0.01	0.00	0.00	0.00	0.01	0.00	0.00	0.00	0.00	0.00
41	0.01	0.01	0.01	0.01	0.02	0.00	0.00	0.00	0.01	0.00	0.01	0.00	0.00	0.00
42	0.01	0.01	0.01	0.01	0.01	0.01	0.00	0.00	0.00	0.00	0.01	0.00	0.00	0.00
43	0.00	0.00	0.01	0.00	0.01	0.01	0.00	0.00	0.01	0.00	0.00	0.00	0.00	0.00
44	0.01	0.01	0.02	0.01	0.01	0.02	0.01	0.00	0.01	0.00	0.01	0.00	0.00	0.00
45	0.00	0.00	0.01	0.00	0.01	0.00	0.00	0.00	0.01	0.00	0.00	0.00	0.00	0.00
46	0.00	0.00	0.01	0.00	0.01	0.00	0.00	0.00	0.01	0.00	0.00	0.00	0.00	0.00
47	0.00	0.00	0.00	0.00	0.01	0.00	0.00	0.00	0.01	0.00	0.00	0.00	0.00	0.00
48	0.00	0.00	0.00	0.00	0.01	0.00	0.00	0.00	0.01	0.00	0.00	0.00	0.00	0.00
49	0.01	0.01	0.03	0.01	0.00	0.01	0.01	0.01	0.02	0.00	0.01	0.00	0.01	0.00
50	0.00	0.00	0.00	0.00	0.00	0.00	0.00	0.00	0.01	0.02	0.04	0.01	0.20	0.00
51	0.00	0.00	0.00	0.00	0.01	0.00	0.00	0.00	0.00	0.00	0.00	0.00	0.00	0.00
52	0.01	0.03	0.03	0.01	0.02	0.01	0.03	0.03	0.02	0.00	0.01	0.00	0.00	0.01
53	0.05	0.01	0.01	0.01	0.03	0.00	0.09	0.03	0.01	0.01	0.00	0.00	0.00	0.01
54	0.01	0.02	0.02	0.01	0.05	0.02	0.01	0.00	0.02	0.00	0.00	0.00	0.00	0.00
55	0.01	0.02	0.01	0.01	0.03	0.02	0.01	0.01	0.03	0.00	0.01	0.00	0.00	0.00
56	0.01	0.02	0.02	0.02	0.02	0.00	0.01	0.01	0.05	0.00	0.01	0.00	0.00	0.04
57	0.00	0.01	0.00	0.00	0.01	0.01	0.00	0.00	0.01	0.00	0.00	0.00	0.00	0.01
58	0.01	0.00	0.00	0.01	0.01	0.01	0.01	0.00	0.00	0.00	0.00	0.00	0.00	0.00
59	0.01	0.01	0.01	0.01	0.02	0.00	0.00	0.01	0.02	0.00	0.03	0.02	0.00	0.01
60	0.00	0.00	0.00	0.00	0.01	0.01	0.00	0.00	0.00	0.01	0.00	0.00	0.00	0.00

	15	16	17	18	19	20	21	22	23	24	25	26	27	28
1	0.02	0.01	0.00	0.00	0.00	0.01	0.01	0.00	0.00	0.00	0.00	0.00	0.01	0.01
2	0.02	0.00	0.01	0.01	0.01	0.01	0.02	0.01	0.01	0.01	0.00	0.02	0.02	0.00
3	0.02	0.00	0.01	0.01	0.01	0.01	0.03	0.00	0.02	0.02	0.01	0.03	0.01	0.00
4	0.01	0.00	0.01	0.01	0.00	0.01	0.02	0.00	0.02	0.01	0.00	0.01	0.01	0.01
5	0.02	0.00	0.02	0.01	0.01	0.03	0.02	0.01	0.08	0.02	0.00	0.01	0.02	0.00
6	0.00	0.00	0.01	0.00	0.00	0.00	0.02	0.00	0.01	0.01	0.00	0.00	0.00	0.00
7	0.08	0.01	0.00	0.00	0.00	0.00	0.01	0.00	0.00	0.00	0.00	0.00	0.01	0.01
8	0.12	0.00	0.00	0.00	0.00	0.00	0.00	0.00	0.00	0.00	0.00	0.00	0.01	0.01
9	0.03	0.01	0.00	0.00	0.00	0.00	0.02	0.00	0.00	0.01	0.00	0.01	0.04	0.00
10	0.02	0.01	0.00	0.00	0.00	0.00	0.01	0.00	0.00	0.01	0.00	0.01	0.02	0.00
11	0.02	0.00	0.00	0.01	0.00	0.00	0.02	0.00	0.00	0.00	0.00	0.01	0.02	0.00
12	0.00	0.00	0.01	0.01	0.00	0.00	0.01	0.00	0.00	0.00	0.00	0.00	0.02	0.00
13	0.04	0.01	0.00	0.00	0.00	0.00	0.00	0.00	0.00	0.00	0.00	0.00	0.00	0.00
14	0.01	0.00	0.00	0.01	0.00	0.00	0.03	0.00	0.01	0.00	0.00	0.00	0.09	0.00
15	0.31	0.00	0.00	0.01	0.00	0.00	0.01	0.01	0.01	0.00	0.00	0.01	0.02	0.01
16	0.07	0.13	0.00	0.01	0.01	0.02	0.00	0.01	0.03	0.00	0.00	0.00	0.01	0.00
17	0.01	0.00	0.08	0.02	0.04	0.07	0.03	0.02	0.19	0.02	0.00	0.02	0.01	0.00
18	0.02	0.00	0.01	0.12	0.02	0.03	0.03	0.00	0.07	0.03	0.01	0.04	0.04	0.00
19	0.01	0.00	0.03	0.03	0.14	0.09	0.02	0.01	0.19	0.03	0.01	0.04	0.02	0.00
20	0.01	0.00	0.04	0.03	0.06	0.14	0.03	0.02	0.16	0.02	0.01	0.04	0.02	0.00
21	0.02	0.00	0.01	0.02	0.02	0.03	0.10	0.01	0.05	0.03	0.02	0.08	0.03	0.00
22	0.02	0.00	0.01	0.00	0.01	0.03	0.01	0.17	0.08	0.05	0.01	0.01	0.00	0.00
23	0.00	0.00	0.04	0.02	0.05	0.06	0.02	0.02	0.23	0.02	0.00	0.03	0.01	0.00
24	0.01	0.00	0.00	0.02	0.01	0.01	0.02	0.02	0.03	0.12	0.01	0.03	0.01	0.00
25	0.01	0.00	0.01	0.01	0.03	0.02	0.05	0.03	0.04	0.07	0.08	0.10	0.01	0.00
26	0.01	0.00	0.01	0.02	0.02	0.03	0.05	0.01	0.06	0.03	0.02	0.13	0.02	0.00
27	0.03	0.00	0.01	0.04	0.01	0.02	0.04	0.00	0.04	0.01	0.00	0.03	0.14	0.00
28	0.07	0.00	0.00	0.01	0.00	0.00	0.01	0.00	0.01	0.00	0.00	0.00	0.01	0.16
29	0.08	0.00	0.00	0.00	0.00	0.00	0.01	0.00	0.00	0.00	0.00	0.00	0.00	0.03
30	0.06	0.00	0.00	0.00	0.00	0.00	0.01	0.00	0.00	0.00	0.00	0.00	0.00	0.02
31	0.07	0.00	0.00	0.00	0.00	0.00	0.01	0.00	0.01	0.01	0.00	0.00	0.00	0.01
32	0.08	0.00	0.00	0.00	0.00	0.00	0.00	0.01	0.01	0.01	0.00	0.00	0.00	0.02
33	0.02	0.00	0.00	0.00	0.00	0.01	0.01	0.03	0.02	0.01	0.00	0.00	0.00	0.02
34	0.02	0.00	0.02	0.01	0.00	0.02	0.01	0.01	0.07	0.02	0.00	0.01	0.00	0.01
35	0.02	0.00	0.00	0.00	0.02	0.01	0.01	0.02	0.09	0.01	0.00	0.01	0.00	0.03
36	0.03	0.00	0.00	0.00	0.00	0.02	0.00	0.12	0.06	0.01	0.00	0.00	0.00	0.00
37	0.01	0.00	0.00	0.01	0.00	0.00	0.02	0.01	0.01	0.04	0.01	0.02	0.00	0.00
38	0.01	0.00	0.00	0.00	0.00	0.00	0.03	0.01	0.00	0.03	0.03	0.06	0.00	0.01
39	0.09	0.00	0.00	0.00	0.00	0.00	0.02	0.01	0.01	0.02	0.01	0.01	0.00	0.00
40	0.00	0.00	0.00	0.02	0.01	0.01	0.01	0.00	0.03	0.02	0.00	0.03	0.00	0.00
41	0.01	0.00	0.00	0.01	0.01	0.01	0.01	0.01	0.02	0.01	0.00	0.01	0.00	0.00
42	0.01	0.00	0.00	0.01	0.00	0.01	0.01	0.00	0.02	0.02	0.00	0.01	0.01	0.00
43	0.01	0.00	0.00	0.01	0.00	0.01	0.01	0.00	0.02	0.03	0.00	0.01	0.01	0.00
44	0.00	0.00	0.00	0.01	0.01	0.01	0.02	0.01	0.02	0.06	0.01	0.01	0.01	0.00
45	0.00	0.00	0.00	0.01	0.01	0.01	0.01	0.00	0.03	0.03	0.00	0.02	0.01	0.00
46	0.00	0.00	0.01	0.01	0.01	0.01	0.01	0.01	0.03	0.05	0.01	0.03	0.00	0.00
47	0.00	0.00	0.00	0.01	0.01	0.01	0.01	0.00	0.03	0.02	0.00	0.02	0.00	0.00
48	0.00	0.00	0.00	0.02	0.01	0.01	0.01	0.00	0.03	0.03	0.01	0.03	0.01	0.00
49	0.01	0.00	0.00	0.01	0.00	0.00	0.01	0.00	0.01	0.06	0.00	0.01	0.01	0.00
50	0.03	0.01	0.00	0.00	0.00	0.00	0.00	0.00	0.00	0.00	0.00	0.00	0.01	0.00
51	0.00	0.00	0.00	0.01	0.00	0.01	0.01	0.00	0.03	0.01	0.00	0.02	0.01	0.00
52	0.02	0.00	0.00	0.00	0.00	0.00	0.02	0.01	0.01	0.01	0.00	0.04	0.01	0.00
53	0.03	0.00	0.00	0.00	0.00	0.01	0.01	0.00	0.00	0.00	0.00	0.01	0.00	0.01
54	0.01	0.00	0.01	0.00	0.01	0.01	0.02	0.01	0.03	0.05	0.00	0.01	0.00	0.00
55	0.02	0.00	0.01	0.00	0.00	0.01	0.01	0.02	0.01	0.05	0.00	0.01	0.01	0.00
56	0.02	0.00	0.00	0.00	0.00	0.00	0.01	0.01	0.01	0.01	0.00	0.01	0.04	0.00
57	0.00	0.00	0.00	0.00	0.00	0.00	0.00	0.00	0.01	0.00	0.00	0.00	0.01	0.00
58	0.01	0.00	0.00	0.00	0.00	0.00	0.00	0.03	0.02	0.00	0.00	0.00	0.00	0.01
59	0.03	0.00	0.01	0.02	0.01	0.02	0.02	0.01	0.03	0.01	0.00	0.02	0.04	0.00
60	0.01	0.00	0.00	0.04	0.02	0.01	0.02	0.01	0.06	0.04	0.01	0.01	0.01	0.00

	29	30	31	32	33	34	35	36	37	38	39	40	41	42
1	0.03	0.01	0.04	0.02	0.01	0.01	0.01	0.00	0.00	0.00	0.00	0.00	0.02	0.01
2	0.01	0.01	0.01	0.03	0.02	0.03	0.00	0.01	0.01	0.00	0.00	0.01	0.01	0.01
3	0.03	0.01	0.01	0.02	0.01	0.02	0.01	0.01	0.02	0.00	0.01	0.01	0.01	0.02
4	0.02	0.01	0.02	0.02	0.01	0.05	0.01	0.00	0.00	0.00	0.00	0.02	0.02	0.01
5	0.03	0.01	0.03	0.01	0.01	0.07	0.01	0.01	0.00	0.00	0.00	0.02	0.01	0.01
6	0.02	0.01	0.01	0.02	0.02	0.03	0.00	0.00	0.02	0.00	0.00	0.00	0.01	0.03
7	0.04	0.02	0.04	0.02	0.01	0.02	0.01	0.00	0.01	0.00	0.00	0.00	0.00	0.01
8	0.02	0.00	0.01	0.04	0.01	0.01	0.00	0.02	0.01	0.00	0.03	0.00	0.01	0.00
9	0.01	0.00	0.00	0.01	0.00	0.01	0.00	0.00	0.01	0.00	0.00	0.00	0.00	0.00
10	0.01	0.01	0.02	0.03	0.00	0.00	0.00	0.01	0.01	0.01	0.00	0.00	0.01	0.00
11	0.02	0.01	0.01	0.01	0.00	0.01	0.00	0.00	0.00	0.00	0.00	0.00	0.01	0.00
12	0.00	0.00	0.00	0.00	0.00	0.00	0.00	0.00	0.00	0.00	0.00	0.00	0.01	0.00
13	0.02	0.00	0.00	0.00	0.00	0.00	0.00	0.00	0.00	0.00	0.00	0.00	0.00	0.01
14	0.00	0.00	0.00	0.02	0.00	0.02	0.00	0.00	0.00	0.00	0.00	0.00	0.00	0.01
15	0.08	0.02	0.06	0.06	0.01	0.01	0.00	0.01	0.00	0.00	0.01	0.00	0.01	0.00
16	0.02	0.00	0.01	0.00	0.02	0.04	0.00	0.01	0.01	0.00	0.00	0.00	0.02	0.00
17	0.01	0.00	0.01	0.00	0.01	0.04	0.01	0.01	0.01	0.00	0.00	0.02	0.02	0.01
18	0.00	0.00	0.00	0.00	0.00	0.01	0.00	0.00	0.01	0.00	0.00	0.06	0.01	0.01
19	0.00	0.00	0.01	0.00	0.01	0.01	0.02	0.00	0.01	0.00	0.00	0.02	0.01	0.00
20	0.00	0.00	0.01	0.00	0.02	0.03	0.01	0.01	0.01	0.00	0.00	0.02	0.02	0.00
21	0.01	0.00	0.01	0.01	0.01	0.01	0.01	0.00	0.03	0.01	0.01	0.03	0.01	0.01
22	0.00	0.00	0.01	0.02	0.04	0.03	0.01	0.14	0.02	0.01	0.01	0.01	0.01	0.00
23	0.00	0.00	0.01	0.00	0.01	0.04	0.02	0.02	0.01	0.00	0.00	0.03	0.01	0.01
24	0.01	0.00	0.01	0.01	0.01	0.01	0.00	0.01	0.03	0.01	0.01	0.04	0.01	0.01
25	0.01	0.00	0.00	0.00	0.01	0.01	0.00	0.00	0.03	0.02	0.02	0.05	0.02	0.01
26	0.00	0.00	0.00	0.00	0.01	0.01	0.00	0.00	0.02	0.01	0.00	0.05	0.02	0.01
27	0.00	0.00	0.00	0.01	0.01	0.01	0.00	0.01	0.01	0.00	0.00	0.01	0.01	0.01
28	0.14	0.06	0.06	0.08	0.06	0.04	0.05	0.00	0.01	0.00	0.00	0.00	0.00	0.01
29	0.34	0.09	0.10	0.06	0.02	0.02	0.01	0.01	0.01	0.00	0.01	0.00	0.01	0.00
30	0.16	0.20	0.20	0.08	0.03	0.03	0.01	0.01	0.01	0.00	0.01	0.00	0.01	0.00
31	0.09	0.11	0.30	0.08	0.04	0.02	0.02	0.02	0.01	0.00	0.00	0.00	0.00	0.00
32	0.06	0.06	0.11	0.21	0.05	0.02	0.01	0.04	0.03	0.00	0.02	0.00	0.00	0.00
33	0.04	0.04	0.06	0.08	0.21	0.07	0.02	0.05	0.05	0.00	0.01	0.01	0.01	0.00
34	0.02	0.02	0.03	0.03	0.05	0.13	0.02	0.02	0.02	0.00	0.01	0.01	0.01	0.01
35	0.04	0.01	0.06	0.04	0.04	0.05	0.32	0.01	0.01	0.00	0.00	0.00	0.01	0.00
36	0.02	0.01	0.04	0.09	0.08	0.03	0.01	0.21	0.03	0.01	0.02	0.00	0.01	0.00
37	0.01	0.02	0.01	0.03	0.03	0.01	0.00	0.01	0.19	0.03	0.02	0.04	0.01	0.02
38	0.00	0.01	0.00	0.03	0.02	0.00	0.00	0.01	0.18	0.16	0.06	0.01	0.01	0.00
39	0.03	0.02	0.03	0.09	0.03	0.01	0.01	0.03	0.08	0.06	0.14	0.01	0.00	0.00
40	0.00	0.00	0.00	0.00	0.00	0.01	0.00	0.00	0.02	0.00	0.00	0.19	0.05	0.02
41	0.01	0.00	0.01	0.00	0.01	0.02	0.00	0.01	0.01	0.00	0.00	0.08	0.19	0.05
42	0.00	0.00	0.01	0.01	0.00	0.01	0.00	0.00	0.02	0.00	0.00	0.07	0.07	0.12
43	0.00	0.00	0.00	0.00	0.00	0.01	0.00	0.00	0.02	0.01	0.00	0.06	0.04	0.06
44	0.01	0.00	0.00	0.01	0.01	0.01	0.00	0.00	0.02	0.00	0.00	0.02	0.02	0.04
45	0.00	0.00	0.00	0.00	0.01	0.01	0.00	0.00	0.02	0.00	0.00	0.08	0.03	0.02
46	0.00	0.00	0.00	0.01	0.01	0.01	0.00	0.00	0.05	0.01	0.00	0.08	0.02	0.01
47	0.00	0.00	0.00	0.00	0.00	0.01	0.00	0.00	0.02	0.00	0.00	0.12	0.05	0.03
48	0.00	0.00	0.00	0.00	0.00	0.01	0.00	0.00	0.02	0.01	0.00	0.13	0.03	0.02
49	0.00	0.00	0.00	0.01	0.00	0.00	0.00	0.00	0.01	0.00	0.00	0.01	0.01	0.02
50	0.02	0.00	0.00	0.00	0.00	0.00	0.00	0.00	0.00	0.00	0.00	0.00	0.02	0.01
51	0.00	0.00	0.00	0.00	0.00	0.01	0.00	0.00	0.03	0.00	0.00	0.09	0.04	0.03
52	0.00	0.00	0.00	0.02	0.00	0.01	0.00	0.00	0.01	0.00	0.00	0.00	0.00	0.01
53	0.03	0.03	0.11	0.05	0.02	0.03	0.00	0.00	0.01	0.00	0.00	0.00	0.00	0.00
54	0.02	0.01	0.01	0.01	0.01	0.04	0.01	0.01	0.02	0.00	0.00	0.02	0.02	0.02
55	0.02	0.01	0.02	0.04	0.02	0.03	0.00	0.01	0.02	0.00	0.00	0.01	0.01	0.01
56	0.00	0.00	0.01	0.02	0.01	0.01	0.00	0.01	0.02	0.00	0.00	0.00	0.00	0.01
57	0.01	0.00	0.01	0.01	0.00	0.00	0.00	0.00	0.02	0.00	0.00	0.00	0.01	0.01
58	0.05	0.01	0.03	0.07	0.03	0.02	0.01	0.04	0.05	0.00	0.01	0.00	0.00	0.01
59	0.01	0.00	0.01	0.01	0.01	0.01	0.00	0.01	0.01	0.00	0.00	0.02	0.02	0.01
60	0.01	0.00	0.01	0.01	0.00	0.07	0.00	0.00	0.01	0.00	0.01	0.02	0.00	0.00

	43	44	45	46	47	48	49	50	51	52	53	54	55	56
1	0.01	0.01	0.00	0.00	0.00	0.00	0.01	0.00	0.01	0.01	0.01	0.01	0.02	0.03
2	0.01	0.02	0.01	0.01	0.00	0.00	0.03	0.00	0.01	0.03	0.00	0.01	0.05	0.05
3	0.01	0.04	0.03	0.02	0.02	0.01	0.05	0.00	0.01	0.02	0.00	0.02	0.04	0.03
4	0.01	0.01	0.02	0.01	0.02	0.01	0.02	0.00	0.02	0.01	0.00	0.01	0.02	0.04
5	0.01	0.01	0.02	0.01	0.02	0.01	0.01	0.00	0.02	0.01	0.00	0.01	0.02	0.02
6	0.02	0.06	0.02	0.01	0.01	0.00	0.04	0.00	0.03	0.01	0.00	0.01	0.10	0.02
7	0.00	0.01	0.00	0.00	0.00	0.00	0.01	0.00	0.00	0.02	0.01	0.00	0.02	0.03
8	0.00	0.01	0.01	0.00	0.00	0.00	0.03	0.00	0.00	0.03	0.00	0.00	0.03	0.03
9	0.00	0.01	0.01	0.01	0.01	0.00	0.02	0.00	0.01	0.01	0.00	0.00	0.03	0.04
10	0.01	0.01	0.01	0.00	0.01	0.01	0.01	0.02	0.01	0.00	0.00	0.00	0.01	0.02
11	0.01	0.01	0.01	0.00	0.00	0.00	0.02	0.02	0.01	0.01	0.00	0.00	0.01	0.03
12	0.00	0.00	0.00	0.00	0.00	0.01	0.00	0.00	0.02	0.00	0.00	0.00	0.00	0.01
13	0.00	0.01	0.00	0.00	0.00	0.00	0.03	0.32	0.01	0.00	0.00	0.00	0.00	0.00
14	0.00	0.01	0.01	0.00	0.00	0.00	0.01	0.00	0.00	0.01	0.00	0.00	0.03	0.14
15	0.00	0.00	0.00	0.00	0.00	0.00	0.00	0.01	0.00	0.00	0.00	0.00	0.01	0.01
16	0.00	0.01	0.00	0.01	0.00	0.00	0.00	0.05	0.01	0.02	0.00	0.00	0.02	0.02
17	0.00	0.01	0.02	0.02	0.02	0.01	0.01	0.00	0.03	0.00	0.00	0.01	0.02	0.01
18	0.02	0.01	0.05	0.02	0.03	0.05	0.02	0.00	0.04	0.00	0.00	0.00	0.01	0.01
19	0.00	0.01	0.03	0.01	0.02	0.01	0.01	0.00	0.02	0.00	0.00	0.00	0.01	0.01
20	0.01	0.01	0.02	0.02	0.02	0.01	0.01	0.00	0.01	0.00	0.00	0.01	0.01	0.01
21	0.01	0.01	0.03	0.02	0.02	0.02	0.02	0.00	0.02	0.01	0.00	0.01	0.02	0.02
22	0.01	0.01	0.01	0.01	0.00	0.00	0.01	0.00	0.00	0.01	0.00	0.01	0.04	0.02
23	0.01	0.01	0.03	0.02	0.03	0.02	0.01	0.00	0.04	0.00	0.00	0.01	0.01	0.01
24	0.03	0.05	0.07	0.05	0.03	0.04	0.05	0.00	0.02	0.00	0.00	0.01	0.06	0.02
25	0.01	0.03	0.05	0.04	0.02	0.05	0.02	0.00	0.02	0.00	0.00	0.00	0.02	0.01
26	0.01	0.01	0.05	0.03	0.04	0.04	0.00	0.00	0.04	0.01	0.00	0.01	0.02	0.02
27	0.01	0.01	0.01	0.01	0.01	0.01	0.02	0.00	0.02	0.01	0.00	0.00	0.02	0.09
28	0.00	0.01	0.00	0.00	0.00	0.00	0.00	0.00	0.01	0.00	0.01	0.00	0.01	0.02
29	0.00	0.01	0.00	0.00	0.00	0.00	0.00	0.01	0.00	0.00	0.00	0.00	0.01	0.01
30	0.00	0.01	0.00	0.00	0.00	0.00	0.00	0.00	0.00	0.00	0.00	0.00	0.01	0.01
31	0.00	0.00	0.00	0.00	0.00	0.00	0.00	0.00	0.00	0.00	0.01	0.00	0.01	0.01
32	0.00	0.01	0.01	0.00	0.00	0.00	0.01	0.00	0.00	0.00	0.00	0.00	0.03	0.02
33	0.00	0.01	0.01	0.01	0.01	0.01	0.00	0.00	0.01	0.00	0.00	0.00	0.02	0.01
34	0.00	0.01	0.02	0.01	0.02	0.01	0.01	0.00	0.01	0.00	0.00	0.01	0.03	0.01
35	0.00	0.00	0.00	0.00	0.00	0.00	0.00	0.00	0.01	0.00	0.00	0.00	0.01	0.00
36	0.00	0.01	0.00	0.00	0.00	0.00	0.00	0.00	0.00	0.00	0.00	0.00	0.01	0.01
37	0.02	0.02	0.05	0.07	0.04	0.04	0.01	0.00	0.06	0.00	0.00	0.00	0.02	0.02
38	0.01	0.01	0.01	0.05	0.01	0.05	0.02	0.00	0.02	0.00	0.00	0.00	0.01	0.02
39	0.01	0.02	0.02	0.03	0.01	0.01	0.01	0.00	0.01	0.00	0.00	0.00	0.03	0.01
40	0.02	0.01	0.08	0.05	0.11	0.10	0.00	0.00	0.12	0.00	0.00	0.00	0.01	0.00
41	0.04	0.02	0.05	0.02	0.08	0.03	0.01	0.01	0.08	0.00	0.00	0.00	0.01	0.00
42	0.07	0.04	0.07	0.02	0.07	0.04	0.03	0.00	0.08	0.01	0.00	0.00	0.01	0.01
43	0.14	0.04	0.10	0.04	0.06	0.04	0.03	0.00	0.08	0.01	0.00	0.00	0.02	0.01
44	0.05	0.13	0.08	0.04	0.02	0.03	0.09	0.00	0.02	0.01	0.00	0.01	0.03	0.02
45	0.05	0.03	0.14	0.06	0.10	0.07	0.03	0.00	0.09	0.00	0.00	0.01	0.01	0.01
46	0.02	0.03	0.11	0.11	0.07	0.08	0.02	0.00	0.06	0.00	0.00	0.01	0.02	0.01
47	0.03	0.01	0.10	0.04	0.15	0.06	0.01	0.00	0.16	0.00	0.00	0.00	0.01	0.00
48	0.03	0.01	0.10	0.07	0.08	0.14	0.02	0.00	0.08	0.00	0.00	0.00	0.01	0.00
49	0.04	0.07	0.08	0.04	0.02	0.03	0.19	0.02	0.01	0.01	0.00	0.02	0.03	0.03
50	0.00	0.01	0.00	0.00	0.00	0.00	0.04	0.49	0.01	0.00	0.00	0.00	0.00	0.00
51	0.03	0.01	0.08	0.03	0.13	0.05	0.01	0.00	0.25	0.00	0.00	0.00	0.01	0.00
52	0.01	0.03	0.01	0.01	0.00	0.01	0.03	0.00	0.00	0.17	0.02	0.01	0.11	0.14
53	0.01	0.00	0.01	0.01	0.01	0.00	0.00	0.01	0.01	0.06	0.14	0.01	0.09	0.03
54	0.01	0.04	0.05	0.03	0.02	0.02	0.04	0.00	0.02	0.01	0.00	0.08	0.07	0.02
55	0.01	0.03	0.02	0.02	0.01	0.01	0.03	0.00	0.01	0.03	0.01	0.02	0.17	0.06
56	0.01	0.01	0.01	0.01	0.00	0.01	0.03	0.00	0.01	0.04	0.00	0.01	0.06	0.26
57	0.01	0.00	0.01	0.00	0.00	0.00	0.05	0.00	0.01	0.00	0.00	0.00	0.03	0.19
58	0.00	0.01	0.01	0.01	0.00	0.00	0.01	0.00	0.01	0.01	0.00	0.00	0.05	0.06
59	0.02	0.01	0.02	0.01	0.02	0.02	0.02	0.01	0.04	0.00	0.00	0.00	0.01	0.04
60	0.01	0.01	0.02	0.01	0.02	0.01	0.03	0.00	0.03	0.00	0.00	0.00	0.03	0.01

	57	58	59	60
1	0.00	0.00	0.07	0.00
2	0.00	0.00	0.05	0.01
3	0.00	0.00	0.04	0.01
4	0.00	0.00	0.05	0.01
5	0.00	0.00	0.03	0.01
6	0.00	0.00	0.03	0.02
7	0.00	0.01	0.02	0.01
8	0.00	0.00	0.05	0.00
9	0.00	0.00	0.05	0.01
10	0.00	0.00	0.05	0.02
11	0.00	0.00	0.10	0.00
12	0.01	0.00	0.33	0.02
13	0.00	0.00	0.05	0.01
14	0.01	0.00	0.09	0.00
15	0.00	0.00	0.05	0.01
16	0.01	0.00	0.07	0.02
17	0.00	0.00	0.04	0.01
18	0.00	0.00	0.07	0.05
19	0.00	0.00	0.05	0.03
20	0.00	0.00	0.05	0.02
21	0.00	0.00	0.05	0.02
22	0.00	0.02	0.04	0.02
23	0.00	0.00	0.04	0.03
24	0.00	0.00	0.02	0.04
25	0.00	0.00	0.03	0.02
26	0.00	0.00	0.05	0.02
27	0.00	0.00	0.13	0.02
28	0.00	0.02	0.02	0.00
29	0.00	0.00	0.03	0.00
30	0.00	0.00	0.02	0.00
31	0.00	0.01	0.01	0.00
32	0.00	0.02	0.02	0.01
33	0.00	0.01	0.02	0.01
34	0.00	0.01	0.03	0.01
35	0.00	0.01	0.03	0.00
36	0.00	0.02	0.04	0.01
37	0.00	0.01	0.01	0.01
38	0.00	0.00	0.02	0.01
39	0.00	0.00	0.03	0.02
40	0.00	0.00	0.03	0.01
41	0.00	0.00	0.06	0.01
42	0.00	0.00	0.04	0.01
43	0.00	0.00	0.04	0.01
44	0.00	0.00	0.02	0.01
45	0.00	0.00	0.03	0.01
46	0.00	0.00	0.02	0.01
47	0.00	0.00	0.03	0.01
48	0.00	0.00	0.02	0.01
49	0.01	0.00	0.05	0.03
50	0.00	0.00	0.06	0.01
51	0.00	0.00	0.04	0.02
52	0.00	0.01	0.04	0.01
53	0.00	0.01	0.02	0.03
54	0.00	0.00	0.03	0.01
55	0.01	0.01	0.03	0.03
56	0.03	0.01	0.08	0.01
57	0.44	0.01	0.02	0.01
58	0.01	0.29	0.02	0.00
59	0.00	0.00	0.26	0.02
60	0.00	0.00	0.04	0.35

Literaturverzeichnis

Vorbemerkung:

Dieses Verzeichnis enthält 1) die im Text zitierten Werke; 2) weitere Arbeiten, die von Bedeutung waren, aber keineswegs alle für die Szientometrie oder Wissenschaftsforschung wichtigen; 3) epidemiologische Arbeiten Goffmans sowie Arbeiten, in denen Goffmans epidemiologische Ideen in irgendeiner Form rezipiert wurden (was nicht immer im Titel zum Ausdruck kommt).

Acs, Zoltan J. & David B. Audretsch: Patents as measure of innovative activity. Kyklos, Vol. 42 (1989), S. 171-180.

Aitchison, J. & J. A. C. Brown: The lognormal distribution. With special reference to its uses in economics. 1957, Repr. Cambridge 1973.

Albach, Horst: Geburt und Tod von Unternehmen. In: Hierholzer (Hrsg.) 1988. S. 39-63.

Anellis, Irving H.: Distortions and discontinuities of mathematical progress. Philosophica, Vol. 43 (1989), No. 1, S. 163-196.

Antonelli, Christiano: The diffusion of process innovations as a factor shaping industrial structures: The case of shuttle-less looms. In: T. Vasko (ed.) 1990. S. 205-219.

Archibald, G. & M. B. Line: The size and growth of serial literature 1950-1987. Scientometrics, Vol. 20 (1991), S. 173-196.

Avramescu, A.: Modelling scientific information transfer. International Forum on Information and Documentation, Vol. 1 (1975), No. 1, S. 13-19.

Baldamus, W.: Zur Soziologie der formalen Logik. In: Nico Stehr & Volker Meja (Hrsg.): Wissenssoziologie (= Kölner Zeitschrift für Soziologie und Sozialpsychologie, Sonderh. 22). Opladen 1981. S. 464-477.

Barnett, George A. & Edward L. Fink & Mary Beth Debus: A mathematical model of academic citation age. Communication Research, Vol. 16 (1989), S. 510-531.

Bennion, Bruce C. & Laurence A. Neuton: The epidemiology of research on "anomalous water". Journal of the American Society for Information Science, Vol. 27 (1976), S. 53-56.

Borchardt, Knut: Wissenschaftliche Literatur als Medium wissenschaftlichen Fortschritts. Jahrbücher für Nationalökonomie und Statistik, Bd 193 (1978), S. 481-499.

Bottle, R. T.: Information obtainable from analyses of scientific bibliographies. Library Trends, Vol. 22 (1973), S. 60-71.

Boyce, Bert R. & Donald H. Kraft: Principles and theories in information science. Annual Review of Information Science and Technology, Vol. 20 (1985), S. 153-178.

Braun, T.: Die epidemische Ausbreitung der Fulleren-Forschung. Angewandte Chemie, Bd. 104 (1992), S. 602-603.

- & W. S. Lyon: The epidemiology of research on flow-injection analysis: an unconventional approach. Fresenius Zeitschrift für Analytische Chemie, 1984, S. 74-77.

- & Ernö Bujdosó & András Schubert: Literature of analytical chemistry: A scientometric evaluation. Boca Raton 1987.

Brookes, B. C.: Numerical methods of bibliographic analysis. Library Trends, Vol. 22 (1973), S. 18-43.

- Jesse Shera and the theory of bibliography. Journal of Librarianship, Vol. 5 (1973), S. 233-245 u. 258.

Bruckner, E.& W. Ebeling & A. Scharnhorst: Stochastic dynamics of instabilities in evolutionary systems. System Dynamics Review, Vol. 5 (1989), S. 176-191.

- - - The application of evolution models in scientometrics. Scientometrics, Vol. 18 (1990), S. 21-41.

Bühl, Walter L.: Die Ordnung des Wissens. Berlin 1984.

Bujdoso, E. & W. S. Lyon & I. Noszlopi: Prompt nuclear analysis: growth and trends. Journal of Radioanalytical Chemistry, Vol. 74 (1982), S. 197-238. [Weitgehend enthalten in: Braun/Bujdosó/Schubert 1987.]

Burger, Maria & Ernö Bujdoso: Oscillating chemical reactions as an example of the development of a subfield of science. In: Oscillations and travelling waves in chemical systems. Ed. by Richard J. Field & Maria Burger. New York 1984. S. 565-604.

Callon, M. & J. P. Courtial & F. Laville: Co-word analysis as a tool for describing the network of interactions between basic and technological research: The case of polymer chemistry. Scientometrics, Vol. 22 (1991), S. 155-205.

Cole, F. J. & Nellie B. Eales: The history of comparative anatomy. Part 1. A statistical analysis of the literature. Science Progress, Vol. 11 (1917), S. 578-596.

Cole, Jonathan R. & Stephen Cole: The Ortega hyopthesis. Science, Vol. 178 (1972), S. 368-375.

Cole, Stephen & Jonathan R. Cole & Lorraine Dietrich: Measuring the cognitive state of scientific disciplines. In: Toward a metric of science. New York 1978. S. 209-258.

Crane, Diana: Social structure in a group of scientists. American Sociological Review, Vol. 34 (1969), S. 335-352.

- The nature of scientific communication and influence. International Social Science Journal, Vol. 22 (1970), S. 28-41.

- Invisible colleges. Diffusion of knowledge in scientific communities. Chicago 1972.

Curtiss, D. R.: Fashions in mathematics. American Mathematical Monthly, Vol. 44 (1937), S. 559-566.

Daniel, Hans-Dieter: Evaluation des Peer-Review-Verfahrens bei Fachzeitschriften. In: Technik und Information. Dt. Dokumentartag 1992. [Im Ersch.]

- & Rudolf Fisch: Forschungsproduktivität. Indikatoren, statistische Verteilung, Gesetzmäßigkeiten. In: Messung und Förderung von Forschungsleistung. Konstanz 1986. S. 151-166.

Darmstaedter, Ludwig: Handbuch zur Geschichte der Naturwissenschaften und der Technik. 2. verm. Aufl. Berlin 1908.

Datta, V. K.: The development of a scientific subject field and its spread into different subject disciplines. Journal of Documentation, Vol. 43 (1987), S. 138-144.

Donohue, Joseph C.: Understanding scientific literatures: A bibliometric approach. Cambridge 1973.

Ebeling, Werner & Andrea Scharnhorst: Selforganization models for field mobility of physicists. Czechoslovak Journal of Physics, Vol. B 36 (1986), S. 43-46.

- - Evolutionsmodelle für die Dynamik von Wissenschaftsgebieten. Mit einem Anh. von E. Bruckner u. Andrea Scharnhorst. In: Wissenschaft. Das Problem ihrer Entwicklung. Bd. 2. Hrsg. von Günter Kröber. Berlin 1988. S. 187-202.

Elkana, Yehuda (ed.)[u.a.]: Toward a metric of science. New York 1978.

Fiala, Ernst: Zyklen, Wellen, Phasensprünge. In: Hierholzer (1988) Hrsg. S. 65-97.

Fisch, Rudolf & Hans-Dieter Daniel: Empirische Wissenschaftsforschung. Versuch e. Bilanz u. künftige Aufgaben. In: Theorie und Praxis der Wissenschaftsforschung. Hrsg. von Clemens Burrichter. Erlangen 1987. S. 89-113.

Frege, Gottlob: Die Grundlagen der Arithmetik, eine logisch-mathematische Untersuchung über den Begriff der Zahl. Breslau 1884.

- Grundgesetze der Arithmetik, begriffsschriftlich abgeleitet. Bd. 1. Jena 1893.
- Grundgesetze der Arithmetik, begriffsschriftlich abgeleitet. Bd. 2. Jena 1903.

Garfield, Eugene: The epidemiology of knowledge and the spread of scientific information. Current Contents, 1980, No. 35, S. 5-10. [Auch in: - : Essays of an information scientist, Vol. 4.]

- Bradford's law and related statistical patterns. In: - : Essays of an information scientist. Vol. 4. Philadelphia 1981. S. 476-483.

- The "obliteration phenomenon" in science and the advantages of being obliterated. In: Ders.: Essays of an information scientist. Vol. 2. Philadelphia 1977. S. 396-398.

Gilbert, G. Nigel & Steve Woolgar: The quantitative study of science: an examination of the literature. Science Studies, Vol. 4 (1974), S. 279-294.

- Measuring the growth of science. A review of indicators of scientific growth. Scientometrics, Vol. 1 (1978), S. 9-34.

Gödel Kurt: Über formal unentscheidbare Sätze der Principia Mathematica und verwandter Systeme. Monatshefte für Mathematik und Physik, Bd. 38 (1931), S. 173-198.

Goffman, William: An epidemic process in an open population. Nature, Vol. 205 (1965), S. 831-832.

- Stability of epidemic processes. Nature, Vol. 210 (1966), S. 786-787.

- Mathematical approach to the spread of scientific ideas - the history of mast cell research. Nature, Vol. 212 (1966), S. 449-452.

- A mathematical model for describing the compatibility of infectious diseases. Journal of Theoretical Biology, Vol. 11 (1966), S. 349-361.

- A general theory of communication. In: Introduction to information science. Ed. by Tefko Saracevic. New York 1970. S. 726-747.

- A mathematical method for analyzing the growth of a scientific discipline. Journal of the Association for Computing Machinery, Vol. 18 (1971), S. 173-185.

- & Glynn Harmon: Mathematical approach the the prediction of scientific discovery. Nature, Vol. 229 (1971), S. 103-104.

- & V. A. Newill: Generalization of epidemic theory. An application to the transmission of ideas. Nature, Vol. 204 (1964), S. 225-228.

- - Communication and epidemic processes. Proc. of the Royal Society of London, Ser. A, Vol. 298 (1967), S. 316-334.

- & Tefko Saracevic: Structure and behavior of subject literatures as the base for forecasting in scientific communication. International Forum on Information and Documentation, Vol. 2 (1977), S. 17-19.

- & Kenneth S. Warren: An application of the Kermack-McKendrick theory to the epidemiology of Schistosomiasis. The American Journal of Tropical Medicine and Hygiene, Vol. 19 (1970), S. 278-283.

- - Scientific information systems and the principle of selectivity. New York 1980.

Grübler, Arnulf: Technology diffusion in a long-wave context: The case of the steel and coal industries. In: T. Vasko (ed.) 1990. S. 117-146.

Grupp, H.: Forschungsertrag oder Marktstrategie in der Patentinformation? Spektrum der Wissenschaft, 1988, Juni, S. 38-42.

- & Thomas Reiss & Ulrich Schmoch: Diffusion of knowledge among fields of applied science - an assessment <II> of Laser medicine and Polyimide chemistry by patents. Contribution to: Technology at the crossroads between science and innovation - 1990 conference of the R&D Dynamics Network, Aug. 1990, Karlsruhe.

Haag, Günter: Die Beschreibung sozialwissenschaftlicher Systeme mit der Master Gleichung. In: Individuelles Verhalten und kollektive Phänomene. (= Ökonomie und Gesellschaft; 8) Frankfurt/Main, New York 1990. S. 128-179.

Hallet, Michael: Towards a theory of mathematical research programmes. 1.2. British Journal for the Philosophy of Science, Vol. 30 (1979), S. 1-25, 135-159.

Hargens, L. L.: Migration patterns of U.S. Ph.D.s among disciplines and specialties. Scientometrics, Vol. 9 (1986), S. 145-164.

Hawkins, Donald T.: The literature of novle gas compounds. Journal of Chemical Information and Computer Sciences, Vol. 18 (1978), S. 190-199.

Hierholzer, Klaus & Heinz-Günter Wittmann (Hrsg.): Phasensprünge und Stetigkeit in der natürlichen und kulturellen Welt. Stuttgart 1988.

Hilbert, David: 1905: Axiomatisches Denken. Mathematische Annalen, Bd. 78 (1918), S. 405-415.
- Neubegründung der Mathematik. Abhandlungen aus dem Mathematischen Seminar der Hamburgischen Universität, 1 (1922), S. 157-177.
- Über das Unendliche. Mathematische Annalen, Bd. 36 (1926), S. 161-190.

Holton, Gerald: A heuristic model for the growth process of modern physical science. Synthese, Vol. 10 (1930), S. 190-202.

Holub, Hans Werner & Gottfried Tappeiner & Veronika Eberharter: The iron law of important articles. Southern Economic Journal, Vol. 58 (1991), S. 317-328.

Houten, J. van & H. G. van Vuren & C. LePair & G. Dijkhuis: Migration of physicists to other academic disciplines: Situation in the Netherlands. Scientometrics, Vol. 5 (1983), S. 257-267.

Hubert, John J.: General bibliometric models. Library Trends, Vol. 30 (1981), S. 65-81.

Hulme, E. Wyndham: Statistical bibliography in relation to the growth of modern civilization. London 1923.

Ikpaahindi, Linus: An overview of bibliometrics: Its measurements, laws and their applications. Libri, Vol. 35 (1985), S. 163-177.

Ivanickij, G. R.: Pul'sirujuscij process razvitija nauki. [Der pulsierende Prozeß der wissenschaftlichen Entwicklung, russ.] Priroda, 1982, No. 1, S. 14-21.

Jablonskij, A. I.: On fundamental regularities of the distribution of scientific productivity. Scientometrics, Vol. 2 (1980), S. 3-34.

- Matematičeskie modeli v issledovanii nauki. [Mathematische Modelle in Untersuchungen über die Wissenschaft, russ.] Moskva 1986.

Jones, Warren T.: A fuzzy set characterization of interaction in scientific research. Journal of the American Society of Information Science, Vol. 27 (1976), S. 307-310.

Kanitscheider, Bernulf: Wissenschaftstheorie und Naturphilosophie: Zur Typisierung zweier Arten von Wissenschaftsphilosophie. Philosophia Naturalis, Bd. 25 (1988), S. 346-360.

Kelly, Kevin: Information as a communicable disease. CoEvolution Quarterly, Vol. 42 (1984), S. 98-103. [Wiederabgedruckt in: Current Contents, 1984, No. 44, S. 347-352 und Garfield: Essays of an information scientist.]

Kemeny, John G. & J. Laurie Snell: Finite Markov chains. Princeton 1960.

Kermack, W. O. & A. G. McKendrick: A contribution to the mathematical theory of epidemics. Proceedings of the Royal Society, Vol. A 115 (1927), S. 700-721.

Khinchin, A. I.: Mathematical foundations of information theory. New York 1957.

Kochen, Manfred: Stability in the growth of knowledge. In: Introduction to information science. Ed. by Tefko Saracevic. New York 1970. S. 44-55.

- Integrative mechanisms in literature growth. Westport 1974.

- Models of scientific output. In: Elkana (ed.) 1978. S. 97-136.

- & A. Blaivas: A model for the growth of mathematical specialties. Scientometrics, Vol. 3 (1981), S. 265-273.

Kot, S. M.: The stochastic model of the evolution of scientific disciplines. Scientometrics, Vol. 12 (1987), S. 197-205.

Krantz, David L.: Research activity in "normal" and "anomalous" areas. Journal of the History of the Behavioral Sciences, Vol. 1 (1965), S. 39-42.

Kretschmer, Hildrun: The reflection of Lotka's law in the structure of citations of a journal. Scientometrics, Vol. 5 (1982), S. 85-92.

Kroeber, A. L.: Configurations of culture growth. Berkeley 1944.

Kröber, Günter: Fundamental'nye otkrytija i posledovatel'nost' produktivnych sostojanij v istorii razvitija simboličeskoj logiki. [Fundamentale Entdeckungen und die Abfolge produktiver Zustände in der Geschichte der Entwicklung der symbolischen Logik, russ.] Voprosy istorii estestvoznanija i techniki, 1 (1983), S. 37-47.

- Wissenschaft im Spiegel von Chaos. In: Tohuwabohu. Chaos und Schöpfung. Hrsg. von Klaus Meier und Karl-Heinz Strech. Berlin 1991. S. 179-213.

Krohn, Wolfgang & Günter Küppers: Die Selbstorganisation der Wissenschaft. Frankfurt a.M. 1989.

Langley, Pat & Herbert A. Simon & Gary L. Bradshaw & Jan M. Zytkow: Scientific discovery. Computational explorations of the creative process. Cambridge 1987.

Lapp, Ralph E.: The logarithmic century. Englewood Cliffs 1973.

Lawrani, S. M.: Bibliometrics: Its theoretical foundations, methods and applications. Libri, Vol. 31 (1981), S. 294-315.

LeCoadic, Yves F.: Modelling the communication, distribution, transmission or transfer of scientific information. Journal of Information Science, Vol. 13 (1987), S. 153-148.

LePair, C.: Switching between disciplines in universities in the Netherlands. Scientometrics, Vol. 2 (1980), S. 177-191.

Lotka, Alfred J.: The frequency distribution of scientific productivity. Journal of the Washington Academy of Sciences, Vol. 16 (1926), S. 317-323.

MacRoberts, Michael H. & Barbara R. MacRoberts: Quantitative measures of communication in science: A study of the formal level. Social Studies of Science, Vol. 16 (1986), S. 151-172.

Mainzer, Klaus: Rationale Heuristik und Problem Solving. In: Technische Rationalität und rationale Heuristik. Clemens Burrichter [u.a.], Hrsg. Paderborn [u.a.] 1986, S. 83-97.

Mantell, Leroy H.: On laws of special abilities and the production of scientific literature. American Documentation, Vol. 17 (1966), S. 8-16.

May, Kenneth O.: Growth and quality of the mathematical literature. Isis, Vol. 59 (1968), S. 363-371.

May, Robert M.: Biological populations obeying difference equations: stable points, stable cycles and chaos. Journal of Theoretical Biology, Vol. 51 (1975), S. 511-524.

Mayr, Otto: The science-technology relationship as a historiographic problem. Technology and Culture, Vol. 17 (1976), S. 663-672.

McCreery, Laurie S. & Miranda Lee Pao: Bibliometric analysis of ethnomusicology. Proc. of the American Society for Information Science, Vol. 21 (1984), S. 212-216.

Menard, Henry W.: Science: Growth and change. Cambridge 1971.

Mensch, Gerhard: Das technologische Patt. Frankfurt a.M. 1975.

Merton, Robert K.: The sociology of science. Theoretical and empirical investigations. Chicago 1973. [Kap. 8: Changing foci of interest in the sciences and technology, erstmals erschienen 1938.]

Moreno, J. L.: Die Grundlagen der Soziometrie. Köln, Opladen 1967.

Müller, F.: Fortschritt der Wissenschaft - mathematisch modelliert. Wissenschaft und Fortschritt, Jg. 22 (1972), S. 162-165.

Müller, Gert H. (ed.): Ω-Bibliography of mathematical logic. (= Perspectives in mathematical logic.) Ed. by Gert H. Müller in collab. with Wolfgang Lenski. Dedicated to Alonzo Church. Berlin [u.a.]: Springer 1987.
- Vol. 1: Classical logic. Wolfgang Rautenberg, ed.
- Vol. 2: Non-classical logic. Wolfgang Rautenberg, ed.
- Vol. 3: Model theory. Heinz-Dieter Ebbinghaus, ed.
- Vol. 4: Recursion theory. Peter G. Hinman, ed.
- Vol. 5: Set theory. Andreas R. Blass, ed.
- Vol. 6: Proof theory, constructive mathematics. Jane E. Kister, Dirk van Dalen & Anne S. Troelstra, eds.

Mulkay, M. J. & G. N. Gilbert & S. Woolgar: Problem areas and research networks in science. Sociology, Vol. 9 (1975), S. 187-203.

Nakocenovic, Nebojsa: Dynamics of change and long waves. In: T. Vasko (ed.) 1990. S. 147-192.

Nowakowska, Maria: Microparadigms, simulations, prognoses. Further remarks on the theory of epidemical spread of scientific objects. Problems of the Science of Science, 1972/3, S. 97-112.

- An epidemical spread of scientific objects: an attempt of empirical approach to some problems of meta-science. Theory and Decision, Vol. 3 (1973), S. 262-297.

- A note concerning the epidemical spread of scientific objects. Theory and Decision, Vol. 7 (1976), S. 141-142.

- Quasi-competition of topics within a discipline. Science of Science, Vol. 1 (1980), S. 107-116.

- Theories of research. Vol. 1.2. Seaside, Calif. 1984.

Oeser, Erhard: Das Abenteuer der kollektiven Vernunft. Evolution und Involution der Wissenschaft. Berlin, Hamburg 1988.

Pao, M. L. & L. McCreery: Bibliometric application of Markov chains. Information Processing and Management, Vol. 22 (1986), S. 7-17.

Parthey, H. & W. Schuetze: Distribution of publications as an indicator for the evaluation of scientific programs. Scientometrics, Vol. 21 (1991), S. 459-464.

Perrow, Charles: Normal accidents. Living with high-risk technologies. New York 1984.

Piefke, Frank: Simulationen mit dem Personalcomputer. Heidelberg 1991.

Pinch, Trevor J. & Wiebe E. Bijker: The social construction of facts and artifacts: or how the sociology of science and the sociology of technology might benefit each other. Social Studies of Science, Vol. 14 (1984), S. 399-440.

Price, Derek de Solla: Little science, big science. Frankfurt a.M. 1974.

- A general theory of bibliometric and other cumulative advantage processes. Journal of the American Society for Information Science, Vol. 27 (1976), S. 292-306; Vol. 29 (1978), S. 204-206.

- An extrinsic value theory for basic and "applied" research. Policy Studies Journal, Vol. 5 (1976[a]), S. 160-168.

- Toward a model for science indicators. In: Elkana (ed.) 1978. S. 69-95.

- Ups and downs in the pulse of science and technology. Sociological Inquiry, Vol. 48 (1978), S. 162-171.

Quine, Willard: Paradoxes of plenty. Daedulus, Vol. 103 (1974), No. 4, S. 38-40.

Raan, A. F. J. van (ed.): Handbook of quantitative studies of science and technology. Amsterdam 1988.

- Fractal dimension of co-citations. Nature, Vol. 347 (1990), S. 626.

- Fractal geometry of information space as represented by co-citation clustering. Scientometrics, Vol. 20 (1991), S. 439-449.

Rainoff, T. J.: Wave-like fluctuations of creative productivity in the development of West-European physics in the eighteenth and nineteenth centuries. Isis, Vol. 12 (1929), S. 287-319.

Rapoport, Anatol: Mathematische Methoden in den Sozialwissenschaften. Würzburg, Wien 1980.

Rautian, S. G.: Tendencii razvitija sovremennoj optiki. [Tendenzen der Entwicklung der modernen Optik, russ.] Priroda, 1978, No. 11, S. 49-57.

Rescher, Nicholas: Wissenschaftlicher Fortschritt. Berlin 1982.

Rose, Steven: The S curve considered. Technology and Society, Vol. 4 (1967), S. 33-39.

Rubin, Herbert J.: A note on paradigm. A simulation model of the competition of ideas in evolving groups. Simulation & Games, Vol. 9 (1978), S. 173-184.

Russell, Bertrand: The principles of mathematics (Cambridge 1903).
- Mathematical logic as based on the theory of types. American journal of mathematics 30 (1908), S. 222-262.

Sahal, Devendra: Patterns of technological innovation. Reading 1981.

Schaffer, William M. & Mark Kot: Nearly one dimensional dynamics in an epidemic. Journal of Theoretical Biology, Vol. 112 (1985), S. 403-427.

Schmookler, Jacob: Patents, invention, and economic change. Data and selected essays. Cambridge 1972.

Self, Ph. C. & Th. W. Filardo & F. W. Lancaster: Acquired immunodeficiency syndrom <AIDS> and the epidemic growth of its literature. Scientometrics, Vol. 17 (1989), S. 49-60.

Sheldon, J. C.: A cybernetic theory of physical science professions: The causes of periodic normal and revolutionary science between 100 and 1870 AD. Scientometrics, Vol. 2 (1980), S. 147-167.

Shelishch, P. B.: A quantitative study of biologists in the 18th and 19th centuries. Scientometrics, Vol. 4 (1982), S. 317-329.

Siegfried, André: Germs and ideas. Routes of epidemics and ideologies. (Itinéraires de contagions, 1960, engl.) Edinburgh 1965.

Simonton, Dean K.: The causal relation between war and scientific discovery. Journal of Cross-cultural Psychology, Vol. 7 (1976), S. 133-144.

Sneed, Joseph D.: [Rezension von:] Scientific discovery, Pat Langley [u.a.], Cambridge 1987. Science, Vol. 236 (1987), S. 1357-1358.

Sorokon, Pitirim A.: Social and cultural dynamics. Vol. 2. Fluctuations of systems of truth, ethics, and law. New York 1962. [Zuerst: London 1937.]

Stegmüller, Wolfgang: Hauptströmungen der Gegenwartsphilosophie. Bd. 2. 6., erw. Aufl. Stuttgart 1979 [und öfter].

Stock, Wolfgang G.: Wissenschaftliche Informationen - metawissenschaftlich betrachtet. Eine Theorie d. wiss. Information. München 1980.

Stuhlhofer, F.: Unser Wissen verdoppelt sich alle 100 Jahre. Berichte zur Wissenschaftsgeschichte, Bd. 6 (1983), S. 169-193.

- Does the rate of growth of our knowledge depend on the quality-level considered? Czechoslovak Journal of Physics, Vol. B 36 (1986), S. 154-156.

Umstätter, Walter & Margarete Rehm: Bibliothek und Evolution. Nachrichten für Dokumentation, Jg. 35 (1984), S. 237-249.

Urban, Dieter: Wissenschaftlermobilität und Wissenstransfer - Eine empirische Studie z. Verhältnis v. Stellenmarkt, Arbeitssituation u. Forschungsprozeß im dt. Hochschulsystem. Bielefeld 1982.

Vasko, T. (ed.) [u.a.]: Life cycles and long waves. Berlin 1990.

Vianen, B. G. van & H. F. Moed & A. F. J. van Raan: An exploration of the science base of recent technology. Research Policy, Vol. 19 (1990), S. 61-81.

Virgo, Julie A.: A statistical procedure for evaluating the importance of scientific papers. Library Quarterly, Vol 47 (1977), S. 415-430.

Vlachý, J.: Mobility in science. A bibliography of scientific career migration, field mobility, international academic circulation and brain drain. Scientometrics, Vol. 1 (1979), S. 201ff.

Warren, Kenneth S. & William Goffman: The ecology of the medical literature. The American Journal of the Medical Sciences, Vol. 263 (1972), S. 267-273.

- Selectivity within the ecosystem of scientific communication. In: Selectivity in information systems. Ed. by K. S. Warren. New York 1985. S. 3-9.

Weidlich, W. & G. Haag: Concepts and models of a quantitative sociology. The dynamics of interacting populations. Berlin 1983.

Weingart, Peter & Matthias Winterhager: Die Vermessung der Forschung. Frankfurt/M., New York 1984.

White, H. S.: Forty years' fluctuations in mathematical research. Science, Vol. 42 (1915), S. 105-113.

Whitehead, A. N. & Bertrand Russell
- Principia mathematica 1. Cambridge 1910.
- Principia mathematica 2. Cambridge 1912.
- Principia mathematica 3. Cambridge 1913.

Wilder, Raymond L.: Mathematics as a cultural system. Oxford 1981.

Worthen, Dennis B.: The epidemic process and the contagion model. Journal of the American Society for Information Science, Vol. 24 (1973), S. 343-346.

Zermelo, Ernst: Untersuchungen über die Grundlagen der Mengenlehre. Mathematische Annalen, Bd. 65 (1908), S. 261-281.

Ziman, J. M.: The proliferation of scientific literature: A natural process. Science, Vol. 208 (1980), S. 369-371.

Zuckerman, Harriet: Theory choice and problem choice in science. Sociological Inquiry, Vol. 48 (1978), No. 3/4, S. 65-95.

Zunde, Pranas: Empirical laws and theories of information and software sciences. Information Processing & Management, Vol. 20 (1984), S. 5-18.

Personenregister

Das Register enthält auch Personennamen, die in szientometrischen Sachbegriffen vorkommen. Nicht enthalten sind Namen aus Kapitel IV, Abschnitt 2: Auswertungsprinzipien. Nicht erfaßt wurde das Literaturverzeichnis.